T0215609

Thermodynamik der Kälteanlagen und Wärmepumpen

Joachim Dohmann

Thermodynamik der Kälteanlagen und Wärmepumpen

Grundlagen und Anwendungen der Kältetechnik

Joachim Dohmann
Hochschule Ostwestfalen-Lippe
Lemgo, Deutschland

ISBN 978-3-662-49109-6   ISBN 978-3-662-49110-2 (eBook)
DOI 10.1007/978-3-662-49110-2

Die Deutsche Nationalbibliothek verzeichnet diese Publikation in der Deutschen Nationalbibliografie; detaillierte bibliografische Daten sind im Internet über http://dnb.d-nb.de abrufbar.

Springer Vieweg

Gedruckt auf säurefreiem und chlorfrei gebleichtem Papier

Springer Vieweg ist Teil von Springer Nature
Die eingetragene Gesellschaft ist Springer-Verlag GmbH Berlin Heidelberg

Einleitung

Das vorliegende Buch „Thermodynamik der Kälteanlagen und Wärmepumpen" entstand aus einer Vorlesung an der Hochschule Ostwestfalen-Lippe. Die Kältetechnik kann als eigenständiges Fach aufgefasst werden, das sicherlich aber auch der Vertiefung von Kenntnissen der Technischen Thermodynamik dient.

Der erste Abschnitt des Buches handelt von Kühllasten. Die Kühllast einer Kälteanlage ergibt sich aus der Aufgabenstellung der Anwendung und bestimmt letztendlich die Größe einer Kälteanlage. Verschiedene Stoffmodelle werden vorgestellt, von einfachen Stoffen bis hin zu Kühlgütern mit eigener Atmungsaktivität.

Als erste Gruppe von Kälteprozessen werden Kaltgasprozesse (Joule, Stirling) behandelt. Dabei handelt es sich um solche Prozesse, bei denen als Arbeitsmedium ideale Gase eingesetzt werden, also Gase, die im betrachteten Temperaturbereich keine Phasenänderung vollziehen.

Größte technische Bedeutung besitzen die sog. Kaltdampfprozesse. Es handelt sich dabei um jene Verfahren, nach denen fast alle Kühlschränke, Klimaanlagen, Wärmepumpen und industrielle Kälteanlagen arbeiten. Neben einigen Gemeinsamkeiten mit den Kaltgasprozessen ergeben sich Unterschiede dadurch, dass das Arbeitsmedium kondensieren und verdampfen kann. Nach einer Übersicht über aktuelle Kältemittel werden die thermophysikalischen Eigenschaften schrittweise erklärt. Da die Kaltdampfprozesse eine überaus hohe technische Bedeutung besitzen, werden verschiedene technische Varianten und Optimierungsansätze vorgestellt.

Schließlich wird auch der Absorptionskälteprozess beschrieben. Das eigentliche Kältemittel wird hier von einem Absorptionsmittel absorbiert. Anstelle eines mechanischen Verdichters kommt ein thermischer Verdichter zum Einsatz. Die Funktionsweise wird anschaulich erklärt.

Neben der reinen Erklärung der Prozesse werden die erforderlichen Grundlagen zur Dimensionierung der Kälteanlagen ausführlich erläutert. Berücksichtigt werden dabei auch Wärmeübertrager, Kälteträgersysteme, Kältespeicher und Verdunstungskühler, denen jeweils eigene Kapitel gewidmet sind.

In einem letztem Kapitel ist eine umfangreiche Stoffdatensammlung enthalten, die zur Berechnung von Prozessen Verwendung finden. Hierzu zählen Dampftafeln und die zugehörigen $\log p, h$-Diagramme aktueller Kältemittel sowie weitere Daten.

Das vorliegende Lehrbuch wendet sich an Studierende an Fachhochschulen und Hochschulen. Der angebotene Stoff berührt Lehrfächer wie z.B. Kältetechnik, Raumlufttechnik, Umwelttechnik sowie die Verfahrenstechnik. Bei der Darstellung des Stoffs werden keine Kenntnisse der technischen oder chemischen Thermodynamik vorausgesetzt. Die Grundlagen werden, soweit für das Verständnis erforderlich, in den jeweiligen Abschnitten erklärt. Insofern ermöglicht das Buch, den oftmals von Studierenden als schwierig empfundenen Lehrplan der „Technischen Thermodynamik" auch im Selbststudium zu erlernen.

Das vorliegende Lehrbuch wendet sich darüber hinausgehend aber auch an Ingenieure, die sich in der Berufspraxis mit kältetechnischen Anwendungen befassen. Dies sind Ingenieure des Maschinenbaus, der Fahrzeugtechnik, der Lebensmittelindustrie, der Verfahrenstechnik und anderer Sparten, die mit der Kühlung von Stoffen oder dem Bau von Komponenten konfrontiert werden. Hier gewährt das Lehrbuch einen Einstieg aber auch eine Vertiefung des Wissens, um Anlagen bestellen, kaufen, konstruieren, bauen oder betreiben zu können.

Formelzeichen

α	W/(m^2 K)	Wärmeübergangskoeffizient
γ	W/kg	spezifische Atmungswärme
ε	–	Leistungsziffer
η	–	Wirkungsgrad
η_{sV}	–	isentroper Verdichterwirkungsgrad
ϑ	°C	Temperatur
κ	–	Isentropenexponent
λ	W/(m K)	Wärmeleitfähigkeit
λ	–	Liefergrad
ξ	–	Massenanteil
ϱ	kg/m^3	Dichte
τ	h	Verweilzeit
φ	–	relative Feuchte
Θ	K	Temperaturdifferenz
Π	–	Druckverhältnis
Φ	–	dimensionslose Temperatur
Ψ	–	Splitfaktor
Ψ	–	Lösungsverhältnis

A	m^2	Fläche
E_A	J/mol	Aktivierungsenergie
$\dot{H}$	kJ/s	Enthalpiestrom
I	A	Strom
L	m	Länge
M	kg/mol	Molmasse
P	kW	Leistung
$\dot{Q}$	kW	Wärmestrom
R	$J/(kg\,K)$	Gaskonstante
R^*	$J/(mol\,K)$	universelle Gaskonstante
T	K	Temperatur
U	V	Spannung
V	m^3	Volumen
$\dot{V}$	m^3/s	Volumenstrom

b	mol/kg	Molalität
c	kg/m^3	Konzentration
c_p	$kJ/(kg\,K)$	spezifische Wärmekapazität
h	$kJ/(kg\,K)$	spezifische Enthalpie
Δh_E	kJ/kg	spezifische Erstarrungsenthalpie
Δh_v	kJ/kg	spezifische Verdampfungsenthalpie
k	$W/(m^2\,K)$	Wärmedurchgangskoeffizient (U-Wert)
m	kg	Masse
$\dot{m}$	kg/s	Massenstrom
$n_{D,20}$	–	Brechungsindex, D-Linie, $20\,°C$
p	Pa	Druck
q	kJ/kg	bezogene Wärme
$\dot{q}$	W/m^2	Wärmestromdichte
r	m	Radius
s	$kJ/(kg\,K)$	spezifische Entropie
s	m	Schichtdicke
t	s	Zeit
v	m^3/kg	spezifisches Volumen
w_t	kJ/kg	bezogene technische Arbeit
x	–	Dampfgehalt
x	–	Dampfbeladung

$:=$		Definition

Inhaltsverzeichnis

Anwendungsgebiete

Kältetechnische Anwendungen finden sich heute in praktisch allen Wirtschaftsbereichen. Eine stichwortartige Zusammenfassung möglicher Anwendungsbereiche läßt die Vielfalt erahnen:

- Luftkonditionierung in der Raumlufttechnik
  - Gebäudetechnik
    Bürogebäude Krankenhäuser, Laborräume, Schwimmbäder, Fabrikationsräume
  - Mobile Anwendungen
    Fahrzeugkabinen (Landwirtschaft, Luftfahrt, . . .)
  - Fabrikation
    Textilindustrie, Papierindustrie, Biotechnologie, . . .
- Lebensmitteltechnik
  - Erzeugung
    Molkereiprodukte, Fleischwaren, Getränke, Schokolade
  - Transport
    Straße, Schiene, See
  - Lagerung
    Kühlhäuser, Gefrierhäuser
  - Vertrieb
  - Haushalt
- Verfahrenstechnik
  - Chemische und petrochemische Industrie
    Reaktorkühlung, Kristallisation, Trennung von Gasen
- Mechatronik
- Bautechnik
- Energieversorgungstechnik
  Wärmepumpen, Wärmetransformation, Kraft-Wärme-Kältekopplung

© Springer-Verlag Berlin Heidelberg 2016   1
J. Dohmann, *Thermodynamik der Kälteanlagen und Wärmepumpen*,
DOI 10.1007/978-3-662-49110-2_1

Allen Verfahren und Beispielen gemeinsam ist, dass ein kältetechnisches System stets Wärme aufnimmt. Diese Wärme wird einem Medium entzogen, was meist aber keineswegs immer mit einer Temperatursenkung verbunden ist. Dies führt zu einem einfachen Unterscheidungsmerkmal, je nach Temperaturniveau der zugeführten Wärme. Bei Temperaturen oberhalb von 0 °C spricht man in der Regel von Kühltechnik, unterhalb von 0 °C von Tiefkühltechnik bzw. Gefriertechnik. Ferner werden Prozesse unterhalb von −50 °C der Tiefsttemperaturtechnik zugeordnet, für die auch der Begriff Kryotechnik in Benutzung ist.

Ein System, das unter stationären, also unter zeitlich konstanten Randbedingungen, Wärme aufnimmt, muss diese Energie in Form von Wärme auch wieder abgeben. Bei kältetechnischen Anwendungen steht der aufgenommene Wärmestrom im Vordergrund. Hiervon werden sog. Wärmepumpen unterschieden. Dabei handelt es sich um kältetechnische Anlagen, bei denen der abzuführende Wärmestrom einer wirtschaftlichen Nutzung zugeführt wird und aus diesem Grund im Vordergrund des Interesses steht. Beispielsweise läßt sich mit dem abgegebenen Wärmestrom Wasser erwärmen und in einer Heizung nutzen. Aus thermodynamischer Sicht bestehen zwischen Kälteanlagen und Wärmepumpen keine Unterschiede.

Ein weiteres Unterscheidungsmerkmal besteht in der Art der zugeführten Energie. Häufig wird einem Kälteprozess Energie in Form mechanischer Wellenleistung zugeführt. Es existieren aber auch Anlagentypen, bei denen die Hilfsenergie in Form elektrischer Energie oder Wärme eingebracht wird. Beispiele hierfür sind sog. Absorptionskälteanlagen.

Begriffe

Kälteanlagen und Wärmepumpen nehmen stets einen Wärmestrom $\dot{Q}_{zu}$ [kW] auf. Dieser Wärmestrom wird bei einer Kälteanlage auch als Kühllast bezeichnet. Dieser Wärmestrom wird gemeinsam mit der eingesetzten Hilfsenergie – es sei stellvertretend angenommen, dass es sich um eine mechanische Leistung P [kW] handelt – auf höherem Temperaturniveau in Form eines Wärmestroms $\dot{Q}_{ab}$ [kW] wieder abgegeben. Die Unterscheidung, ob es sich bei der kältetechnischen Anlage um eine Kälteanlage oder eine Wärmepumpe handelt, erfolgt nicht nach technischen Kriterien, sondern lediglich anhand der Temperaturen bei denen die Wärmeströme aufgenommen bzw. abgegeben werden.

In Abb. 2.1 sind verschiedene Fälle gelistet. Typ A kennzeichnet Kälteanlagen. Wärme wird unterhalb des Temperaturniveaus aufgenommen und oberhalb abgegeben. Anlagen entsprechend Typ B werden als Wärmepumpen bezeichnet. Das entscheidende Merkmal ist eine Wärmeaufnahme bei einer Temperatur knapp unterhalb der Umgebungstemperatur. Der geringe Unterschied zur Umgebungstemperatur basiert darauf, dass die Wärmeübertragerfläche, die die Wärme aufnimmt eine Temperaturdifferenz benötigt, damit die Wärme von der Umgebung in die Anlage übertreten kann. In einem späteren Kapitel wird

Abb. 2.1 Einteilung der kältetechnischen Anlagen nach den Temperaturniveaus

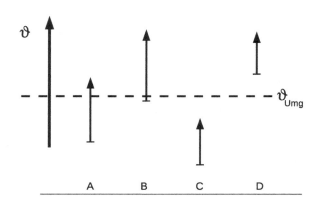

Abb. 2.2 Grundschema einer
Kälteanlage bzw. einer Wärmepumpe

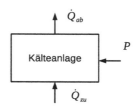

auf diese Wärmeübertragungsbedingungen eingegangen. Typ C charakterisiert eine Anlage, wie sie beispielsweise innerhalb einer Reihenschaltung von Kälteanlagen auftreten
kann. Reihenschaltungen von Kälteanlagen werden als Kaskadenschaltungen bezeichnet.
Schließlich sind auch Anlagen des Typs D bekannt, die als sog. Wärmetransformatoren
bezeichnet werden. Diese lassen sich z. B. einsetzen, wenn Heizsysteme höhere Vorlauf-
temperaturen benötigen als z. B. durch ein Fernwärmesystem bereitgestellt werden kann.

Die Effektivität bzw. die Wirkung einer Kälteanlage bzw. einer Wärmepumpe wird
durch Verhältniszahlen der beteiligten Wärmeströme beschrieben. Zur Veranschaulichung
dient Abb. 2.2. Bei drei beteiligten Energieströmen lassen sich drei Verhältniszahlen bilden. In Verwendung ist die sog. Leistungsziffer der Kälteanlage

$$\varepsilon_K := \frac{\dot{Q}_{zu}}{P} \qquad (2.1)$$

Bei Betrachtung eines Wärmepumpenprozesses ist es sinnvoll, die Verhältniszahl mit dem
abgegebenen Wärmestrom zu bilden:

$$\varepsilon_W := \frac{\dot{Q}_{ab}}{P} \qquad (2.2)$$

Diese wichtige Größe wird häufig als „COP"-Wert (coefficient of performance) bezeichnet. Unter Berücksichtigung der Energieerhaltung

$$\dot{Q}_{ab} = \dot{Q}_{zu} + P \qquad (2.3)$$

erhält man durch Umformung einen Zusammenhang zwischen den beiden Leistungsziffern

$$\varepsilon_W := \varepsilon_K + 1 \qquad (2.4)$$

Die Tatsache, dass sich ein Prozess durch zwei verschiedene Kennziffern bewerten lässt,
führt gelegentlich zu Verwechslungen. Die Leistungsziffern stellen eine Maßzahl für die
Wirksamkeit des Prozesses dar. Hohe Leistungsziffern bedeuten, dass der Prozess einen
geringen Bedarf an Hilfsenergie besitzt. Damit stellt die Leistungsziffer einen Indikator
für die Energieeffizienz dar. Bei der Verwendung der Leistungsziffern (z. B. zu Vergleichs-
zwecken) ist zu beachten, dass diese nur in einem Betriebspunkt Gültigkeit besitzen.
Leistungsziffern verändern sich beispielsweise mit den Temperaturniveaus der Wärmeaufnahme und -abgabe.

Abb. 2.3 Nutzungseinheit
Kraftwerk und Wärmepumpe

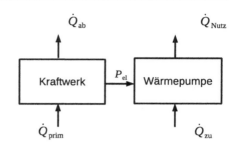

Als dritte Kennzahl läßt sich ein Verhältnis der zu- bzw. abgeführten Wärme berechnen. Dieses Wärmeverhältnis hat in der Praxis keine Bedeutung erlangt.

Zur hinreichenden Charakterisierung einer Anlage ist es erforderlich, einen zusammengehörigen Wertesatz anzugeben. Bei Kälteanlagen ist dies die Angabe der Größe des aufgenommenen Wärmestroms, die erforderliche Antriebsleistung sowie die Temperaturen, bei denen die Wärme aufgenommen bzw. abgegeben wird.

$$[\dot{Q}_{zu};\ T_{zu};\ T_{ab};\ P]\qquad(2.5)$$

Anstelle der Leistung P kann ersatzweise auch die Leistungsziffer ε_K herangezogen werden.

$$[\dot{Q}_{zu};\ T_{zu};\ T_{ab};\ \varepsilon_K;]\qquad(2.6)$$

Bei Wärmepumpen tritt an die Stelle des aufgenommenen Wärmestroms der abgegebene Wärmestrom und anstelle der Leistungsziffer der Kälteanlage ε_K die Leistungsziffer der Wärmepumpe ε_W.

Bei der Nutzung von Wärmepumpen ist die Leistungsziffer nicht das alleinige Merkmal für die Wirksamkeit. Bei der Nutzung ist nämlich nicht die Wärmepumpe als Endgerät zu bewerten sondern die gesamte Energieumwandlungskette. Bei elektrischen Wärmepumpen sind daher die Kraftwerke mit zu betrachten (vgl. Abb. 2.3). Ein fossiles Kraftwerk stellt aus einem Primärenergieträger elektrische Energie her, welche in der Wärmepumpe eingesetzt die Nutzwärme bereitstellt. Das Verhältnis zwischen Nutzenergie und Primärenergie folgt aus

$$\dot{Q}_{Nutz} = \varepsilon_W \cdot P_{el}\qquad(2.7)$$

$$P_{el} = \eta \cdot \dot{Q}_{prim}\qquad(2.8)$$

woraus folgt

$$\frac{\dot{Q}_{Nutz}}{\dot{Q}_{prim}} = \varepsilon_W \cdot \eta\qquad(2.9)$$

Dieses Verhältnis sollte deutlich größer als 1 sein, damit sich der wirtschaftliche Aufwand dieser Technologie lohnt und das Ziel, Primärenergie einzusparen, erreicht werden kann. Heutige Wärmepumpen erreichen dieses technische Qualitätsmerkmal. In späteren Kapiteln wird darauf eingegangen.

2.1 Übungsaufgaben

2.1.1 Aufgaben

Aufgabe 2.1 Leistungsziffer
Eine Kälteanlage nimmt eine Kühllast $\dot{Q}_{zu} = 12\,\text{kW}$ auf. Die Leistungsziffer ist mit $\varepsilon_K = 3$ angegeben. Berechnen Sie die aufgenommene Leistung P, die abgegebene Wärme $\dot{Q}_{ab}$ und die Leistungsziffer ε_W.

Aufgabe 2.2 Wärmepumpe
Eine Wärmepumpe soll eine Leistung von $\dot{Q}_{ab} = 8\,\text{kW}$ abgeben. Die Leistungsziffer betrage $\varepsilon_W = 4$. Der Strompreis betrage $k = 0{,}2\,\text{€}/\text{kWh}$. Wie groß sind Leistung P, aufgenommene Wärme $\dot{Q}_{zu}$ und die Kosten je Betriebsstunde?

2.1.2 Lösungen

Lösung 2.1 Leistungsziffer
Aus der Definition der Leistungsziffer für ε_K folgt direkt

$$P = \frac{\dot{Q}_{zu}}{\varepsilon_K} = \frac{12}{3} = 4\,\text{kW}$$

Die abgegebene Wärme setzt sich aus der aufgenommenen Wärme und der aufgenommenen Leistung zusammen und beträgt 16 kW. Die Leistungsziffer der Wärmepumpe beträgt $\varepsilon_W = 4$.

Lösung 2.2 Wärmepumpe
Die Leistung beträgt

$$P = \frac{\dot{Q}_{ab}}{\varepsilon_W} = \frac{8}{4} = 2\,\text{kW}$$

Die Rate beträgt damit $R = P \cdot k = 2 \cdot 0{,}2 = 0{,}4\,\text{€}/\text{h}$. Die aufgenommene Wärme beträgt offenbar 6 kW.

Kühllasten

Unter dem Begriff Kühllast wird der Wärmestrom bezeichnet, der von einer Kälteanlage oder einer Wärmepumpe aufgenommen wird. Im Fall der Kälteanlagen wird die Kühllast durch die Aufgabe der Kälteanlage vorgegeben. Die Kühllast bestimmt die Größe einer Kälteanlage.

Im vorliegenden Kapitel werden die verschiedenen Arten von Kühllasten beschrieben und die Grundlagen der thermodynamischen Berechnung vorgestellt. Für die Abkühlung von Materialien wird eine Einführung in unterschiedliche Stoffklassen gegeben. Hier wird zwischen einfachen Stoffen und Stoffen mit Phasenumwandlung sowie der Abkühlung feuchter Luft unterschieden. Ferner wird die Berechnung von Wärmequellen behandelt. Hierzu zählen die Atmungswärme von Lebensmitteln, die Personenwärme oder elektrische Wärmequellen.

Bei der Dimensionierung von Wärmepumpen steht zwar die Heizlast im Vordergrund, diese ist aber untrennbar mit der aufgenommenen Kühllast verbunden. Insofern ist auch bei der Dimensionierung von Wärmepumpen die Kenntnis der Kühllast von Bedeutung.

3.1 Begriffe

Die Kühllast einer Kälteanlage wird durch einen Wärmeübertrager von einem Medium an die Kälteanlage übertragen. Die Kühllast selbst ist physikalisch gesehen die Wärme, die dem Medium entzogen wird und von der Kälteanlage aufgenommen wird.

In Hinblick auf die Prozessführung wird zwischen kontinuierlichen Prozessen und diskontinuierlichen Prozessen unterschieden. Die kontinuierliche Prozessführung ist dadurch gekennzeichnet, dass das Medium dem Wärmeübertrager stetig zugeführt wird. Sofern in dem Wärmeübertrager keine Stoffakkumulation auftritt sind eintretender Strom und austretender Strom gleich groß. Sofern sich dann alle Prozessdaten (Temperaturen, Massenströme, etc.) zeitlich nicht ändern, wird ein derartiges System als stationäres System bezeichnet. Beispiele für kontinuierliche, stationäre Systeme sind

© Springer-Verlag Berlin Heidelberg 2016
J. Dohmann, *Thermodynamik der Kälteanlagen und Wärmepumpen*,
DOI 10.1007/978-3-662-49110-2_3

Abb. 3.1 Grundschema eines
Wärmeübertragers

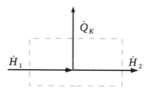

- Rückkühlung von Klimawasser (12 °C/6 °C) zur Versorgung raumlufttechnischer Anlagen
- Abkühlung eines Glykol/Wasser-Gemisches aus einer geothermischen Sonde
- Abkühlung von Getränken in Durchflusskühlern (z. B. Bierzapfanlage)
- Abkühlung und gleichzeitige Entfeuchtung von Luft in raumlufttechnischen Anlagen
- Abkühlung von Lebensmitteln in einem sog. Tunnelfroster
- Kondensation von Kältemitteldampf in Kompressionskälteanlagen in Kaskadenschaltungen

Die Kühllast stationärer, kontinuierlicher Systeme ist durch den Massenstrom des eintretenden Mediums sowie durch den thermophysikalischen Zustand am Eintritt und am Austritt eindeutig gekennzeichnet. Bei Verwendung von Symbolen gem. Abb. 3.1 läßt sich die Energiebilanz formulieren:

$$\dot{H}_1 = \dot{Q}_K + \dot{H}_2 \quad (\vartheta_1 > \vartheta_2) \tag{3.1}$$

Die enthaltenen Enthalpieströme werden dabei stets als Produkt aus Massenstrom $\dot{m}$ [kg/s] und spezifischer Enthalpie h [kJ/kg] ausgedrückt. Die spezifische Enthalpie ist dabei eine Zustandsgröße des betreffenden Stoffes. In der Regel hängt die spezifische Enthalpie eines Stoffes von der Temperatur ab. Bei Mehrkomponentengemischen kommt noch eine Abhängigkeit von der Zusammensetzung, bei Dämpfen eine Abhängigkeit vom Druck hinzu. Bei Materialien mit Phasenwechsel geht zusätzlich der Massenanteil der einzelnen Phasen in die Berechnung ein. In späteren Kapiteln wird hierauf noch eingehend eingegangen.

Zur praktischen Handhabung wird auf die Verwendung von Stoffmodellen zurückgegriffen, die im folgenden Abschnitt beschrieben sind.

Von den genannten Systemen werden die diskontinuierlichen Kälteanwendungen unterschieden (vgl. Abb. 3.2). Dabei handelt es sich meist um Anwendungen, bei denen ein Kühlgut in einem Anfangszustand mit hoher Temperatur in einen Kühlraum gebracht wird und nach einiger Zeit eine niedrigere Temperatur erreicht wird.

In diesem Fall wird die Kühllast nicht als Wärmestrom sondern als Wärme Q_K [kJ] aus der Enthalpiedifferenz berechnet.

$$Q_K = H_1 - H_2 = m \cdot (h_1 - h_2) \tag{3.2}$$

Bei dieser Formulierung ist zu beachten, dass bei einer Temperatursenkung eines Stoffes die spezifische Enthalpie abnimmt. In diesem Fall ist offenbar $h_2 < h_1$. Aus Sicht der nachgeschalteten Kälteanlage wird diese Wärme von der Kälteanlage aufgenommen.

Abb. 3.2 Grundschema eines diskontinuierlichen Abkühlvorgangs

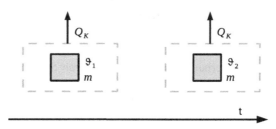

Eine Einteilung nach diesem Prinzip führt zu einer unvollständigen Auflistung möglicher Kühllasten, da in kältetechnischen Anwendungen nicht nur Stoffe abzukühlen sind. Es ist denkbar und realistisch, dass ein Energiestrom aus einem System abgeführt wird, dessen Temperatur sich nicht ändert. Isotherme Systeme mit einer Wärmeabfuhr müssen über Wärmequellen im Inneren verfügen. Dieses kann im einfachsten Fall ein elektrisch beheiztes Bauteil sein, z. B. der Prozessor eines Computers. Daneben existieren aber auch noch andere Typen von Wärmequellen wie z. B. Quellen, die auf einem biologischen Stoffwechsel beruhen. Ein Beispiel hierfür ist ein Lagerplatz für z. B. Obst oder Gemüse oder auch die sog. Personenwärme. Auch hierauf wird in einem nachfolgenden Kapitel eingegangen. Schließlich sind auch physikalisch-chemische Reaktionen als Wärmequelle geeignet, beispielsweise Stoffe, die eine Änderung der molekularen Struktur erfahren. Ein verbreitetes Beispiel hierfür sind die Phasenumwandlungen reiner Stoffe (Sublimieren, Desublimieren, Verdampfen/Kondensieren, Erstarren/Schmelzen). In anderen Fällen sind die Einzelheiten dieser Umwandlung vielleicht nicht gut bekannt. In diesem Fall liefern die kalorischen Effekte überhaupt erst Hinweise auf molekulare Reaktionen.

Die allgemeine Energiebilanz eines isobaren, offenen Systems lautet

$$\frac{\mathrm{d}H}{\mathrm{d}t} = \sum_i \dot{H}_i + \sum_i \dot{Q}_i + \sum_i P_i \tag{3.3}$$

Darin bedeutet die linke Seite die zeitliche Änderung der Enthalpie des Systems. Die nachstehenden drei Summen kennzeichnen die ein- bzw. austretenden Enthalpieströme $\dot{H}_i$, die stets jeweils mit einem Stoffstrom $\dot{m}_i$ eindeutig gekoppelt sind, die ein- bzw. austretenden Wärmeströme $\dot{Q}_i$ und die über die Systemgrenze eingetragenen bzw. ausgetragenen Leistungen wie. z. B. Wellenleistungen P_i oder elektrische Leistungen.

In stationären Systemen gilt:

$$\frac{\mathrm{d}H}{\mathrm{d}t} = \sum_i \dot{H}_i + \sum_i \dot{Q}_i + \sum_i P_i = 0 \quad \text{(stationär)} \tag{3.4}$$

Diese Aussage stellt eine Schreibweise des 1. Hauptsatzes der Thermodynamik dar. Er repräsentiert die sog. Energieerhaltung. Diese Formulierung ist immer dann zum Aufbau eines Bilanzschemas zu verwenden, wenn Stoffströme die Systemhülle schneiden. Derartige Systeme werden auch als offene Systeme bezeichnet.

3.2 Abkühlung von Materialien

Bei der thermodynamischen Bewertung von Abkühlvorgängen von Materialien wird das Materialverhalten vereinfachend durch Stoffmodelle beschrieben. Ziel dieser Stoffmodelle ist die Ermittlung der kalorischen Zustandsgröße der spezifischen Enthalpie h in Abhängigkeit anderer den Abkühlprozess beschreibenden Variablen. Wichtigste dieser Variablen ist die Temperatur ϑ [°C], die gelegentlich auch als Absoluttemperatur T [K] angegeben wird. Die beiden Temperaturskalen stehen in dem Zusammenhang T [K] $=$ $273{,}15 + \vartheta$ [°C]. Je nach Kontext sind aber auch andere Größen wie z. B. die Zusammensetzung oder der Druck von Bedeutung. Die Stoffmodelle sind unterschiedlich kompliziert und unterschiedlich praktikabel. Im folgenden sind unterschiedliche Stoffmodelle zur Beschreibung des Abkühlens von Stoffen beschrieben. Der Begriff Abkühlung umschreibt den Vorgang des Wärmeentzugs. Dieser Vorgang ist interessanterweise nicht bei allen Materialien mit einer Temperatursenkung verbunden.

3.2.1 Stoffmodell einfacher Stoffe

Wird einem Stoff (Zustand 1) bei konstantem Druck Wärme Q_{12} übertragen, so steigt nach dem ersten Hauptsatz der Thermodynamik die spezifische Enthalpie vom Wert H_1 auf den Wert H_2

$$Q_{12} = H_2 - H_1 = m(h_2 - h_1) \tag{3.5}$$

Division durch die Systemmasse m führt auf die sog. bezogenen Wärme

$$q_{12} := \frac{Q_{12}}{m} = (h_2 - h_1) \tag{3.6}$$

Durch Einführung der bezogenen Wärme gelingt eine Beschreibung, die von der Systemmasse unabhängig ist. Wird der Zustand 1 mit einem beliebigen, frei wählbaren Referenzzustand assoziiert, so wird deutlich, dass die spezifische Enthalpie ein Maß für die vom Stoff aufgenommene Wärme ist. Ein sehr einfacher Bezugspunkt ergibt sich durch willkürliche Festlegung $\vartheta_{\text{ref}} = 0\,°\text{C}$, $h_{\text{ref}} = 0\,\text{kJ/kg}$.

Einfache Stoffe sind dadurch gekennzeichnet, dass mit der Übertragung gleicher Wärmemengen auch gleiche Temperaturdifferenzen durchschritten werden. Aus diesem Grund folgt

$$h(\vartheta) \sim (\vartheta - \vartheta_{\text{ref}}) \tag{3.7}$$

was zum Ansatz führt:

$$h(\vartheta) = h_{\text{ref}} + c_p(\vartheta - \vartheta_{\text{ref}}) \tag{3.8}$$

Die in diesem Ansatz enthaltene Proportionalitätskonstante c_p kann auch als Steigung der Funktion $h(\vartheta)$ aufgefaßt werden. Für den Stoff Wasser (fl.) gilt für die spezifische Wärmekapazität $c_p = 4{,}19\,\mathrm{kJ/kg\,K}$. Unter der Festlegung $h(\vartheta_{\mathrm{ref}} = 0\,°\mathrm{C}) = 0\,\mathrm{kJ/kg}$ folgt der besonders einfache Ansatz

$$h(\vartheta) = 4{,}19 \cdot \vartheta \tag{3.9}$$

Die Frage, ob der Stoff Wasser (fl.) zu den einfachen Stoffen zählt ist eine Frage der geforderten Genauigkeitsgrenze. Für praktische Anwendungen in der Kältetechnik ist die Annahme eines einfachen Stoffverhaltens gerechtfertigt.

3.2.2 Reale Stoffe ohne Phasenwechsel

Reale Stoffe zeigen eine gewisse Temperaturabhängigkeit der spezifischen Wärmekapazität $c_p(\vartheta)$. Dies tritt immer dann auf, wenn innerhalb des betreffenden Materials strukturelle Änderungen auftreten. Diese können auf verschiedenen physikalischen Ursachen beruhen. Effekte dieser Art treten auf, wenn das Material in mikroskopischen Maßstäben heterogen ist. Die dabei auftretenden Phasen können im interessierenden Temperaturbereich Änderungen durchführen. Diese Effekte können berücksichtigt werden, in dem die Temperaturabhängigkeit $c_p(\vartheta)$ experimentell vermessen wird. Aus der Definition

$$c_p := \frac{\mathrm{d}h}{\mathrm{d}\vartheta} \tag{3.10}$$

folgt durch Variablenseparation und Integration die Enthalpiefunktion $h(\vartheta)$

$$h(\vartheta) = \int\limits_{\vartheta_{\mathrm{ref}}}^{\vartheta} c_p(\vartheta)\mathrm{d}\vartheta \tag{3.11}$$

Die zu integrierende Funktion $c_p(\vartheta)$ kann in praktischen Fällen durch Polynomapproximation bestimmt werden. Hierdurch nimmt die Funktion die Gestalt

$$c_p(\vartheta) = a_0 + a_1\vartheta + a_2\vartheta^2 + \ldots \tag{3.12}$$

an, dessen Integration sich einfach gestaltet.

In praktischen Fällen ist die Anwendung dadurch erschwert, dass für die in der Kältetechnik interessierenden Materialien keine ausreichend genauen Stoffdaten verfügbar sind. Bei einigen Stoffe hingegen liegen zwar Daten vor, die Temperaturabhängigkeit ist aber derart schwach ausgeprägt, dass eine Auswertung des Polynoms keinen praktischen Vorteil bringt gegenüber der Annahme, es handele sich um einen einfachen Stoff.

3.2.3 Reinstoffe mit Phasenumwandlung

Reinstoffe mit Phasenumwandlung besitzen ein gegenüber Gl. 3.8 abweichendes Verhalten. Dieses kann in einem Enthalpie-Temperatur-Diagramm (siehe Abb. 3.3) dargestellt werden.

Im Bereich negativer Temperaturen besitzt die h-ϑ-Funktion eine Steigung von $\partial h/\partial\vartheta = c_{p,E}$, im positiven Temperaturbereich entsprechend der spezifischen Wärmekapazität $c_{p,W}$ von flüssigem Wasser. Die Sprunghöhe an der Unstetigkeitsstelle entspricht der Phasenumwandlungsenthalpie Δh_E. Die Phasenumwandlungsenthalpie der Umwandlung von Eis in Wasser wird als Schmelzenthalpie bezeichnet. Diese ist vom Betrag her identisch mit der Erstarrungsenthalpie. Die spezifische Wärmekapazität genau am Phasenumwandlungspunkt von Reinstoffen ist offenbar nicht definiert, wie ein Versuch der Bildung des Differentialquotienten gem. Gl. 3.10 zeigt. Die Bildung einer $h(\vartheta)$-Funktion gelingt nur Abschnittsweise und bedarf im genauen Phasenumwandlungspunkt noch einer weiteren Zustandsgröße ε, die den Massenanteil des Eises angibt. Die Enthalpie-Funktion lautet

$$h(\vartheta,\epsilon) = \begin{cases} \vartheta < 0: & h_{\text{ref}} + c_{p,E} \cdot (\vartheta - \vartheta_{\text{ref}}) \\ \vartheta = 0: & h_{\text{ref}} + c_{p,E} \cdot (0 - \vartheta_{\text{ref}}) + (1-\varepsilon) \cdot \Delta h_E \\ \vartheta > 0: & h_{\text{ref}} + c_{p,E} \cdot (0 - \vartheta_{\text{ref}}) + \Delta h_E + c_{p,W} \cdot \vartheta \end{cases} \tag{3.13}$$

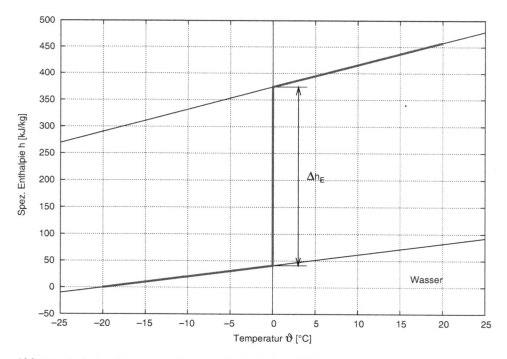

Abb. 3.3 Enthalpie-Temperatur-Funktion für den Reinstoff Wasser

mit $c_{p,E} = 2{,}05\,\mathrm{kJ/kg\,K}$, $c_{p,W} = 4{,}19\,\mathrm{kJ/kg\,K}$ und $\Delta h_E = 333{,}4\,\mathrm{kJ/kg}$. Im Beispiel der Abb. 3.3 wurde der Referenzpunkt der Enthalpie auf den Wert $\vartheta_{\mathrm{ref}} = -20\,^\circ\mathrm{C}$ und $h_{\mathrm{ref}} = 0\,\mathrm{kJ/kg}$ gesetzt.

3.2.4 Reale Stoffe

Reale Lebensmittel unterscheiden sich von idealen Reinstoffen dadurch, dass keine expliziten Phasenumwandlungspunkte auftreten sondern Bereiche. Bei Erwärmung von Schokolade beispielsweise wird Wärme verwendet, um einen Temperaturanstieg zu erreichen, teilweise wird Wärme aber auch für das Aufschmelzen einzelner Bestandteile (z. B. Kakaobutter) verwendet. Ein in der Literatur mitgeteiltes Beispiel ([Ber79]) sind die Enthalpiefunktionen für das Lebensmittel Fisch (siehe Abb. 3.4). Deutlich zu erkennen sind zwei Bereiche mit näherungsweise linearem Verlauf. Im Bereich mäßiger Frosttemperaturen tritt ein Übergangsgebiet auf. Die Sprunghöhe des Übergangsbereichs ist mit dem Wassergehalt des Stoffs korreliert. Allgemein ist das Auftreten von Sprüngen in einem $h(\vartheta)$-Diagramm auf Phasenumwandlungen zurückzuführen. Dies kann auf einen Wassergehalt zurückzuführen sein, aber auch auf z. B. Fette, Wachse oder Kombinationen davon. Messtechnisch ist die Auflösung der Funktion in diesem Bereich nicht einfach und in vielen Fällen auch nicht sinnvoll, da z. B. eine Abkühlung von Lebensmitteln auf

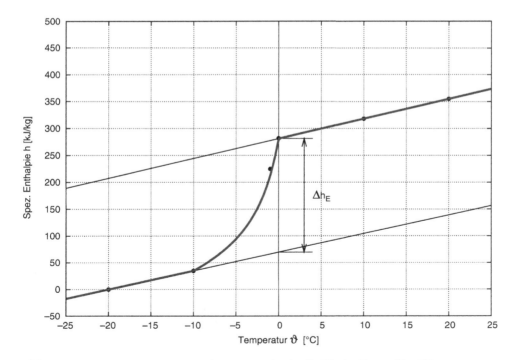

Abb. 3.4 Enthalpie-Temperatur-Funktion eines realen Stoffs (Fisch) (Daten: [Ber79])

eine Temperatur in diesem Übergangsbereich noch nicht zur stabilen Lagerbedingungen führt. Diese Übergangsbereiche sind technisch vollständig und möglichst rasch zu überwinden.

Reale Enthalpiefunktionen lassen sich unter Verwendung der sog. DSC-Methode (engl.: differential scanning calorimetry) ermitteln, die die Temperaturabhängigkeit der spezifischen Wärmekapazität $c_p(\vartheta)$ liefert. Die Enthalpiefunktion kann durch Integration dieser Funktion ermittelt werden.

$$h(\vartheta) = h_{\text{ref}} + \int_{\vartheta_{\text{ref}}}^{\vartheta} c_p(\vartheta) d\vartheta \tag{3.14}$$

Der als Offset bezeichnete Wert h_{ref} kann beliebig gewählt werden und dient zur Festlegung eines Referenzpunktes.

3.2.5 Ideale Stoffgemische

Ideale Stoffgemische sind Gemische verschiedener Komponenten, die aber untereinander in allenfalls vernachlässigbarer Wechselwirkung zueinander stehen. Bei Mischung einer Anzahl j_{max} Komponenten kann die Zusammensetzung des Gemisches durch den sog. Massenanteil ξ charakterisiert werden. Die Enthalpie eines derartigen idealen Gemisches beträgt

$$\bar{h}(\vartheta) = \sum_{j=1}^{j_{\text{max}}} \xi_j h_j(\vartheta) \tag{3.15}$$

Die Überstreichung im Formelzeichen $\bar{h}$ deutet an, dass eine Mittelwertbildung durchgeführt wurde. Dass sich Gemische wie ideale Gemische verhalten ist dann zu erwarten, wenn die einzelnen Gemischpartner keine besonderen thermophysikalischen oder chemischen Reaktionen vollziehen, also eine passive Koexistenz vorliegt. Bei der rechnerischen Behandlung von Gemischen ist sehr genau darauf zu achten, dass alle beteiligten Stofffunktionen h_j über einen gemeinsamen Referenzpunkt verfügen.

3.2.6 Dampf

Bei verdampfbaren Medien (z. B. Wasser, Kältemittel R134a, usw.) hängt die spezifische Enthalpie nicht nur von der Temperatur sondern auch zusätzlich noch vom Druck ab. Dies kann an dem Beispiel Wasser erläutert werden. Hierzu wird ein System betrachtet, das aus 1 kg Wasser besteht mit den Anfangsbedingungen ($p_1 = 1$ bar, $\vartheta_1 = 0\,°C$, $h_1 := 0\,kJ/kg$). Wird diesem System Wärme zugeführt, so steigt die Temperatur zunächst linear mit der übertragenen Wärme an. Dies basiert darauf, dass Wasser in diesem

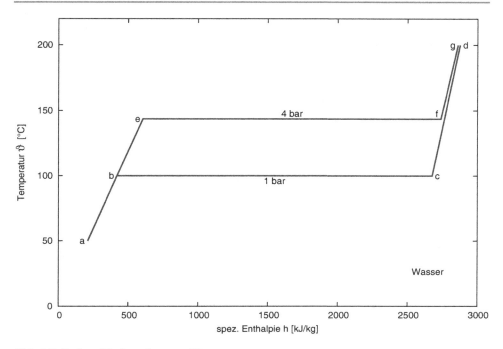

Abb. 3.5 Isobare Verdampfung von Wasser

Zustand näherungsweise als einfacher Stoff aufgefasst werden kann. Bei Erreichen der Temperatur von 100 °C beginnt das Sieden. Bis zu diesem Punkt hat das System etwa 419 kJ Wärme aufgenommen. Der exakte Wert der spezifischen Enthalpie des Systems beträgt in diesem Zustand 417,5 kJ/kg. Bei weiterer Wärmezufuhr bleibt die Temperatur des Systems konstant. Bis zum Ende des Verdampfungsvorgangs kann die Verdampfungsenthalpie Δh_v aufgenommen werden. Beim Druck von 1 bar beträgt diese für Wasser etwa 2258 kJ/kg (vgl. [Hah00]). Zum Ende der Verdampfung beträgt die spezifische Enthalpie 2675 kJ/kg. Bei weiterer Wärmezufuhr verhält sich der entstandene Dampf wieder wie ein einfacher Stoff mit der spezifischen Wärmekapazität etwa der Größe 2 kJ/kg K. Die Übertragung von 200 kJ Wärme lässt die Temperatur erneut um 100 °C auf 200 °C ansteigen. Der Vorgang ist maßstäblich in der Abb. 3.5 dargestellt. Zusätzlich zum beschriebenen Vorgang beim Druck von $p = 1$ bar ist der gleiche Vorgang bei erhöhtem Druck dargestellt. Die Verdampfungsenthalpie Δh_v wird bei vielen Stoffen mit steigender Temperatur kleiner.

Die systematische Zusammenstellung der Daten der spezifischen Enthalpie bei verschiedenen Drücken erfolgt für kältetechnische Anwendungen zweckmäßig in einem sog. log p, h-Diagramm. Für den Stoff Wasser ist dieser in der Abb. 3.6 maßstäblich dargestellt.

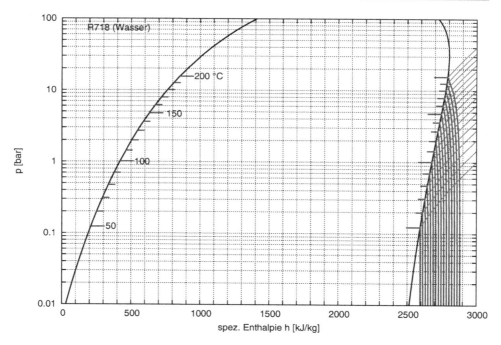

Abb. 3.6 log p, h-Diagramm für Wasser

3.2.7 Feuchte Luft

Feuchte Luft kann als Mischung von „trockener Luft" und Wasserdampf verstanden werden. Dabei sind nicht beliebige Mischungsverhältnisse denkbar. Luft kann Wasserdampf nur bis zu einer bestimmten Grenze aufnehmen. Diese Grenze hängt von der Temperatur ab.

In diesem Gemisch addieren sich die Partialdrücke der Komponenten zum Gesamtdruck.

$$p_{\text{ges}} = p_L + p_D \tag{3.16}$$

Die obere Grenze des Wasserdampfpartialdrucks ist gegeben durch den sog. Dampfdruck. Dieser ist z. B. in sog. Dampftafeln tabelliert.

Die Dichte der feuchten Luft kann direkt unter Anwendung des idealen Gasgesetzes angegeben werden:

$$\varrho := \frac{m}{V} = \frac{m_L}{V} + \frac{m_D}{V} = \frac{p_L}{R_L T} + \frac{p_D}{R_D T} \tag{3.17}$$

mit $R_L = 287{,}1\,\text{J/kg K}$, $R_D = 461{,}52\,\text{J/kg K}$.

Der Dampfdruck kann durch eine sog. Antoine-Gleichung angegeben werden. Für den Temperaturbereich $0{,}01\,°C < \vartheta < 60\,°C$ gilt mit hinreichender Genauigkeit

$$\ln\left(\frac{p_s}{p_{\text{tr}}}\right) = A - \frac{B}{T - C} \tag{3.18}$$

mit $p_{\text{tr}} = 0{,}611657\,\text{kPa}$, T [K], $A = 17{,}2799$ [–]; $B = 4102{,}99$ [K]; $C = 35{,}719$ [K] (vgl. [Bae96]).

Für den Temperaturbereich $1\,°C < \vartheta < 100\,°C$ liefert der folgende Konstantensatz

$$A = 17{,}0614\ [\text{–}]; \quad B = 3984{,}85\ [\text{K}]; \quad C = 39{,}724\ [\text{K}];$$

brauchbare Ergebnisse, allerdings mit geringerer Genauigkeit (umgerechnet aus Daten von [Gme92]). Die Antoine-Gleichung besitzt anderen empirischen Gleichungen gegenüber den Vorteil, dass sie nach der Temperatur T [K] aufgelöst werden kann.

Im Temperaturbereich unterhalb $0\,°C$ wird der Sättigungspartialdruck des Wasserdampfs durch die Sublimationsdruckkurve beschrieben. Diese wird von Wagner u. a. (vgl. [Bae96], S. 212) angegeben mit

$$\ln\left(\frac{p_s}{p_{\text{tr}}}\right) = D \cdot \left(1 - \frac{E}{T}\right) \tag{3.19}$$

mit den Konstanten $D = 22{,}5125$ und $E = 273{,}16$ [K]. Die Gleichung ist gültig im Temperaturbereich $-50\,°C < \vartheta < 0{,}01\,°C$. Auch diese Gleichung lässt sich nach der Temperatur auflösen.

Für den Gehalt an Wasser haben sich verschiedene Maßzahlen etabliert. Bekannt ist die relative Luftfeuchte φ

$$\varphi := \frac{p_D}{p_s(T)} \tag{3.20}$$

Der Definition für die relative Luftfeuchte ist zu entnehmen, dass sich diese Größe ändert bei Änderung der Temperatur. Diese Feststellung führt zu einer alternativen Angabe des Wassergehalts der Luft, dem sog. Taupunkt. Darunter wird jene Temperatur verstanden, auf den die jeweilige Luft abgekühlt werden darf, bis Kondensation eintritt. Bei bekanntem Partialdruck kann der Taupunkt direkt aus der Dampfdruck-Gleichung bestimmt werden, da bei isobarer Abkühlung der feuchten Luft der Partialdruck des Wasserdampfs bis zum Erreichen des Taupunktes konstant bleibt und exakt am Taupunkt den Wert des Sättigungspartialdrucks besitzt:

$$\vartheta_S = C - T_{\text{ref}} + B\left(A - \ln\frac{p_D}{p_{\text{tr}}}\right)^{-1} \tag{3.21}$$

mit $T_{\text{ref}} = 273{,}15\,\text{K}$, A, B, C-Antoine-Koeffizienten und p_{tr} Tripeldruck (Daten s. o.).

Ein weiteres Maß für den Wassergehalt der Luft ist die sog. Wasserbeladung x

$$x := \frac{m_W}{m_L} \tag{3.22}$$

die direkt aus den Partialdrücken berechnet werden kann:

$$x := \frac{R_L}{R_D} \cdot \frac{p_D}{p_{\text{ges}} - p_D} \tag{3.23}$$

mit $R_L = 287{,}1\,\text{J/kg K}$, $R_D = 461{,}52\,\text{J/kg K}$, $R_L/R_D = 0{,}622$.

Im Falle der Sättigung von Luft erreicht der Partialdruck des Wasserdampfs den Sättigungspartialdruck (Dampfdruck), entsprechend nimmt die Beladung den Wert

$$x_s = \frac{R_L}{R_D} \cdot \frac{p_s(\vartheta)}{p_{\text{ges}} - p_s(\vartheta)} \tag{3.24}$$

an. Der Zusammenhang zwischen der Temperatur und der Sättigungsbeladung ist in Abb. 3.7 dargestellt. Die eingezeichnete Kurve kennzeichnet die Sättigungszustände, gültig für einen Gesamtdruck von $p = 1\,\text{bar}$. Zustandspunkte rechts der Grenzkurve

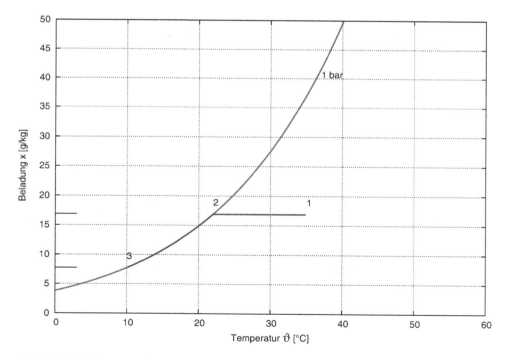

Abb. 3.7 Abkühlung von feuchter Luft

Tab. 3.1 Aggregatzustände des Wassers in der feuchten Luft; g: gasförmig; s: fest; l: flüssig

	$\vartheta < 0{,}01\,^{\circ}\mathrm{C}$	$\vartheta > 0{,}01\,^{\circ}\mathrm{C}$
$x < x_s$	g	g
$x = x_s$	g	g
$x > x_s$	g+s	g+l

entsprechen ungesättigten Luftzuständen. Zustände links dieser Grenzkurve sind Zustände übersättigter Luft. Diese sind thermodynamisch instabil oder befinden sich in einem Zweiphasenzustand.

Das kalorische Verhalten des Stoffsystems der feuchten Luft wird durch die kalorische Zustandsgröße der spezifischen Enthalpie beschrieben. Diese hängt von der Temperatur und der Beladung der trockenen Luft ab. Je nach Temperaturbereich und Beladung treten verschiedene Aggregatzustände des kondensierten Wassers auf (vgl. Tab. 3.1). Da die Sättigungsbeladung gem. Gl. 3.24 auch vom Gesamtdruck p_{ges} des Systems abhängig ist, kommt hier eine Abhängigkeit von dieser Größe hinzu, obwohl die einzelnen Komponenten „trockene Luft" und Wasserdampf jeweils als kalorisch ideale Stoffe gelten. Kalorisch ideale Stoffe sind einfache Stoffe, bei denen die spezifische Enthalpie nur von der Temperatur und nicht vom Druck abhängig sind und die spezifische Wärmekapazität keine Funktion der Temperatur ist. Für Wasserdampf gilt dies nur in Bereichen mit niedrigem Druck. Dies ist bei Atmosphärenbedingungen und im Temperaturbereich unterhalb 60 °C unter praktischen Gesichtspunkten erfüllt. Bei höheren Drücken und Temperaturen verhält sich Wasserdampf praktisch als kalorisch nicht-idealer Stoff.

Die spezifische Enthalpie der feuchten Luft hängt von Temperatur und Beladung ab. Je nach Temperatur und Beladung treten verschiedene Aggregatzustände des kondensierten Wassers auf.

Für die einzelnen Bereiche können einheitliche Enthalpieformeln angegeben werden:

$$h(\vartheta, x) = \begin{cases} g \quad : h = c_{p,L} \cdot \vartheta + x(\Delta h_v + c_{p,D} \cdot \vartheta) \\ g + l : h = c_{p,L} \cdot \vartheta + x_s(\Delta h_v + c_{p,D} \cdot \vartheta) + (x - x_s)c_{p,W} \cdot \vartheta \\ g + s : h = c_{p,L} \cdot \vartheta + x_s(\Delta h_v + c_{p,D} \cdot \vartheta) - (x - x_s)(\Delta h_E - c_{p,E} \cdot \vartheta) \end{cases}$$
$$(3.25)$$

mit den Konstanten: $c_{p,L} = 1{,}005\,\mathrm{kJ/kg\,K}$, $c_{p,D} = 1{,}86\,\mathrm{kJ/kg\,K}$, $c_{p,E} = 2{,}05\,\mathrm{kJ/kg\,K}$, $c_{p,W} = 4{,}19\,\mathrm{kJ/kg\,K}$, $\Delta h_v = 2500\,\mathrm{kJ/kg}$, $\Delta h_E = 333{,}4\,\mathrm{kJ/kg}$.

Die Abkühlung feuchter Luft sei an einem Beispiel (vgl. Abb. 3.7) erläutert. Luft mit einer Temperatur von 35 °C und einer Beladung von ca. 17 g/kg wird zunächst bei konstanter Beladung abgekühlt. Mit Erreichen der zugehörigen Taupunkttemperatur von 22 °C tritt die erste Kondensation des Vorgangs auf. Durch Abscheidung flüssigen Wassers nimmt die Beladung ab. Alle Zustände, die nach Auftreten der ersten Kondensation auftreten sind Zustände, bei denen die Luft gesättigt ist. Die Differenz der Beladungen zwischen dem Startpunkt x_1 und dem Endpunkt x_3 ist ein Maß für die Menge des abgeschiedenen Kondensats.

Abb. 3.8 Bilanzschema zur
Abkühlung von Luft

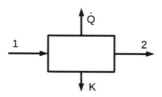

Die Kondensation von Wasser bei der Abkühlung feuchter Luft leistet große Beiträge
zur Kühllast, die keinesfalls vernachlässigt werden dürfen. Zur Ermittlung der Enthal-
piebilanz wird ein einfacher Prozess (vgl. Abb. 3.8) betrachtet, bei dem Luft in einem
Zustand 1 in den Verdampfer einer Wärmepumpe eintritt und in einem Zustand 2 austritt.
Die Kühllast ist ein abzuführender Wärmestrom. Gleichzeitig tritt flüssiges (oder festes)
Kondensat auf.

Die Enthalpiebilanz der Abkühlung feuchter Luft lautet

$$\dot{H}_1 - \dot{H}_2 - \dot{H}_K - \dot{Q} = 0 \qquad (3.26)$$

bzw. nach dem Übergang auf spezifische Enthalpien:

$$\dot{Q} = \dot{m}_L \cdot (h_1(x_1, \vartheta_1) - h_2(x_2, \vartheta_2)) - \dot{m}_K \cdot h_K(\vartheta_K) \qquad (3.27)$$

Die austretende Luft hat einen Sättigungszustand eingenommen. Hier ist eine Unterscheidung vorzunehmen, ob das Kondensat bei Temperaturen $\vartheta_2 < 0\,°C$ in fester Form vorliegt
oder in flüssiger Form. Bei Temperaturen oberhalb der Frostgrenze gilt:

$$h_2 = h_s = h(x_s(\vartheta_2), \vartheta_2) = c_{p,L}\vartheta_2 + x_s(\vartheta_2, p_{\text{ges}}) \cdot (\Delta h_v + c_{p,D}\vartheta_2) \qquad (3.28)$$

Die spezifische Enthalpie des Kondensats beträgt

$$h_K = c_{p,W}\vartheta_2 \qquad (3.29)$$

Der Massenstrom des Kondensats wird aus einer Bilanz der Komponente Wasser gewonnen:

$$\dot{m}_K = \dot{m}_L \cdot (x_1 - x_2) \qquad (3.30)$$

Bei gegebenen Temperaturen können somit alle Zustandsdaten der eintretenden und austretenden Luft sowie die Daten des Kondensats berechnet werden. Im vorliegenden Beispiel der Abb. 3.7 tritt die Luft mit 25 °C und einer Beladung von ca. 17 g/kg in den
Wärmeübertrager ein. Mit Erreichen der Temperatur von 22 °C beginnt Wasser zu kondensieren und scheidet sich auf den Wärmeübertragerflächen ab. Hierdurch wird die Feuchtebeladung gesenkt. Bei einer Temperatur von 10 °C ist eine Beladung von 7,7 g/kg erreicht.
Die Luft tritt in diesem Zustand aus. Je kg Luft werden 9,3 g Wasser abgeschieden.

Die spezifischen Enthalpien betragen $h_1 = 78{,}6\,\text{kJ/kg}$, $h_2 = 29{,}4\,\text{kJ/kg}$ sowie $h_K = 41{,}9\,\text{kJ/kg}$ (gerundete Werte). Bei einem Massenstrom der trockenen Luft von $\dot{m}_L = 1\,\text{kg/s}$ beträgt der Massenstrom des Kondensats $\dot{m}_K = 9{,}3 \cdot 10^{-3}\,\text{kg/s}$ und die Kühllast

$$
\begin{aligned}
\dot{Q} &= \dot{m}_L \cdot (h_1 - h_2) - \dot{m}_K h_K \\
&= 1 \cdot (78{,}6 - 29{,}4) - 9{,}3 \cdot 10^{-3} \cdot 41{,}9 = 48{,}8\,\text{kW}
\end{aligned}
\tag{3.31}
$$

Zum Vergleich hierzu beträgt die Kühllast der Abkühlung trockener Luft von $25\,°C$ auf $10\,°C$ lediglich 15 kW. Der Unterschied ist überwiegend auf die Phasenänderung des Wassers zurückzuführen. Zu beachten ist, dass bei der Bildung von Eis bzw. Rauhreif die spezifische Enthalpie des Kondensats ein negatives Vorzeichen annimmt, sich die Kühllast damit weiter vergrößert. Für den Betrieb von Wärmepumpen stellt diese Rauhreifbildung ein Problem dar. Rauhreif besitzt eine sehr lockere, poröse Struktur und besitzt damit eine geringe Wärmeleitfähigkeit. Rauhreif wirkt hierdurch wie eine Wärmeisolierung. Rauhreifschichten auf Wärmeübertragerflächen müssen daher regelmäßig durch Abtauen entfernt werden.

3.3 Wärmedurchgang

3.3.1 Isolierungen

In kältetechnischen Anwendungen liefert der Wärmedurchgang Beiträge zur Kühllast. Kühlräume bestehen in modernen Anwendungen überwiegend aus sog. Paneelen. Dabei handelt es sich z. B. um zwei dünnwandige profilierte Stahlbleche (0,8 mm), deren Zwischenraum als Dämmschicht ausgeführt ist. Als Dämmmaterial kommt z. B. ein geschlossenzelliger Polyurethan-Schaum zur Anwendung. Ebenso sind aber auch gemauerte Wände denkbar, die mit einer Dämmung versehen sind. Rohrleitungen, in denen kalte Stoffe (z. B. Kältemittel, Kälteträger, Produkte) gefördert werden sind zu isolieren. Mit der Verwendung von Isoliermaterialien werden mehrere Zwecke gleichzeitig erfüllt. Zum einen werden die Kühllasten deutlich gesenkt, was z. B. auch dazu führt, dass die maximal erreichbare Abkühlung durch die Isoliermaterialien vergrößert werden kann. Zum anderen bildet sich auf kalten Oberflächen von Rohren und Wänden Kondenswasser bzw. Rauhreif, was gelegentlich zu Betriebsstörungen und Korrosion führt.

Aus diesem Grund unterscheiden sich Wärmeisoliermaterialien von den Kälteisoliermaterialien. Letztere müssen undurchlässig für Dampfdiffusion sein. Offenporige Materialien sind daher nur dann geeignet, wenn eine wirksame Dampfsperre vorhanden ist. Die Bleche eines Paneels oder auch Folien können als Dampfsperre geeignet sein. Aus diesem Grund kommen in der Kältetechnik häufig geschlossenporige Schäume zum Einsatz. Frühere Dämmwerkstoffe wie z. B. Korkplatten (vgl. [Bre54], S. 177) sind heute nicht mehr im Einsatz.

3.3.2 Wärmedurchgang durch ebene Wände

Im Fall des Wärmedurchgangs durch ebene Wände treten die Effekte Wärmeübergang und Wärmeleitung gemeinsam auf (vgl. Abb. 3.9). Der Wärmestrom, der durch die Wand durchtritt ist näherungsweise proportional zur auftretenden Temperaturdifferenz.

Die Herleitung wird anhand einer n-schaligen Wand vorgenommen. Die Temperatur ϑ_1 wird auf der Oberfläche der 1. Schicht gemessen, ϑ_2 an der Schichtgrenze zwischen der ersten und zweiten Schicht usw. Die Temperatur ϑ_{n+1} ist die Oberflächentemperatur auf der Außenseite der n-ten Schicht. Die einzelnen Schichtdicken s_j [m] sind als gegeben anzunehmen.

Die Oberfläche der Innenwand ist signifikant kühler als die Innentemperatur. Der Grund hierfür ist, dass auf der Innenseite der Wand die Wärme vom fluiden Medium auf die Wandoberfläche übergehen muß. Die Beschreibung erfolgt durch das Newtonsche Abkühlungsgesetz

$$\dot{q} = \alpha_i(\vartheta_{Fi} - \vartheta_1) \tag{3.32}$$

Der enthaltene Wärmeübergangskoeffizient α_i besitzt die Einheit [W/m^2 K]. Im Rahmen des vorliegenden Problems mögen beide Wärmeübergangskoeffizienten als gegeben ange-

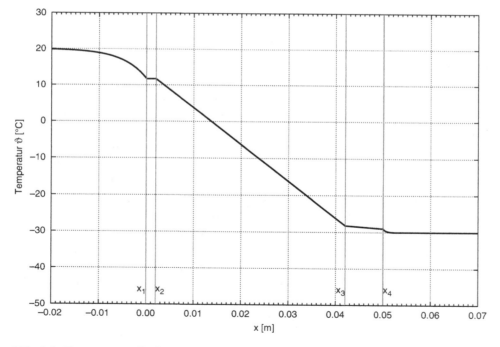

Abb. 3.9 Temperaturprofil einer Kühlhauswand mit dreischaligem Aufbau (Stahl, Isolierstoff, Deckmaterial) unterschiedlicher Wandstärke. Erkennbar sind auch die beiden Wärmeübergänge in den beiden Fluiden (Luft, unterschiedliche α-Werte) berücksichtigt

sehen werden. Allgemein werden die enthaltenen Wärmeübergangskoeffizienten α durch empirische Gleichungen ermittelt, die in der Literatur (z. B. [VDI]) mitgeteilt sind. Für viele Stoffe finden sich auch die übrigen zur Berechnung benötigten Stoffdaten, insbesondere Daten zur Wärmeleitfähigkeit und zur Viskosität.

Die Wärmestromdichte in der ersten Wandschale verursacht im Material einen Temperaturgradienten, der ausgedrückt werden kann durch die Temperaturen an der Grenze der ersten Schicht und der Schichtdicke s_1 [m]. Die Koeffizienten λ_j sind jeweils die Wärmeleitfähigkeit des Materials, aus dem die j. Schicht aufgebaut ist. Für jede der n Schichten wird eine eigene Gleichung erhalten.

$$\dot{q} = \lambda_1 \cdot \frac{1}{s_1} \cdot (\vartheta_1 - \vartheta_2) \tag{3.33}$$

$$\dot{q} = \lambda_2 \cdot \frac{1}{s_2} \cdot (\vartheta_2 - \vartheta_3) \tag{3.34}$$

$$\vdots$$

$$\dot{q} = \lambda_n \cdot \frac{1}{s_n} \cdot (\vartheta_n - \vartheta_{n+1}) \tag{3.35}$$

Schließlich ist auch der Wärmeübergang auf der Außenseite zu berücksichtigen

$$\dot{q} = \alpha_a (\vartheta_{n+1} - \vartheta_{Fa}) \tag{3.36}$$

Diese Gleichungen können so umgeformt werden, dass auf der rechten Seite jeweils nur eine Temperaturdifferenz als einziger Term verbleibt. Für die n-schalige Wand wird ein System aus $n + 2$ Gleichungen erhalten:

$$\dot{q} \cdot \frac{1}{\alpha_i} = (\vartheta_{Fi} - \vartheta_1) \tag{3.37}$$

$$\dot{q} \cdot \frac{s_1}{\lambda_1} = (\vartheta_1 - \vartheta_2) \tag{3.38}$$

$$\dot{q} \cdot \frac{s_2}{\lambda_2} = (\vartheta_2 - \vartheta_3) \tag{3.39}$$

$$\vdots$$

$$\dot{q} \cdot \frac{s_n}{\lambda_n} = (\vartheta_n - \vartheta_{n+1}) \tag{3.40}$$

$$\dot{q} \cdot \frac{1}{\alpha_a} = (\vartheta_{n+1} - \vartheta_{Fa}) \tag{3.41}$$

Bei der Summation dieser $n + 2$ Gleichungen fällt auf, dass alle Zwischentemperaturen herausfallen. Die Summation liefert

$$\dot{q} \left(\frac{1}{\alpha_i} + \sum_{j=1}^{n} \frac{s_j}{\lambda_j} + \frac{1}{\alpha_a} \right) = (\vartheta_{Fi} - \vartheta_{Fa}) \tag{3.42}$$

Der Klammerterm auf der linken Seite umfaßt alle geometrischen Daten sowie die Wärmeleitfähigkeiten bzw. Wärmeübergangskoeffizienten auf den beiden Wandaußenflächen. Umstellen liefert den gewünschten Zusammenhang zwischen dem auftretenden Wärmestrom, den Geometriefaktoren und der wirksamen Temperaturdifferenz. Diese Gleichung wird als Péclet-Gleichung bezeichnet.

$$\dot{Q} = k \cdot A \cdot (\vartheta_{Fi} - \vartheta_{Fa}) \tag{3.43}$$

mit

$$\frac{1}{k} = \left(\frac{1}{\alpha_i} + \sum_{j=1}^{n} \frac{s_j}{\lambda_j} + \frac{1}{\alpha_a} \right) \tag{3.44}$$

Der enthaltene Parameter k wird als Wärmedurchgangskoeffizient oder vereinfacht auch als k-Wert bezeichnet.[1] Die Einheit ist $[\text{W/m}^2\,\text{K}]$ und damit identisch mit der Einheit für den Wärmeübergangskoeffizienten α. Die gezeigte Herleitung gilt für ebene Wände, kann aber auch beispielsweise für konzentrische Zylinder- oder Kugelschalen erweitert werden.

3.3.3 Zylinderschalen

Häufig tritt ein Wärmedurchgang in Rohren auf. Wärme wird z. B. von einem Fluid im inneren des Rohres zunächst auf die Wand übertragen, von dort durch die Rohrwand geleitet. Möglicherweise schließen sich weitere Zylinderschalen (z. B. Isolierung) an. Schließlich wird die Wärme an das äußere Fluid abgegeben. Die Berechnung wird für einen Aufbau vorgenommen, der aus n Zylinderschalen aufgebaut ist. Die geometrischen Faktoren sind durch die Radien $r_1, r_2, \ldots, r_n, r_{n+1}$ gegeben (siehe Abb. 3.10). Diesen Radien sind die Temperaturen $\vartheta_1, \vartheta_2, \ldots, \vartheta_n, \vartheta_{n+1}$ zugeordnet.

Abb. 3.10 Radiendefinitionen
konzentrischer Zylinderschalen

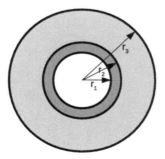

---

[1] Neuere Normen führten zu einem Wechsel in den Bezeichnungen. Der Wärmedurchgangskoeffizient soll zukünftig als „U-Wert" bezeichnet werden. Im vorliegenden Lehrbuch wird auf die Verwendung der neuen Bezeichnung vollständig verzichtet, um Verwechslungen mit den Formelzeichen für die Innere Energie oder auch mit elektrischen Spannungen zu vermeiden.

Für den Wärmeübergang auf der Innenseite (Index i) gilt

$$\dot{Q} = \alpha_i 2\pi r_1 L (\vartheta_{Fi} - \vartheta_1) \tag{3.45}$$

Die enthaltene Fluidtemperatur ϑ_{Fi} ist hierbei eine über den Strömungsquerschnitt gemittelte Temperatur.

Zur Berechnung der Wärmeleitung in einer einzelnen Zylinderschale ist zunächst festzustellen, dass der Wärmestrom $\dot{Q}$ räumlich konstant ist. Die Wärmestromdichte $\dot{q}$ hingegen ist ortsveränderlich.

$$\dot{Q} = \dot{q}(r) \cdot A(r) \tag{3.46}$$

bzw.

$$\dot{q}(r) = \frac{1}{A(r)} \dot{Q} = \frac{1}{2\pi r L} \dot{Q} \tag{3.47}$$

Unter Berücksichtigung des Fourier'schen Wärmeleitungsgesetzes

$$\dot{q}(r) = -\lambda \frac{\partial \vartheta}{\partial r} \tag{3.48}$$

folgt

$$-\lambda \frac{\partial \vartheta}{\partial r} = \frac{1}{2\pi L} \dot{Q} \frac{1}{r} \tag{3.49}$$

Durch Trennung der Variablen und bestimmter Integration zwischen den Orten 1 und 2 wird für die Zylinderschale mit der Nummer 1 erhalten

$$\dot{Q} \frac{1}{2\pi \lambda L} \ln\left(\frac{r_2}{r_1}\right) = \vartheta_1 - \vartheta_2 \tag{3.50}$$

Analog sind Gleichungen für die übrigen Zylinderschalen zu bilden. Für den Wärmeübergang auf der äußeren Schale (Index a) gilt:

$$\dot{Q} = \alpha_a 2\pi r_{n+1} L (\vartheta_{n+1} - \vartheta_{Fa}) \tag{3.51}$$

Diese Gleichungen stellen insgesamt ein Gleichungssystem dar in Analogie zum Wärmedurchgang einer n-schaligen Wand.

$$\dot{Q} \frac{1}{2\pi L} \frac{1}{\alpha_i r_1} = (\vartheta_{Fi} - \vartheta_1) \tag{3.52}$$

$$\dot{Q} \frac{1}{2\pi L} \frac{1}{\lambda_1} \ln\left(\frac{r_2}{r_1}\right) = (\vartheta_1 - \vartheta_2) \tag{3.53}$$

$$\vdots$$

$$\dot{Q} \frac{1}{2\pi L} \frac{1}{\lambda_n} \ln\left(\frac{r_{n+1}}{r_n}\right) = (\vartheta_{n+1} - \vartheta_n) \tag{3.54}$$

$$\dot{Q} \frac{1}{2\pi L} \frac{1}{\alpha_a r_{n+1}} = (\vartheta_{n+1} - \vartheta_{Fa}) \tag{3.55}$$

Durch Addition aller Gleichungen wird erhalten

$$\frac{\dot{Q}}{2\pi L}\left(\frac{1}{\alpha_i r_1} + \sum_{j=1}^{n}\frac{1}{\lambda_j}\ln\left(\frac{r_{j+1}}{r_j}\right) + \frac{1}{\alpha_a r_{n+1}}\right) = (\vartheta_{Fi} - \vartheta_{Fa}) \qquad (3.56)$$

Zur Umwandlung in eine Péclet-Gleichung ist die Gleichung mit einer beliebigen Zylindermantelfläche $2\pi L r^*$ zu multiplizieren. Der enthaltene Radius r^* kann z. B. der Innenradius r_1, oder auch der Außenradius r_{n+1} sein. Die Péclet-Gleichung für die n-schalige Zylindergeometrie lautet damit

$$\dot{Q} = k^* \cdot 2\pi L \cdot r^* \cdot (\vartheta_{Fi} - \vartheta_{Fa}) \qquad (3.57)$$

mit (r^* - beliebiger Radius)

$$\frac{1}{k^*} = \frac{r^*}{\alpha_i r_1} + \sum_{j=1}^{n}\frac{r^*}{\lambda_j}\ln\left(\frac{r_{j+1}}{r_j}\right) + \frac{r^*}{\alpha_a r_{n+1}} \qquad (3.58)$$

Diese Form der Péclet-Gleichung wird für die Berechnung des Wärmestroms z. B. bei Rohren mit oder ohne Isolierung verwendet.

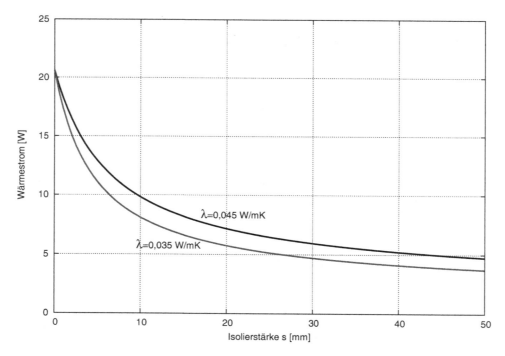

Abb. 3.11 Wärmestrom eines Rohres 22x1 der Länge $L = 1$ m in Abhängigkeit von der Isolierstärke. ($\Delta\vartheta = 30$ K)

Tab. 3.4 Personenwärme in Abhängigkeit von der Umgebungstemperatur

ϑ	Personenwärme				Quelle
	leichte Arbeit		schwere Arbeit		
	konv.	transp.	konv.	transp.	
[°C]	W	W	W	W	
10	135	20			[Ber84], S. 57
12	95	20			
14	115	20			
16	105	20			
18	100	25	155	115	
20	90	25	140	130	
22	85	35	120	150	
24	75	40	110	160	
26	70	50	95	180	
	104	70	150	209	[Bac54], S. 454

Die von Personen abgegebene Wärme erfolgt zum einen über den Wärmeübergang, zum anderen aber auch transpirativ, d. h. über den mit der Atemluft abgegebenen Wasserdampfstrom. Tab. 3.4 gibt einige Daten wieder.

Daten über die Personenwärme bei sehr niedrigen Temperaturen sind in der Literatur nicht mitgeteilt. Breidert [Bre99] gibt Daten zur Personenwärme für den Temperaturbereich $-25\,°C < \vartheta < 25\,°C$ an, leider ohne die zugehörige Arbeitsintensität. Die Wärmeleistung ist für den Fall niedriger Temperaturen durch sinnvolle Annahmen berechenbar. Es ist davon auszugehen, dass der konvektiv übertragene Wärmestrom etwa gleich ist mit den für $+10\,°C$ mitgeteilten Daten. Der transpirativ übertragene Enthalpiestrom lässt sich unter der Annahme berechnen, dass Atemluft unter Kühlraumbedingungen eingeatmet und mit einer Temperatur von ca. $34\,°C$ bei einer relativen Luftfeuchte von $95\,\%$ ausgeatmet wird. Bei der Berechnung müssen für die Atemfrequenz und das Lungenvolumen Annahmen getroffen werden.

3.4.2 Elektrische Quellen

Grundprinzip In Kühlräumen befinden sich zahlreiche elektrische Einrichtungen.

- Beleuchtung
- Mechanische Fördereinrichtungen
- Ventilatoren zur Erhöhung der Luftgeschwindigkeit

Allen diesen Einrichtungen gemeinsam ist das Grundprinzip der Energiewandlung. Ein Teil der Energie wird in eine Nutzenergieform umgewandelt, der übrige Teil wird als Energieverlust bezeichnet und durch sog. Dissipationsmechanismen in Wärme umgewan-

delt. Hieraus resultiert direkt das auftreten einer Kühllast. Die Nutzenergie wird aber –
fast ausnahmslos – ebenfalls in Wärme dissipiert. Das von Leuchtmitteln erzeugte Licht
fällt auf beliebige Gegenstände. Ein Teil des Lichtes wird reflektiert, ein anderer Teil von
den Oberflächen der Wände und des Kühlgutes absorbiert und damit ebenfalls in Wärme
dissipiert. Die gesamte elektrische Leistung der Leuchtmittel sind als Kühllast abzuführen.

In Kühl- und Gefrierhäusern werden Leuchtstoffröhren als Leuchtmittel eingesetzt. Die
Wärmebelastung nimmt Werte im Bereich zwischen 4 bis 8 W/m² an (vgl. [Bre99], S. 43).
Bei mechanischen Antrieben wird ebenfalls ein Teil der aufgenommenen elektrischen
Energie in mechanische Leistung umgewandelt. Nach der Verwendung dieser Nutzenergie
wird sie aber durch Brems- bzw. Reibvorgänge vollständig in Verlustleistung umgewandelt. Selbst der Betrieb von Ventilatoren überträgt Leistung auf das Medium Luft. Die
dabei übertragene Energie wird durch viskose Spannungen dissipiert.

Dass die geschilderten Mechanismen zur Dissipation effektiv arbeiten lässt sich dar-
an erkennen, dass kurz nach einem Abschalten der Energiezufuhr alle entsprechenden
Vorgänge erlahmen. Es ist schlagartig dunkel, Flurförderer geraten in den Stillstand und
Luftströmungen kommen rasch in einen Stillstand.

Bei der Berechnung von Kühllasten durch elektrische Verbraucher sind somit die Wirkungsgrade, die das Verhältnis zwischen Nutzenergie und aufgenommener Energie wie-
dergeben nicht zu berücksichtigen. Die insgesamt einem System zugeführte elektrische
Energie muss als Kühllast abgeführt werden.

Elektrische Leistung Die elektrische Leistung eines Motors oder auch eines elektrischen
Heizstabes kann durch Messung von Strom und Spannung ermittelt werden. Allgemein
gilt der Zusammenhang (vgl. [Lin00], S. 84, S. 111; [Sch92], S. 103)

$$P = \begin{cases} \sqrt{3} \cdot U I \cos \varphi & \text{(Drehstrom)} \\ U I \cos \varphi & \text{(Wechselstrom)} \end{cases} \tag{3.69}$$

Darin bedeutet U [V] den Effektivwert der Spannung, I [A] den Strom und φ die Phasen-
verschiebung zwischen Strom und Spannung. Im Falle ungleichförmig belasteter Dreh-
stromschaltungen addieren sich die Lasten der einzelnen Leiter.

3.5 Übungsaufgaben

3.5.1 Aufgaben

Aufgabe 3.1 Zuordnungen
Ordnen Sie den folgenden Situationen die Eigenschaften stationär /instationär, kontinuier-
lich/diskontinuierlich zu:

- In einem Kühlhaus für TK-Pizza herrscht eine zeitlich konstante Temperatur von −18 °C. Im Kühlhaus halten sich Personen auf. Die Luft des Kühlhauses wird stetig ausgetauscht.
- In einer Brauerei befindet sich ein großes mit Wasser gefülltes Becken mit einem Volumen $V = 1000\,\mathrm{m}^3$. Morgens um 4:00 h wird eine Kälteanlage gestartet, die bis 12:30 h die Füllung vom anfänglich flüssigen Zustand in Eis der Temperatur 0 °C umgewandelt hat.
- In Ihrem Keller befindet sich ein Gefrierschrank mit einer Temperatur von −18 °C. Die Temperatur ist zeitlich konstant. Die Tür bleibt geschlossen, es werden keine Waren entnommen. Tritt in diesem Fall überhaupt eine Kühllast auf?
- In einer geothermischen Anlage wird in eine Sonde ein Wärmeträger mit einer Temperatur von +2 °C eingeleitet. Durch den Kontakt mit dem Erdreich erwärmt sich das Wärmeträgerfluid auf +8 °C. In einer Wärmepumpe wird dieses Fluid wieder rückgekühlt. Welche Änderung erfährt die Temperatur im Erdreich?

Aufgabe 3.2 $h(\vartheta)$-Diagramm

Erstellen Sie ein maßstäbliches Diagramm $h(\vartheta)$ für die Stoffe Wasser, Luft und Stahl im Temperaturbereich zwischen $0\,°\mathrm{C} < \vartheta < 100\,°\mathrm{C}$.

Aufgabe 3.3 $c_p(\vartheta)$-Diagramm

Erstellen Sie nach Angaben aus dem VDI-Wärmeatlas ein maßstäbliches Diagramm der Funktion $c_p(\vartheta)$ für flüssiges Wasser im Temperaturbereich $0\,°\mathrm{C} < \vartheta < 100\,°\mathrm{C}$. Legen Sie durch die Daten eine Approximationskurve und geben Sie die Koeffizienten an.

Aufgabe 3.4 Eisgewinnung

Die Größe einer Kälteanlage sei durch die Angabe „3 t/h" angegeben. Damit ist gemeint, dass die Kühllast so groß ist wie bei der Herstellung von 3 t Eis je Stunde. Geben Sie die Kühllast in der Einheit kW an.

Aufgabe 3.5 Mischprodukt

Ein Lebensmittel besteht zu 45 % (Massenanteil) aus Wasser, 20 % aus Fisch und zu 35 % aus Kohlenhydraten. Bei einer Referenztemperatur von −20 °C beträgt die spezifische Enthalpie $h_\mathrm{ref} = 0$.

Randbedingungen: $c_p(\text{Kohlenhydrate}) = 1{,}7\,\mathrm{kJ/kg\,K}$, Stoffdaten von Wasser und Fisch siehe Abb. 3.3 bzw. 3.4.

Ermitteln Sie die spezifische Kühllast, die zur Abkühlung von +20 °C auf −10 °C erforderlich ist.

Aufgabe 3.6 c_p-Variation

In den Dampftafeln für Wasserdampf im überhitzten Zustand (vgl. z. B. [Hah00]) sind Daten der spezifischen Enthalpie in Abhängigkeit von Druck und Temperatur angegeben. Berechnen Sie aus den Daten die spezifische Wärmekapazität von Wasserdampf bei den

Drücken 0,1 bar, 1,0 bar und 10 bar. Betrachten Sie dazu das Temperaturintervall mit der Breite von z. B. 40 °C unmittelbar nach Überschreiten der Siedetemperatur. Treten Unterschiede auf oder ist die spez. Wärmekapazität von Dampf eine konstante Größe?

Aufgabe 3.7 Rosenkohl

In Tab. 3.3 ist die spez. Atmungswärme bei den Temperaturen 10 °C und 20 °C angegeben. Berechnen Sie daraus die Aktivierungsenergie für die Atmungsreaktion und die Atmungswärme bei +7 °C durch Extrapolation.

Aufgabe 3.8 Kartoffelkühllager

Berechnen Sie für ein Kühllager für Kartoffeln ($m = 1000\,\text{t}$, $\vartheta = 10\,°\text{C}$) die Kühllast, die Verlustrate an Zucker sowie den Massenstrom des erzeugten Kohlenstoffdioxids.

3.5.2 Lösungen

Lösung 3.2 $h(\vartheta)$-Diagramm

Die spezifischen Wärmekapazitäten der gefragten Stoffe besitzen die Zahlenwerte Wasser: 4,19 kJ/kg K, Luft: 1,005 kJ/kg K und Stahl: 0,50 kJ/kg K (gerundete Werte). Die zugehörigen Enthalpie-Temperaturfunktionen folgen aus der Definition

$$c_p := \frac{\mathrm{d}h}{\mathrm{d}\vartheta} \tag{3.70}$$

Durch Separation der Variablen, direkter Integration und Einführung eines Enthalpieursprungs als Randbedingung der Integration folgt

$$h(\vartheta) = c_p \cdot \vartheta \tag{3.71}$$

In allen drei Fällen handelt es sich um Ursprungsgeraden mit der jeweiligen Steigung c_p.

Lösung 3.4 Eisgewinnung

Die erforderliche Kühllast beträgt

$$\dot{Q} = \dot{m} \cdot \Delta h_{\mathrm{E}} \tag{3.72}$$

$$= \frac{3000}{3600} \cdot 333,4 \tag{3.73}$$

$$= 278\,\text{kW} \tag{3.74}$$

Lösung 3.5 Mischprodukt

Betrachtet wird zur Vereinfachung der Berechnung die Erwärmung von Wasser, Fisch und Kohlenhydraten von −10 °C auf +20 °C.

Wasser erfährt eine Enthalpieänderung in Höhe von

$$\Delta h_W = c_{p,E} \cdot 10 + 333{,}4 + c_{p,W} \cdot 20$$
$$= 2{,}05 \cdot 10 + 333{,}4 + 4{,}19 \cdot 20 = 437{,}7 \,\text{kJ/kg} \tag{3.75}$$

Für die Komponente Fisch wird eine Enthalpieänderung in Höhe von ca. $\Delta h_F = 310 \,\text{kJ/kg}$ aus Abb. 3.4 abgelesen. Die Enthalpieänderung der Kohlenhydrate beträgt

$$\Delta h_Z = c_{p,Z} \cdot 30 = 1{,}7 \cdot 30 = 51 \,\text{kJ/kg} \tag{3.76}$$

Die Änderung der spezifischen Enthalpie des Mischprodukts ergibt sich aus einer gewichteten Mittelung, wobei die Gewichtungsfaktoren die Massenanteile der einzelnen Komponenten darstellen:

$$\Delta h = \xi_W \cdot \Delta h_W + \xi_F \cdot \Delta h_F + \xi_Z \Delta h_Z$$
$$= 0{,}45 \cdot 437{,}7 + 0{,}20 \cdot 310 + 0{,}35 \cdot 51 \tag{3.77}$$
$$= 277 \,\text{kJ/kg}.$$

Bei einer Erwärmung würden 277 kJ/kg Wärme zugeführt, bei einer Abkühlung 277 kJ/kg abgeführt.

Lösung 3.7 Rosenkohl
Gl. 3.68 stellt eine Funktion des Typs $y = a - bx$ dar. Das Einsetzen zweier Wertepaare für Temperatur T und Atmungswärme γ liefert eine Bestimmungsgleichung für die unbekannten Konstanten a, b. Es gilt

$$\ln(\gamma_1) = a - b \frac{1}{T_1}$$

und

$$\ln(\gamma_2) = a - b \frac{1}{T_2}$$

woraus folgt:

$$b = \frac{\ln \gamma_2 - \ln \gamma_1}{1/T_1 - 1/T_2}$$

$$b = \frac{\ln 480 - \ln 192}{1/283{,}15 - 1/293{,}15} = 7606 \,[\text{K}]$$

$$a = \ln \gamma_2 + b \cdot 1/T_2 = \ln 480 + 7606/293{,}15 = 32{,}118$$

Die gesuchte Funktion lautet

$$\gamma(T) = \exp(a - b/T)$$

Für die Temperatur $\vartheta = 7\,°\text{C} = 280 \,\text{K}$ folgt

$$\gamma(280) = \exp(32{,}118 - 7606/280) = 141 \,\text{mW/kg}$$

Lösung 3.8 Kartoffelkühllager

Der durch die Atmungswärme erzeugte Wärmestrom ergibt sich aus dem Produkt der Masse und der spezifischen Atmungswärme γ, die bei 10 °C etwa 25 mW/kg beträgt.

$$\dot{Q} = m \cdot \gamma = 10^6 \cdot 25 \cdot 10^{-3} = 25\,\text{kW} \tag{3.78}$$

Da es sich bei der Atmung um eine Verbrennungsreaktion handelt, kann der Wärmestrom ausgedrückt werden als Produkt des Massenstrom des verbrennenden Zuckers und dem Brennwert

$$\dot{Q} = \dot{m} \cdot h_0 \tag{3.79}$$

Der Massenstrom des verstoffwechselten Zuckers (Z) beträgt

$$\dot{m}_Z = \frac{25}{15{,}6 \cdot 10^3} = 1{,}6 \cdot 10^{-3}\,\text{kg/s} = 5{,}8\,\text{kg/h} \tag{3.80}$$

Der Massenstrom des erzeugten Kohlenstoffdioxids kann unter Berücksichtigung der chemischen Reaktionsgleichung bestimmt werden. Je mol Zucker entstehen 6 mol Kohlenstoffdioxid.

$$\dot{m}_{CO_2} = \frac{6 \cdot 44}{180} \cdot 5{,}8 = 8{,}46\,\text{kg/h} \tag{3.81}$$

Die Freisetzung von Kohlenstoffdioxid zwingt Betreiber von Lagern für einen Luftwechsel im Kühllager zu sorgen. Die Luftwechselrate wird unter Festlegung eines Grenzwertes für die Konzentration geregelt.

Literatur

[Atk96]   Atkins, P. W.;
           Physikalische Chemie.
           2. Auflage 1996. VCH Verlagsgesellschaft.

[Bac54]   Bäckström, M.; Emblik, E.;
           Kältetechnik.
           1954. G. Braun, Karlsruhe.

[Bae96]   Baehr, H.-D.;
           Thermodynamik.
           9. Auflage 1996. Springer Verlag.

[Brd82]   Brdička, R.;
           Grundlagen der physikalischen Chemie.
           15. Auflage 1982. VEB Deutscher Verlag der Wissenschaften.

[Ber79]   Berliner, P.;
           Kältetechnik.
           1979. Vogel Verlag, Würzburg.

[Ber84]   Berliner, P.;
           Klimatechnik.
           1984. Vogel Verlag, Würzburg.

[Bre54]   Brehm, H. H.;
           Kältetechnik.
           2. Auflage 1954. Schweizer Druck- und Verlagshaus Zürich.

[Bre99]   Breidert, H.-J.; Schittenhelm, D.;
           Formeln, Tabellen und Diagramme für die Kälteanlagentechnik.
           2. Auflage 1999. C. F. Müller Verlag, Hüthig GmbH, Heidelberg.

[Cub97]   Cube, H. L. v.; Steimle, F.; Lotz, H.; Kunis, J. (Hrsg.);
           Lehrbuch der Kältetechnik.
           4. Auflage 1997. C. F. Müller Verlag Heidelberg.

[Dre92]   Drees, H.; Zwicker, A.; Neumann, L.;
           Kühlanlagen.
           15. Auflage 1992. Verlag Technik GmbH, Berlin, München.

[Fit89]   Fitzer, E.; Fritz, W.;
           Technische Chemie. – Einführung in die chemische Reaktionstechnik.
           3. Auflage 1989. Springer Verlag.

[Gme92]   Gmehling, J.; Kolbe, B.;
           Thermodynamik.
           2. Auflage 1992. VCH Verlagsgesellschaft, Weinheim.

[Hah00]   Hahne, E.;
           Technische Thermodynamik.
           3. Auflage, 2000, Oldenbourg Verlag, München Wien.

[Lin00]   Linse, H.; Fischer, R.;
           Elektrotechnik für Maschinenbauer.
           10. Auflage 2000. B. G. Teubner, Stuttgart.

[Sch92]   Schittenhelm, D.;
           Kälteanlagentechnik. Elektro- und Steuerungstechik.
           1992. Verlag C. F. Müller, Karlsruhe.

[VDI]   VDI-Wärmeatlas.
           10. Auflage 2006. Springer Verlag.

Kaltgasverfahren

4

Eine Klasse von Kälteanlagen wird unter dem Begriff „Kaltgasverfahren" zusammengefasst. Es handelt sich um linksläufige thermodynamische Kreisprozesse, bei denen eine Kühllast bei niedriger Temperatur aufgenommen und eine Heizlast bei höherer Temperatur abgegeben wird. Das Arbeitsmedium dieser Kaltgasprozesse sind Gase (Luft, Helium, usw.), die während des Prozesses keine Phasenänderung vollziehen, d. h. stets im gasförmigen Zustand vorliegen. Neben dem technisch weniger bedeutenden Joule-Prozess wird der Stirling-Prozess ausführlich behandelt, der in der Praxis häufiger eingesetzt wird. Das Kapitel ist geeignet, ein fundiertes Grundverständnis der Prozesse zu erwerben. Die vorgestellten Berechnungen geben einen Zugang zur Vorausberechnung dieser und zur Methodik der Zustandsänderungen idealer Gase.

4.1 Grundprinzip

In der technischen Thermodynamik lassen sich linksläufige und rechtsläufige Kreisprozesse unterscheiden. Bekannt sind die sog. Kraftprozesse, also Prozesse zur Umwandlung von thermischer Energie in Wellenleistung. Die Bezeichnung „Kraft" ist eine unsystematische und antiquierte Bezeichnung für „Energie". Allen Kraftprozessen ist gemein, dass die Wärmezufuhr auf hohem Temperaturniveau stattfindet. Wellenleistung wird abgegeben, wobei diese stets kleiner ist als die zugeführte thermische Energie. Aus Gründen der Energieerhaltung gibt jeder Kraftprozess Wärme auf niedrigem Temperaturniveau an die (System-)Umgebung ab. Kraftprozesse werden als rechtsläufige Kreisprozesse bezeichnet, da die Darstellung des Prozessverlaufs im T, s- und h, s-Diagramm jeweils als Kurvenzug mit rechtsläufigem Umlaufsinn erfolgt.

Kälteprozesse hingegen sind linksläufige Prozesse. Die Kühllast wird vom Prozess auf niedrigem Temperaturniveau aufgenommen. Leistung ist dem Prozess zuzuführen. Schließlich erfolgt die Abgabe von Wärme auf höherem Temperaturniveau als die Wärmeaufnahme.

© Springer-Verlag Berlin Heidelberg 2016
J. Dohmann, *Thermodynamik der Kälteanlagen und Wärmepumpen*,
DOI 10.1007/978-3-662-49110-2_4

Bei den Kaltgasverfahren werden als Arbeitsstoffe Gase eingesetzt, die keine Phasen-änderung während des Prozesses erfahren. Speziell tritt keine Verflüssigung des Arbeits-mediums ein. Als Arbeitsmedium kann im einfachsten Fall Luft dienen, in anderen Fällen auch Stickstoff oder Helium. Kaltgasverfahren kommen in der Praxis eher selten und nur in Großanlagen zum Einsatz. Sie sind geeignet, um Temperaturen zu erreichen, die hinreichend niedrig sind, andere Gase zu verflüssigen und im Sinne einer Tieftemperatur-destillation zu trennen.

Von den bekannten Prozessen wird der Joule-Kälteprozess und der Stirling-Prozess diskutiert. Der Ackeret-Keller-Prozess (vgl. [Soe87], S. 463) und der Vuilleumier-Prozess (vgl. [Hau85], S. 119) werden nicht vorgestellt, da diese nur eine geringe Verbreitung besitzen.

4.2 Jouleprozess

4.2.1 Idealer Jouleprozess

Bei dem Joule-Prozess handelt es sich um einen gelegentlich industriell eingesetzten Käl-teprozess. In Abb. 4.1 ist ein Verfahren skizziert, in dem die Maschinen jeweils als Strö-mungsmaschinen ausgeführt sind. Normgerechte Darstellungen kältetechnischer Prozesse berücksichtigen die DIN 8972 und DIN 30600. Breidert [Bre99] gibt eine praktische Zusammenfassung üblicher Symbole. Symbole der Raumlufttechnik sind in EN13799 vormals DIN 1946 zusammengestellt. Ebenso denkbar ist die Realisierung mittels Kol-benmaschinen. In der Variante als Kühlverfahren wird dem Kühlraum Luft entnommen und dem sog. Joule-Prozess unterworfen. Die Luft dient in diesem Fall sowohl als Kälte-träger als auch als Arbeitsmedium.

Der ideale Prozess wird anhand eines Beispiels erläutert. Luft wird bei einer Tempe-ratur von $\vartheta_1 = -10\,°C$ einem Kühlraum entnommen. Das Kühlgut besitzt im stationären

Abb. 4.1 Kälteanlage nach dem offenen Joule-Prozess

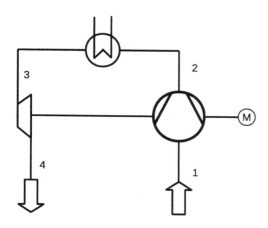

Fall ebenfalls diese Temperatur. Mittels eines Verdichters wird die Luft komprimiert. Bei diesem Vorgang steigt die Temperatur bis über die Umgebungstemperatur, die im Beispiel mit $+18\,°C$ angenommen wurde.

Frei wählbarer Parameter des Prozesses ist das Druckverhältnis $\Pi = p_2/p_1$ am Verdichter. Unter Annahme, der Verdichter arbeite adiabat und reversibel, lässt sich die Verdichteraustrittstemperatur berechnen:

$$T_2 = T_1 \cdot \left(\frac{p_2}{p_1}\right)^{\frac{\kappa-1}{\kappa}} = T_1 \cdot (\Pi)^{\frac{\kappa-1}{\kappa}} \tag{4.1}$$

Die Größe κ wird als Isentropenexponent bezeichnet, eine einheitenlose Stoffkonstante mit dem Zahlenwert $\kappa = 1,4$ für das Medium Luft. Die spezifische Entropie des Arbeitsmediums bleibt während der Verdichtung konstant. Sie beträgt

$$s_2 = s_1 = s_{\text{ref}} + c_p \cdot \ln\left(\frac{T_1}{T_{\text{ref}}}\right) - R \cdot \ln\left(\frac{p_1}{p_{\text{ref}}}\right) \tag{4.2}$$

Die Referenzbedingungen sind frei definierbar. Im konkreten Beispiel wurde gewählt:

$$s_{\text{ref}} = 1,0\,\text{kJ/kg K}; \quad T_{\text{ref}} = 273,15\,\text{K}; \quad p_{\text{ref}} = 1,01325\,\text{bar} \tag{4.3}$$

Nach dem Austritt aus dem Verdichter besitzt das Arbeitsmedium eine Temperatur oberhalb der Umgebungstemperatur. Im nachfolgenden Prozessschritt erfolgt eine isobare $p_2 = p_3$ Abkühlung des Arbeitsmediums. Die hierfür erforderliche Wärmeabfuhr ist mit einer Minderung der spezifischen Entropie verbunden:[1]

$$s_3 = s_{\text{ref}} + c_p \cdot \ln\left(\frac{T_3}{T_{\text{ref}}}\right) - R \cdot \ln\left(\frac{p_3}{p_{\text{ref}}}\right) \tag{4.4}$$

Der wichtigste Teilschritt im Sinne der Kälteerzeugung ist die nachfolgende adiabate reversible Expansion in einer Arbeitsmaschine. Bei einer derartigen Zustandsänderung kühlt sich das Arbeitsmedium ab. Da es zu Beginn der Abkühlung bereits eine Temperatur nahe der Umgebungstemperatur besitzt erfolgt eine Abkühlung bis weit unter Umgebungstemperatur.

$$T_4 = T_3 \cdot \left(\frac{p_4}{p_3}\right)^{\frac{\kappa-1}{\kappa}} = T_3 \cdot \left(\frac{1}{\Pi}\right)^{\frac{\kappa-1}{\kappa}} \tag{4.5}$$

---

[1] Die Berechnung der Entropie erfolgt entsprechend $s_2(T, p) = s_1 + c_p \cdot \ln(T_2/T_1) - R \cdot \ln(p_2/p_1)$, gültig für ideale Gase. Herleitung vgl. [Hah00], S. 129 oder anderen Lehrbüchern der technischen Thermodynamik.

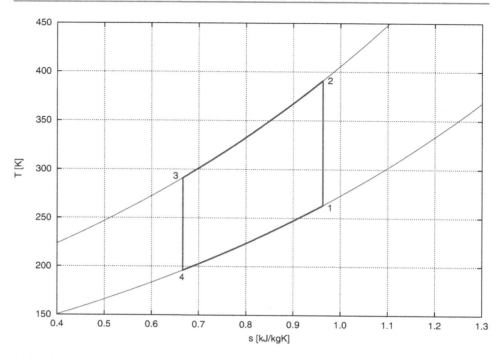

Abb. 4.2 Zustandsänderungen des Joule-Kälteprozesses in T, s-Koordinaten. Das dargestellte Beispiel ist gekennzeichnet durch die Randbedingungen: $T_1 = 263,15\,\text{K}$, $T_3 = 291,15\,\text{K}$, $\Pi = 4$

Der Prozess ist in Abb. 4.2 in T, s-Koordinaten dargestellt. Mit den berechenbaren Temperaturen können die bezogenen Wärmen und bezogenen Arbeiten bestimmt werden.

$$w_{t12} = c_p \cdot (T_2 - T_1) \tag{4.6}$$

$$q_{23} = c_p \cdot (T_3 - T_2) \tag{4.7}$$

$$w_{t34} = c_p \cdot (T_4 - T_3) \tag{4.8}$$

Die Kühllast erscheint in diesem offenen Prozess als diejenige bezogene Wärme, die benötigt wird, um das Arbeitsmedium von der Austrittstemperatur T_4 der Expansionsmaschine bis zur Eintrittstemperatur T_1 des Verdichters wieder aufzuheizen. In praktischen Fällen wird der kalte Luftstrom direkt mit dem Kühlgut in Kontakt gebracht. Die bezogene Wärme q_{41} wird direkt aus den Temperaturen berechnet:

$$q_{41} = c_p \cdot (T_1 - T_4) \tag{4.9}$$

Die Leistungsziffer des Prozesses ε_k ist eine Funktion des Druckverhältnisses Π, der Ansaugtemperatur T_1 und der Rückkühltemperatur T_3. Sie kann aus den Prozessgrößen

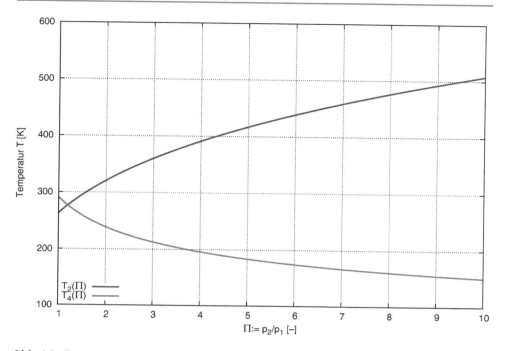

Abb. 4.3 Temperaturen des Joule-Prozesses in Abhängigkeit vom Druckverhältnis

bestimmt werden:

$$\varepsilon\left(\Pi, T_1, T_3\right) = \frac{q_{41}}{w_{t12} + w_{t34}}$$

$$= \frac{T_4 - T_1}{(T_2 - T_1) + (T_4 - T_3)} \qquad (4.10)$$

Die im Prozess auftretenden Temperaturen sind in Abb. 4.3, die auftretenden Arbeiten in Abb. 4.4 dargestellt. Ferner ist in Abb. 4.5 die Leistungsziffer in Abhängigkeit vom Druckverhältnis dargestellt.

An den Darstellungen kann abgelesen werden, dass am Austritt der Expansionsmaschine sehr niedrige Temperaturen erreicht werden. Im konkreten Beispiel treten Temperaturen von $-77\,°$C auf. Derartig niedrige Temperaturen erscheinen auf den ersten Blick interessant zu sein. Der Vergleich mit der Kühlraumtemperatur $-10\,°$C zeigt allerdings, dass die erreichte Temperatur unangemessen zu niedrig ist. Tatsächlich erweist sich dies als energetischer Nachteil, einen Teil der Kühllast auf niedrigstem Temperaturniveau zu übertragen. Dies macht sich bemerkbar durch die erreichbaren Werte für die Leistungsziffer. Bei geringen Druckverhältnissen, d. h. hohen Turbinenaustrittstemperaturen liegen die Temperaturen noch nahe der Kühlraumtemperatur. Bei einem Druckverhältnis von $\Pi = 2$ wird eine Leistungsziffer um $\varepsilon_k = 4{,}5$ erreicht. Mit steigendem Druckverhältnis werden geringere Turbinenaustrittstemperaturen erreicht, allerdings sinken die Leistungsziffern

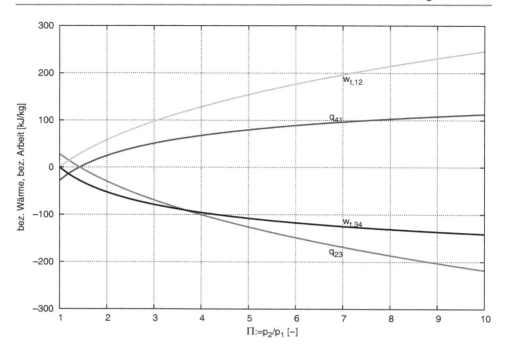

Abb. 4.4 Bezogene Wärmen und bezogene Arbeiten in Abhängigkeit vom Druckverhältnis

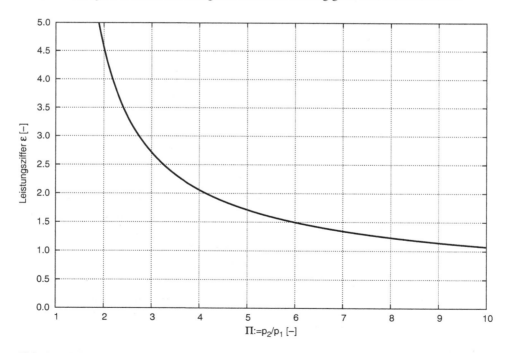

Abb. 4.5 Leistungsziffer des Joule-Prozesses ε_k in Abhängigkeit vom Druckverhältnis Π

mit steigendem Druckverhältnis. Beim Druckverhältnis $\Pi = 4$ wird eine Leistungsziffer von nur $\varepsilon_k = 2$ erreicht. In diesem Fall sind andere Kälteverfahren in Bezug auf den Energieverbrauch gegenüber dem Joule-Verfahren im Vorteil.

Bei der Bewertung des Prozesses ist der Volumenstrom des Arbeitsmediums von Bedeutung, da die Größe der verwendeten Maschinen hiervon abhängt und somit auch die Investitionskosten. Aus diesem Grund werden Joule-Prozesse auch bei erhöhtem Druck betrieben. Allerdings ist dann nur der geschlossene Prozess realisierbar, was einen zusätzlichen Wärmeübertrager für die Aufnahme der Kühllast erforderlich macht. Mit steigendem Druckverhältnis werden die Maschinen ebenfalls kleiner. Dies basiert darauf, dass der Massenstrom des umlaufenden Arbeitsmediums mit steigenden Druckverhältnis kleiner wird, da die bezogene Wärme q_{41} größer wird. Im Falle einer konkreten Auslegung muss eine Optimierung des Druckverhältnisses durchgeführt werden, bei der sowohl Energiekosten als auch Investitionskosten zu berücksichtigen sind.

4.2.2 Realer Jouleprozess

Im realen Jouleprozess treten einige systematische Abweichungen vom idealen Verhalten auf. Von Bedeutung sind

- Irreversible Verdichtung
- Druckverluste im Wärmeübertrager
- Irreversible Expansion

Da die Druckverhältnisse aus Gründen des Energieaufwands eher gering sind, spielen Abweichungen vom idealen Gasverhalten keine praktische Rolle. Die Auswirkungen lassen sich in Abb. 4.6 maßstäblich ablesen.

Verdichtung Der Verdichtungsvorgang in realen Maschinen ist durch die Dissipation von Antriebsleistung gekennzeichnet. Ein Teil der eingesetzten Leistung wird in Wärme umgewandelt. Die Gründe für das Auftreten von Dissipation können sehr unterschiedlich sein. Meist spielen dabei strömungsmechanische Vorgänge eine große Rolle. Im Falle von Kolbenverdichtern sind Verluste beim Ein- und Ausströmen in den Kolben unvermeidbar. Im Falle von Strömungsmaschinen sind Strömungsablösungen der Grund für sog. Stoßverluste, die ebenfalls einen dissipativen Charakter aufweisen.

Der energetische Mehraufwand beim Verdichten wird durch den isentropen Verdichterwirkungsgrad angegeben. Dieser erlaubt den Vergleich zwischen der bezogenen technischen Arbeit im adiabat reversiblen Fall und dem realen Fall.

$$\eta_{sV} := \frac{w_{t12^*}}{w_{t12}} = \frac{c_p \cdot (T_2^* - T_1)}{c_p \cdot (T_2 - T_1)} \tag{4.11}$$

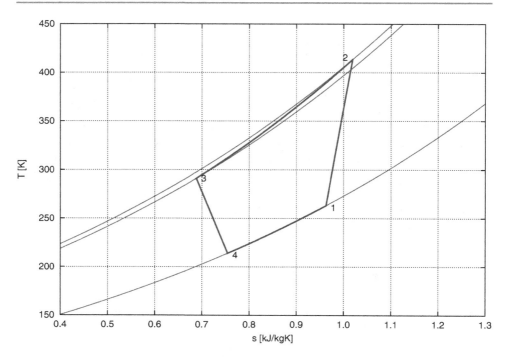

Abb. 4.6 Zustandsänderungen des realen Joule-Kälteprozesses in T, s-Koordinaten. Das dargestellte Beispiel ist gekennzeichnet durch die Randbedingungen: $T_1 = 263{,}15\,\mathrm{K}$, $T_3 = 291{,}15\,\mathrm{K}$, $\Pi = 4$. Die isentropen Wirkungsgrade für Verdichter und Expansionsmaschine wurden mit $\eta_{sT} = \eta_{sV} = 0{,}85$ angenommen

Mit dem *-Symbol gekennzeichnete Größen beziehen sich auf den theoretischen Fall der adiabaten reversiblen Verdichtung. Da die technische Arbeit direkt proportional mit der aufgenommen Leistung ist, gibt der isentrope Verdichterwirkungsgrad auch das Verhältnis der tatsächlichen Leistungen an:

$$\eta_{sV} := \frac{\dot{m}_1 \cdot w_{t12*}}{\dot{m}_1 \cdot w_{t12}} = \frac{P_{12*}}{P_{12}} \tag{4.12}$$

Der energetische Mehraufwand macht sich in der vergrößerten Austrittstemperatur des Verdichters bemerkbar: Die abzuführende Wärme wird dadurch ebenfalls vergrößert. Es gilt:

$$T_2 = T_1 + \frac{1}{\eta_{sV}} \cdot (T_{2*} - T_1) \tag{4.13}$$

Abkühlung Die Abkühlung erfolgt in einem Wärmeübertrager. Die Durchströmung dieses Apparats verursacht einen Druckverlust. Am Eintritt der Expansionsmaschine steht damit Luft mit verringertem Arbeitsvermögen zur Verfügung, was zu einer Minderung der Wellenleistung der Expansionsmaschine führt. Durch den Druckverlust wird offenbar das Druckverhältnis in der Expansionsmaschine verringert. Aus diesem Grund werden nicht so tiefe Temperaturen erreicht, wie bei der isobaren Wärmeabkühlung. Strömungsdruckverluste sind durch konstruktive Maßnahmen zu begrenzen.

Expansion Auch die Expansionsmaschine weist Irreversibilitäten auf. Diese werden durch den isentropen Turbinenwirkungsgrad η_{sT} beschrieben.

$$\eta_{sT} := \frac{w_{t34}}{w_{t34^*}} = \frac{T_4 - T_3}{T_{4^*} - T_3} \qquad (4.14)$$

$$T_4 = T_3 + \eta_{sT}(T_{4^*} - T_3) \qquad (4.15)$$

Es werden nicht so niedrige Austrittstemperaturen T_4 erreicht wie bei reversibler Prozessführung.

4.2.3 Optimierter Jouleprozess

Der Jouleprozess wurde bereits 1918 von Linde in einer verbesserten Version zum Patent angemeldet. Brehm (vgl. [Bre54], S. 72) teilt mit, dass Anwendungen des Verfahrens nicht bekannt wurden. H. Najork berichtet (vgl. [Soe87], S. 463) von einer auf dem optimierten Joule-Prozess basierenden Kälteanlage sowjetischer Bauart. Weitere Anwendungsfälle werden von Jungnickel u. a. ([Jun85], S. 233) aufgeführt.

Die Verbesserung besteht darin, dass das Arbeitsmedium – verwendet wurde Luft – vor dem Eintritt in die Expansionsmaschine weiter vorgekühlt wird. Hierzu wird ein Gegenstrom-Wärmeübertrager verwendet. Auf der anderen Seite des Wärmeübertragers strömt ebenfalls Luft, die nach Aufnahme der Kühllast noch hinreichend niedrige Temperaturen besitzt. Die Verfahrensschaltung ist in Abb. 4.7 dargestellt. Die Darstellung des Prozesses in T, s-Koordinaten erfolgt in Abb. 4.8.

Das Arbeitsmedium Luft wird bei Umgebungstemperatur vom Verdichter angesaugt und dort adiabat reversibel verdichtet. Als Prozessparameter tritt dabei wieder das Druckverhältnis $\Pi := p_2/p_1$ auf. Es erfolgt die Abkühlung bis auf Umgebungstemperatur. Anschließend erfolgt im Gegenströmer die Vorkühlung bis auf sehr niedrige Temperatur (im Beispiel $-100\,°C$). Die eigentliche Kälteerzeugung wird von der Expansionsmaschine geleistet. Nach Aufnahme der Kühllast erwärmt sich das Arbeitsmedium wieder im Gegenströmer.

Abb. 4.7 Kälteanlage nach
dem optimierten geschlossenen
Joule-Prozess

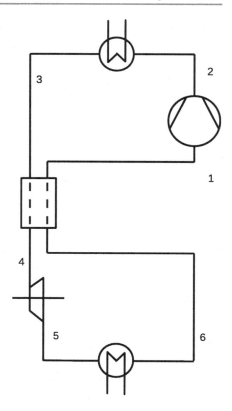

Zu beachten ist, dass die erreichbaren Temperaturen zueinander in Relation stehen. Die Temperatur nach Verdichteraustritt liegt durch Gl. 4.1 fest. Ferner gilt:

$$T_1 = T_3; \quad T_4 = T_6 \tag{4.16}$$

Daraus folgt für die Prozessgrößen:

$$w_{t,12} = -q_{23}$$
$$w_{t,45} = -q_{56} \tag{4.17}$$
$$q_{34} = -q_{61}$$

Die Leistungsziffer des Prozesses beträgt

$$\varepsilon(T_1, T_4, \Pi) = \frac{q_{56}}{w_{t,12} + w_{t,45}} \tag{4.18}$$

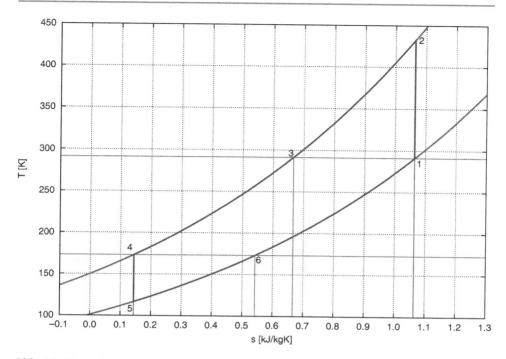

Abb. 4.8 Zustandsänderungen des optimierten Joule-Kälteprozesses in T, s-Koordinaten. Das dargestellte Beispiel ist gekennzeichnet durch die Randbedingungen: $T_1 = T_3 = 291\,\mathrm{K}$, $T_4 = 173\,\mathrm{K}$, $\Pi = 4$

4.3 Stirling-Prozess

4.3.1 Prinzip

Zur Erzeugung tiefer Temperaturen ist der sog. Stirling Prozess geeignet. Als Arbeitsmedium kann Luft verwendet werden, es sind aber auch Anwendungen bekannt, bei denen Helium eingesetzt wird. Die erste erfolgreiche Maschine wurde von der Fa. Philips zu Beginn der 1950er Jahre entwickelt, mit der Temperaturen bis ca. 20 K erreicht werden können. Der Prozess wird daher gelegentlich auch als Philips-Prozess bezeichnet. Auch wurden Wasserstoff oder Erdgas als Arbeitsmedium in Betracht gezogen (vgl. [Cub97], S. 1306). Der Prozess ist dadurch gekennzeichnet, dass zwei Isochoren und zwei Isothermen durchlaufen werden. Der Prozess lässt sich am einfachsten anhand der Abb. 4.9 erläutern.

Die Maschine verfügt über zwei Arbeitsräume, die technisch durch zwei Zylinder realisiert sind. Die beiden Arbeitsräume sind räumlich durch einen sog. Regenerator verbunden. Dabei handelt es sich im einen mit feinen Strömungskanälen durchzogenes Bauteil

Abb. 4.9 Skizze zur Funktionsweise einer Stirling-Kältemaschine (vgl. [Hau57], S. 96)

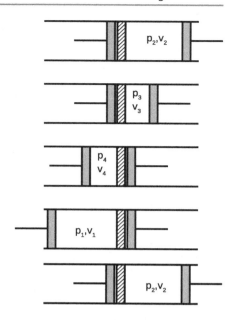

eines meist metallischen Werkstoffs. Dieser sollte über eine große Wärmeleitfähigkeit, eine große Wärmekapazität und eine große spezifische Oberfläche verfügen. Die Wärmekapazität ist das Produkt aus der spezifischen Wärmekapazität und der Masse des Regenerators. Wärme soll schnell vom Regenerator aufgenommen werden können.

Das Arbeitsmedium, das sich im rechts dargestellten Arbeitsvolumen im Zustand 2 befindet, wird in einem Schritt (2–3) isotherm verdichtet. Dabei nimmt das Gas Volumenänderungsarbeit w_{23} auf. Die Bedingung der konstanten Temperatur des Mediums wird durch die Abgabe von Wärme an Kühlwasser erreicht. Bei Erreichen des Drucks p_3 beginnt ein Überschieben des Mediums in den links dargestellten Arbeitsraum. Die Zustandsänderung (3–4) erfolgt bei konstantem Volumen. Das Regenerator-Bauteil wird dabei erwärmt, das Gas kühlt dabei ab. Ein notwendiges Kriterium hierfür ist, dass die Temperatur des Regenerators niedriger sein muss als die des Arbeitsmediums. Diese Bedingung wird beim vorhergehenden Arbeitsschritt erfüllt. Der Überschiebevorgang erfolgt bei konstantem Volumen, was durch mechanische Synchronisation der beiden Kolbenbewegungen erreicht wird. Nach dem Abschluss des Überschiebevorgangs kommt es im linken Arbeitsraum zu einer isothermen Expansion, bei der Volumenänderungsarbeit abgegeben wird. Gleichzeitig wird die Kühllast vom Arbeitsmedium aufgenommen. Nach Aufnahme der Kühllast – die Temperatur des Arbeitsmediums hat sich währenddessen nicht geändert – wird das Arbeitsmedium erneut durch den Regenerator geleitet (Zustandsänderung (1–2)). Das noch kalte Arbeitsgas kühlt den Regenerator ab und erwärmt sich dabei. Der Prozess wird zyklisch durchlaufen. Die Arbeitsschritte lassen sich wie folgt zusammenfassen:

$2 \rightarrow 3$	$T = $ const.	Isotherme Kompression: Wärmeabgabe an Kühlwasser, Aufnahme von Arbeit.
$3 \rightarrow 4$	$V = $ const.	Isochores Überschieben: Regenerator erwärmt sich, Gas kühlt ab.
$4 \rightarrow 1$	$T = $ const.	Isotherme Expansion: Aufnahme der Kühllast, Abgabe von Arbeit.
$1 \rightarrow 2$	$V = $ const.	Isochores Überschieben: Regenerator kühlt ab, Gas erwärmt sich.

Beim Design des Prozesses sind einige wenige Festlegungen zu treffen, z. B. bei welchem Druck und bei welchen Temperaturen die Stirling-Maschine betrieben werden soll. Dies soll anhand eines Beispiels einer Stirlingmaschine mit dem Arbeitsmedium Luft erläutert werden. Die Stoffdaten von Luft besitzen folgende Werte: $c_p = 1{,}005\,\text{kJ/kg K}$, $R = 287{,}1\,\text{kJ/kg K}$, $c_v = c_p - R = 0{,}7179\,\text{kJ/kg K}$.

4.3.2 Beispiel

Zustandspunkt 1 Die Kühllast soll bei einer Temperatur von $\vartheta_1 = -100\,°\text{C}$ aufgenommen werden. Der Druck im Zustand 1 kann prinzipiell frei gewählt werden, mit Hinblick auf ein geringes Apparatevolumen sollte dieser aber nicht zu niedrig sein. Im vorliegenden Beispiel wird ein Druck $p_1 = 10\,\text{bar}$ gewählt. Das spezifische Volumen v_1 wird unter Zuhilfenahme des idealen Gasgesetzes berechnet.

$$v_1 = \frac{R T_1}{p_1} \tag{4.19}$$

Die spezifische Entropie folgt direkt aus der kalorischen Zustandsfunktion des idealen Gases (Herleitung siehe [Hah00], S. 129)

$$s(T, v) = s_{\text{ref}} + c_v \cdot \ln \frac{T}{T_{\text{ref}}} + R \cdot \ln \frac{v}{v_{\text{ref}}} \tag{4.20}$$

Die enthaltenen Daten eines frei wählbaren Referenzpunktes wurden hier wie folgt festgelegt: $s_{\text{ref}} = 1\,\text{kJ/kg K}$, $T_{\text{ref}} = 273{,}15\,\text{K}$, $v_{\text{ref}} = v(p_{\text{ref}}, T_{\text{ref}})$, $p_{\text{ref}} = 1{,}01325 \cdot 10^5\,\text{Pa}$.

Zustandspunkt 2 Während des isochoren Überschiebens erwärmt sich das Gas, in folgedessen es zu einem Anstieg des Drucks kommt. Dieser Vorgang kann z. B. über die Festlegung des erreichten Enddrucks erfolgen z. B. $p_2 = 20\,\text{bar}$, was im konkreten Beispiel zur Endtemperatur $T_2 = 346\,\text{K} \,\hat{=}\, 73\,°\text{C}$ führt. Bei der Festlegung ist zu beachten, dass durch diese Druckfestlegung gleichzeitig auch das Temperaturniveau festgelegt ist, bei dem die abzuführede Wärme an das Kühlwasser übertragen werden kann. Ferner gilt

$$v_2 = v_1 \tag{4.21}$$

und

$$
\begin{aligned}
s_2 &= s(T_2, v_2) \\
&= s_{\text{ref}} + c_v \cdot \ln \frac{T_2}{T_{\text{ref}}} + R \cdot \ln \frac{v_2}{v_{\text{ref}}} \\
&= 1{,}0 + 0{,}7179 \cdot \ln \frac{346{,}3}{273{,}15} + 0{,}2871 \cdot \ln \frac{0{,}04971}{0{,}77396} \\
&= 0{,}38217 \,[\text{kJ/kg K}]
\end{aligned}
\tag{4.22}
$$

Die während des Überschiebens übertragene Wärme beträgt

$$
q_{12} = c_v (T_2 - T_1) = 124{,}3 \,\text{kJ/kg K}
\tag{4.23}
$$

Da es sich bei der Zustandsänderung um eine Isochore handelt ist die Volumenänderungs-arbeit stets null:

$$
w_{12} = 0 \,\text{kJ/kg K}
\tag{4.24}
$$

Zustandspunkt 3 Der Zustandspunkt 3 wird durch die isotherme Kompression ($T_3 = T_2$) erreicht. Beim Design ist festzulegen, bis zu welchem Volumen verdichtet werden soll bzw. welcher Enddruck p_3 erreicht werden soll. Insofern handelt es sich bei der fest-zulegenden Größe um einen freien Prozessparameter. Im konkreten Beispiel wird gewählt

$$
RB : p_3 = 40 \,\text{bar}
\tag{4.25}
$$

Spezifisches Volumen v_3 und spez. Entropie s_3 folgen aus dem idealen Gasgesetz bzw. analog Gl. 4.20.

$$
v_3 = \frac{R T_3}{p_3} = 0{,}02486 \,\text{m}^3/\text{kg}, \qquad s_3 = 0{,}1832 \,\text{kJ/kg K}
\tag{4.26}
$$

Die während der isothermen Kompression übertragenen Wärme beträgt

$$
q_{23} = +R T_2 \cdot \ln \frac{p_2}{p_3} = 0{,}2871 \cdot 346{,}3 \cdot \ln \frac{20}{40} = -68{,}91 \,\text{kJ/kg}
\tag{4.27}
$$

Die Volumenänderungsarbeit bei isothermen Druckänderungen ist betragsmäßig gleich und im Vorzeichen verschieden von der übertragenen Wärme:

$$
w_{23} = -q_{23} = +68{,}91 \,\text{kJ/kg}
\tag{4.28}
$$

Zustandspunkt 4 Bei der nachfolgenden isochoren Zustandsänderung wird das Gas abgekühlt bei gleichzeitiger Erwärmung der Regeneratormasse. Der Zustandspunkt 4 genügt den einfachen Randbedingungen

$$v_4 = v_3 = 0{,}02486 \, \text{m}^3/\text{kg} \tag{4.29}$$

$$T_4 = T_1 = 173{,}15 \, \text{K} \tag{4.30}$$

Der Druck p_4 folgt dem idealen Gasgesetz und wird zu 20 bar bestimmt. Die übertragene Wärme beträgt

$$q_{34} = c_v \, (T_4 - T_3) = 0{,}7179 \, (173{,}15 - 346{,}3) = -124{,}3 \, \text{kJ/kg} \tag{4.31}$$

Der Vergleich mit der beim vorhergehenden Überschieben (1–2) übertragenen Wärme zeigt, dass jetzt der gleiche Betrag an Wärme übertragen wurde wie zuvor, offenbar aber in der Gegenrichtung. Dies ist das Kennzeichen einer regenerativen Wärmeübertragung.

Zustandspunkt 1 Mit der anschließenden isothermen Expansion wird die Kühllast aufgenommen:

$$q_{41} = R \cdot T_4 \cdot \ln \frac{p_4}{p_1} = 0{,}2871 \cdot 173{,}15 \cdot \ln \frac{20}{10} = 34{,}46 \, \text{kJ/kg} \tag{4.32}$$

und entsprechend

$$w_{41} = -q_{41} = -34{,}46 \, \text{kJ/kg} \tag{4.33}$$

Die berechneten Zustandspunkte sind in Tab. 4.1 zusammengefasst, die zugehörigen Prozessgrößen in Tab. 4.2. Der Prozess ist in Abb. 4.10 dargestellt.

Zu beachten ist, dass die während der isochoren Zustandsänderungen übertragenen Wärmen gleich groß aber im Vorzeichen verschieden sind. Bei den isothermen Zustandsänderungen sind Wärme und Arbeit betragsgleich aber vorzeichenverschieden. Ferner sollte die Summe aller übertragenen Energien sich zum Wert null addieren.

Aus den Daten der Zustandstabelle 4.2 kann die Leistungsziffer des Prozesses ermittelt werden:

$$\varepsilon_K = \frac{q_{41}}{w_{23} + w_{41}} = \frac{34{,}46}{68{,}91 - 34{,}46} = 1 \tag{4.34}$$

Tab. 4.1 Zustandspunkte des Beispiels „Stirling-Prozess"

	T [K]	p [bar]	v [m³/kg]	s [kJ/kg K]
1	173,15	10	0,04971	−0,1154
2	346,30	20	0,04971	0,3822
3	346,30	40	0,02486	0,1832
4	173,15	20	0,02486	−0,3144

Tab. 4.2 Prozessgrößen des Beispiels „Stirling-Prozess"

	q [kJ/kg]	w [kJ/kg]
1 → 2	124,30	0
2 → 3	−68,91	69,91
3 → 4	−124,30	0
4 → 1	34,46	−34,46

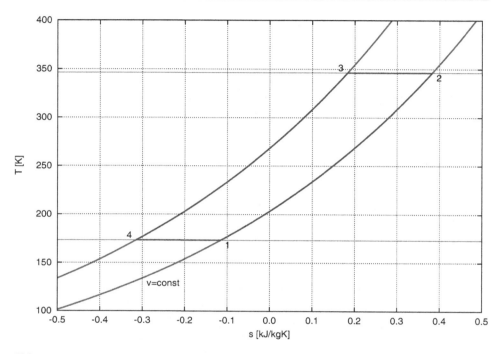

Abb. 4.10 Stirling-Prozess in T, s-Koordinaten

4.3.3 Anwendungen

Stirlingmaschinen werden zur Erreichung niedriger Temperaturen eingesetzt. Als Hauptanwendung kommt hierbei die Verflüssigung von Luft in Frage. Die verflüssigte Luft wird in vielen Anwendungsfällen einer destillativen Trennung der Hauptkomponenten Sauerstoff und Stickstoff unterzogen. Großtechnisch kommen hierzu 4-Zylinder-Stirling Maschinen zum Einsatz mit Antriebsleistungen im Bereich einiger 100 kW. Ebenso sind aber auch sog. Kryo-Kühler der Bauart Philips im Einsatz.

4.4 Ranque-Hilsch-Prozess

Kaltluftanlagen nach dem Ranque-Hilsch-Prozess werden auch als Wirbelrohr bezeichnet. Ein Wirbelrohr besteht in einer zylindrischen Anordnung mit einer tangentialen Einbringung von Druckluft, durch die Druckluft eingeleitet wird (siehe Abb. 4.11). Aus dem Bereich der Wirbelachse wird ein kleiner Teilstrom der Luft entnommen, der größere Anteil der Luft wird am anderen Ende des Wirbelrohrs entnommen. Ranque beobachtete während der 1930er Jahre erstmals, dass der im Bereich der Achse des Rohrs entnommene Teilstrom eine sehr starke Abkühlung gegenüber der eintretenden Luft erfährt. Ohne Schwierigkeiten lassen sich Temperatursenkungen von $+20\,°C$ auf $-50\,°C$ bei Verwendung von Druckluft von 6 bar erreichen (vgl. [Jun85], S. 242). Aus Gründen der Energieerhaltung tritt der größere Teilstrom erwärmt aus. Das Wirbelrohr wurde von Hilsch (vgl. [Bac54], S. 611) in den 1950er Jahren verbessert.

Das Prinzip dieses Wirbelrohrs ist bis heute nur unzureichend erklärt und verstanden. Durch die tangentiale Einblasung entsteht im Inneren ein sich sehr schnell drehender Wirbel. Bedingt durch die hohe Strömungsgeschwindigkeit ist dieser durch ein Zentrifugalfeld gekennzeichnet. Der geringste Druck wird auf der Wirbelachse gefunden. Der schnellen tangentialen Bewegung ist eine radiale nach innen gerichtete Bewegung überlagert. Einzelne Luftvolumina laufen in ein Gebiet deutlich gesenkten Drucks. Hierdurch tritt eine adiabate Expansion auf, die mit einer Abkühlung verbunden ist. Die Strömungsgeschwindigkeiten im Inneren des Wirbelrohrs sind sehr hoch und erreichen Werte in der Nähe der Schallgeschwindigkeit. Dies erschwert eine analytische Beschreibung der Vorgänge sehr stark, so dass eine theoretische thermodynamische Vorhersage des Prozesses schwierig ist.

Der Effekt kann aber praktisch durch eine empirische Untersuchung beschrieben werden. Alternativ kann das Strömungs- und Temperaturfeld durch numerische Verfahren beschrieben werden.

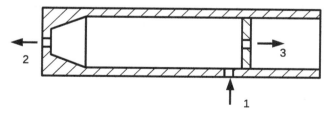

Abb. 4.11 Aufbau eines Wirbelrohrs nach Ranque und Hilsch. *1*: Drucklufteintritt, *2*: Warmluftaustritt *3*: Kaltluftaustritt

4.5 Übungsaufgaben

4.5.1 Aufgaben

Aufgabe 4.1 Joule-Wärmepumpe

H. Najork (vgl. [Soe87], S. 463) schlägt vor, den offenen Joule-Prozess als Wärmepumpenprozess zu nutzen. Arbeitsmedium sei Luft. In diesem Prozess wird Luft von der Expansionsmaschine angesaugt (1: $p_1 = 1$ bar, $10\,°C$) und es tritt eine Entspannung in ein Vakuum auf (2: $p_2 = 0{,}25$ bar). Wärme wird aus dem Erdreich aufgenommen, bis eine Temperatur von $0\,°C$ erreicht wird. Anschließend wird die Luft in einem Turboverdichter wieder bis Umgebungsdruck verdichtet. Berechnen Sie unter der Annahme eines Druckverhältnisses von $\Pi = 4$ am Verdichter die Leistungsziffer ε_W. Nehmen Sie an, dass im Gebäude eine Temperatur von $+20\,°C$ herrscht. Die Wärmepumpe soll eine Heizlast von $10\,kW$ erbringen.

Aufgabe 4.2 Stirling-Wärmepumpe-1

Doering und Schedwill (vgl. [Doe94], S. 257) schlagen einen Stirling-Prozess unter Verwendung von Wasserstoff als Arbeitsmedium vor. Die Kühllast soll bei einer Temperatur von $130\,K$ aufgenommen werden. Vor der isothermen Expansion beträgt das Arbeitsvolumen $0{,}15\,L$, der Druck beträgt $18{,}2$ bar. Bei der isothermen Expansion verdoppelt sich das Volumen des Arbeitsraums. Die Wärmeabfuhr erfolgt bei $300\,K$. Berechnen Sie die aufnehmbare Kühllast bei einer Drehzahl von 1440 Umdrehungen pro Minute. Bestimmen Sie auch die Leistungsziffer und die erforderliche Antriebsleistung.

Aufgabe 4.3 Stirling-Wärmepumpe-2

S. Schulz schlägt vor, die Universität Dortmund mit einem Stirling-Wärmepumpenprozess zu beheizen. Das Arbeitsgas wird beginnend im Zustand 2 von $p_2 = 1{,}3$ bar und $\vartheta_2 = 87\,°C$ auf $1/20$ seines Volumens isotherm komprimiert und anschließend isochor auf $\vartheta_4 = 7\,°C$ abgekühlt. Danach wird es isotherm auf sein Anfangsvolumen $v_1 = v_2$ expandiert und isochor auf die Anfangstemperatur ϑ_2 erwärmt.

Randbedingungen: Als Arbeitsmedium soll Wasserstoff H_2 verwendet werden. Stoffdaten: $c_p = 14{,}56\,kJ/kg\,K$, $R = 4{,}16\,kJ/kg\,K$, $c_v = 10{,}4\,kJ/kg\,K$. Alle Zustandsänderungen mögen reversibel verlaufen.

Aufgabe: Berechnen Sie die bezogenen Wärmen und Arbeiten der vier Teilschritte. Wie groß ist die Leistungsziffer ε_W der Wärmepumpe? Berechnen Sie die Antriebsleistung, wenn zur Beheizung des Gebäudes $400\,kW$ Wärme benötigt wird.

4.5.2 Lösungen

Lösung 4.1 Joule-Wärmepumpe

Bei der Expansion in das Vakuum kühlt sich die Luft sehr stark ab. Erreicht wird eine Temperaur T_2 von

$$T_2 = T_1 \cdot \left(\frac{p_2}{p_1}\right)^{((\kappa-1)/\kappa)} = 283 \cdot \left(\frac{1}{4}\right)^{((1,4-1)/1,4)} = 190,4\,\text{K} \qquad (4.35)$$

In der Expansionsmaschine wird die technische Arbeit

$$w_{t,12} = c_p(T_2 - T_1) = 1\,(190,4 - 283,15) = -92,75\,\text{kJ/kg} \qquad (4.36)$$

umgesetzt. Das Arbeitsmedium nimmt im Erdreich anschließend

$$q_{23} = c_p(T_3 - T_2) = 1\,(273,15 - 190,4) = 82,75\,\text{kJ/kg} \qquad (4.37)$$

an Wärme auf. In der Verdichterstufe wird die Temperatur $T_4 = 405,9\,\text{K}$ erreicht, welche unter Aufnahme der technischen Arbeit $w_{t,34} = 132,75\,\text{kJ/kg}$ erreicht wird. Die Beheizung des Gebäudes gelingt unter Wärmeabgabe in Höhe von

$$q_{45} = c_p \cdot (T_5 - T_4) = 1\,(293,14 - 405,9) = -112,75\,\text{kJ/kg} \qquad (4.38)$$

Ein Wärmestrom von 10 kW erfordert einen Massenstrom

$$\dot{m} = \frac{\dot{Q}}{q_{45}} = \frac{10}{112,75} = 0,08869\,\text{kg/s} \qquad (4.39)$$

Die Leistung der Expansionsmaschine beträgt $-8,226\,\text{kW}$, die Leistung des Verdichters $11,774\,\text{kW}$, die erforderliche Antriebsleistung ergibt sich als Summe in Höhe von $3,548\,\text{kW}$. Die Leistungsziffer beträgt

$$\varepsilon_W = \frac{10}{3,548} = 2,82 \qquad (4.40)$$

Dieser Wert ist trotz idealer Rechnung geringer als die Leistungsziffer moderner Wärmepumpen nach dem Kaltdampfverfahren. Diese Bauart ist daher technisch unüblich.

Lösung 4.2 Stirling-Wärmepumpe-1

Die weiteren Druckstufen ergeben sich zu 9,1 bar, 21 bar und 42 bar. Kühllast 4,5415 kW Antriebsleistung 5,9389 kW. Leistungsziffer $\varepsilon_K = 0,7645$.

Lösung 4.3 Stirling-Wärmepumpe-2

Bei der isothermen Kompression des Gases im Zustandspunkt 2 auf 1/20 des Volumens steigt der Druck um einen Faktor 20 auf $p_3 = 26$ bar an. Die dabei abgeführte bezogene Wärme beträgt

$$q_{23} = RT_2 \ln \frac{p_2}{p_3} = 4{,}160 \cdot 360{,}15 \ln \frac{1{,}3}{26} = -4488 \,\text{kJ/kg} \tag{4.41}$$

Die übertragene bezogene Volumenänderungsarbeit beträgt

$$w_{23} = -q_{23} = +4488 \,\text{kJ/kg} \tag{4.42}$$

Durch isochore Wärmeabfuhr im Regenerator wird der Druck gesenkt bis zum Wert p_4.

$$\frac{p_4}{T_4} = \frac{p_3}{T_3} \tag{4.43}$$

woraus folgt

$$p_4 = p_3 \cdot \frac{T_4}{T_3} = 26 \cdot \frac{280{,}15}{360{,}15} = 20{,}22 \,\text{bar} \tag{4.44}$$

Bei der anschließenden isothermen Expansion wird der Druck auf den Wert p_1 abgesenkt. Wegen $v_3 = v_4$ und $v_1 = v_2$ sowie $p_4 \cdot v_4 = p_1 \cdot v_1$ ergibt sich dieser Druck als 1/20 des Drucks p_4

$$p_1 = p_4 \cdot \frac{v_3}{v_2} = 20{,}22 \cdot \frac{1}{20} = 1{,}011 \,\text{bar} \tag{4.45}$$

Die während der Expansion ausgetauschte bezogene Wärme beträgt

$$q_{41} = RT_4 \cdot \ln \frac{p_4}{p_1} = 4{,}160 \cdot 280{,}15 \cdot \ln \frac{20}{1} = +3491 \,\text{kJ/kg} \tag{4.46}$$

Die dazugehörige bezogene Volumenänderungsarbeit kann mit

$$w_{41} = -q_{41} = -3491 \,\text{kJ/kg} \tag{4.47}$$

angegeben werden. Die bezogenen Wärmen beim isochoren Überschieben müssen nicht berücksichtigt werden, da diese auf den Regenerator übertragen werden und zwar beim Ein- und Ausspeichern in gleicher Höhe, aber mit unterschiedlichem Vorzeichen. Die Leistungsziffer kann damit direkt angegeben werden

$$\varepsilon_K = \frac{q_{41}}{w_{23} + w_{41}} = \frac{3491}{4488 - 3491} = 3{,}5 \tag{4.48}$$

bzw. die Leistungsziffer der Wärmepumpe mit

$$\varepsilon_W = \varepsilon_K + 1 = 4{,}5 \tag{4.49}$$

Zur Übertragung einer Heizlast in Höhe von 400 kW ist eine Antriebsleistung P

$$P = \frac{\dot{Q}_{23}}{\varepsilon_W} = \frac{400}{4,5} = 83,33\,\text{kW} \tag{4.50}$$

erforderlich.

Literatur

[Bac54]   Bäckström, M.; Emblik, E.;
          Kältetechnik.
          1954. G. Braun, Karlsruhe.

[Bre54]   Brehm, H. H.;
          Kältetechnik.
          2. Auflage 1954. Schweizer Druck- und Verlagshaus Zürich.

[Bre99]   Breidert, H.-J.; Schittenhelm, D.;
          Formeln, Tabellen und Diagramme für die Kälteanlagentechnik.
          2. Auflage 1999. C. F. Müller Verlag, Hüthig GmbH, Heidelberg.

[Cub97]   Cube, H. L. v.; Steimle, F.; Lotz, H.; Kunis, J. (Hrsg.);
          Lehrbuch der Kältetechnik.
          4. Auflage 1997. C. F. Müller Verlag Heidelberg.

[Doe94]   Doering, E.; Schedwill, H.;
          Grundlagen der technischen Thermodynamik.
          4. Auflage 1994. B. G. Teubner Stuttgart.

[Hah00]   Hahne, E.;
          Technische Thermodynamik.
          3. Auflage, 2000, Oldenbourg Verlag, München Wien.

[Hau57]   Hausen, H.;
          Erzeugung sehr tiefer Temperaturen – Gasverflüssigung und Zerlegung von Gasgemi-
          schen. in:
          Plank, R. (Hrsg.) ; Handbuch der Kältetechnik. Band 8. 1957. Springer-Verlag, Berlin,
          Göttingen, Heidelberg.

[Hau85]   Hausen, H.; Linde, H.;
          Tieftemperaturtechnik. Erzeugung sehr tiefer Temperaturen, Gasverflüssigung und Zer-
          legung von Gasgemischen.
          2. Auflage 1985. Springer Verlag.

[Jun85]   Jungnickel, H.; Agsten, R.; Kraus, E.;
          Grundlagen der Kältetechnik.
          2. Auflage, 1985. VEB Verlag Technik, Berlin.

[Soe87]   Sörgel, G. (Hrsg.);
          Fachwissen des Ingenieurs.
          Band 4. Fluidenergiemaschinen, Kältemaschinen und Wärmepumpen.
          5. Auflage 1987. VEB Fachbuchverlag Leipzig.

Kaltdampfverfahren

5

Die meisten Kälteanlagen und Wärmepumpen arbeiten nach dem Prinzip des Kaltdampfprozesses. Dabei handelt es sich um einen thermodynamischen Kreisprozess, bei dem das
Kältemittel zyklisch verdampft, komprimiert, kondensiert und entspannt wird. Im vorliegenden Kapitel werden die thermodynamischen Grundlagen des idealen, aber auch
des realen Prozesses erläutert. Die Kältemittel werden vorgestellt und die wichtigsten
Eigenschaften erläutert. Die für die Dimensionierung derartiger Anlagen erforderlichen
Berechnungen der thermodynamischen Zustandsänderungen wird schrittweise erarbei-
tet. Technisch wichtige Varianten des Prozesses, insbesondere auch die der zweistufigen
Verfahren, werden anhand ausführlicher Berechnungen und Darstellungen in Zustandsdiagrammen vorgestellt.

5.1 Grundprinzip

Kaltdampfkompressionsverfahren sind sehr häufig angewendete Kälteverfahren. Als Arbeitsmedien werden Stoffe verwendet, die unter den Bedingungen des Prozesses einen
Phasenwechsel flüssig-gasförmig vollziehen. Ein einfachster nach dem Kaltdampfverfahren arbeitender Anlagentyp ist in Abb. 5.1 dargestellt. Es wird das idealisierte Verfahren
erläutert.

Aus einem Wärmeübertrager (V) tritt gasförmiges Arbeitsmedium aus und wird vom
Verdichter angesaugt. Das Medium steht in der Ansaugstelle unter dem niedrigsten Druck,
der im Prozess auftritt. Beginnend mit diesem Zustand 1 erfolgt im Verdichter eine Verdichtung bis zu dem höheren Druckniveau. Im einfachsten Fall arbeitet der Verdichter
adiabat und reversibel, was zu einer Zustandsänderung konstanter Entropie führt. Das
Medium ist im Austrittszustand 2 gasförmig. In der thermodynamischen Terminologie
wird dieser Zustand als überhitzer Zustand bezeichnet. Bei der Abfuhr von Wärme tritt
zunächst eine Temperatursenkung ein. Bei weiterer Wärmeabfuhr kommt es zur Kondensation des Kältemittels. Sofern Reinstoffe als Kältemittel verwendet werden ist diese

© Springer-Verlag Berlin Heidelberg 2016
J. Dohmann, *Thermodynamik der Kälteanlagen und Wärmepumpen*,
DOI 10.1007/978-3-662-49110-2_5

Abb. 5.1 Schema des Kaltdampfkompressionsprozesses.
Bezeichnungen: V: Verdampfer, K: Kondensator

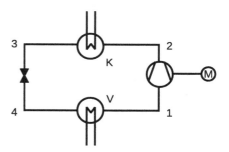

Wärmeabfuhr durch eine konstante Temperatur gekennzeichnet. Wärme wird vom Kältemittel an ein externes Medium abgegeben. Häufig erfolgt die Wärmeabfuhr an die Umgebungsluft. Im Falle der Verwendung als Wärmepumpe steht die Übertragung an einen
Wärmeträger (z. B. Wasser) im Vordergrund. Aus dem Kondensator, der auch als Verflüssiger bezeichnet wird (Zustand 3), tritt im idealisierten Prozess Kältemittel im Zustand
der siedenden Flüssigkeit aus. In diesem Siedezustand besitzt die Flüssigkeit eine Temperatur, die eindeutig mit dem Druck verknüpft ist und als Siedetemperatur bezeichnet wird.
Flüssigkeitsphase und Gasphase stehen miteinander in einem Gleichgewicht, bei dem die
mechanische, thermische und stoffliche Gleichgewichtsbedingung erfüllt ist.

Diese siedende Flüssigkeit wird in einem Expansionsventil auf Niederdruckniveau entspannt. Dabei tritt eine drastische Temperatursenkung auf. Das Kältemittel liegt nach dem
Austritt aus dem Expansionsventil (Zustand 4) als Zweiphasengemisch vor, das auch als
Nassdampf bezeichnet wird. Dieses wird dem Verdampfer zugeführt, in dem die Kühllast
vom Kältemittel aufgenommen wird. Das Kältemittel wird vollständig verdampft und tritt
als sog. Sattdampf aus dem Verdampfer aus. Der historische Begriff Sättigung umschreibt,
dass Gleichgewichtsbedingungen herrschen.

Die Zustandsänderungen dieses einfachen Prozesses lassen sich wie folgt zusammenfassen:

$1 \rightarrow 2$	$s =$ const	Isentrope Verdichtung: Arbeit wird aufgenommen. Zustand 2: überhitzer Dampf.
$2 \rightarrow 3$	$p =$ const	Isobare Wärmeabfuhr: Wärme wird abgegeben. Zustand 3: siedende Flüssigkeit.
$3 \rightarrow 4$	$h =$ const	Isenthalpe Drosselung: Kein Austausch. Zustand 4: Nassdampf.
$4 \rightarrow 1$	$p =$ const	Isobare Wärmezufuhr: Kühllast wird aufgenommen. Zustand 1: Sattdampf.

Abb. 5.1 repräsentiert die einfachste und idealisierte Variante des Kaltdampfprozesses. Bei technischen Realisierungen treten gewollte und ungewollte Abweichungen von
diesem idealisierten Verfahren auf. Ferner lassen sich durch technische Maßnahmen und
Abwandlungen Verbesserungen der Leistungsziffer erreichen.

5.2 Arbeitsstoffe

5.2.1 Stoffklassen

Allen aus technischer Sicht möglichen Arbeitsstoffen gemein ist die Eigenschaft, im interessierenden Druck- und Temperaturbereich sowohl in flüssiger Phase als auch in gasförmiger Phase auftreten zu können. Hierzu sind innerhalb der letzten 100 Jahre zahlreiche Erfahrungen mit verschiedenen Kältemitteln gewonnen worden. Eine Auflistung von Kältemitteln ist in DIN 8960 enthalten. Die Kältemittel lassen sich in folgende Stoffklassen einteilen:

- Anorganische Kältemittel
- Kohlenwasserstoffe
- Halogenierte Kohlenwasserstoffe

Anorganische Kältemittel
Als anorganische Kältemittel wurden unter anderem die Stoffe Ammoniak NH_3 (R717), Kohlenstoffdioxid CO_2 (R744) und Wasser H_2O (R718) eingesetzt. Die Code-Bezeichnungen der anorganischen Kältemittel erfolgt in der Form R7nn, wobei die Ziffern nn die Molmasse des Stoffs repräsentiert.

- Ammoniak (R717) verfügt über sehr gute thermodynamische Eigenschaften, was zu geringen Baugrößen und guten erreichbaren Werten für die Leistungsziffer von Kälteanlagen führt. Ein gravierender Nachteil dieses Kältemittels stellt die gesundheitsschädigende Wirkung dar. Ammoniak vollzieht mit Wasser eine basische Reaktion. Dies führt zu einer ätzenden Wirkung auf Schleimhäute, Augen und Atemwege. Ammoniak ist bereits in Spuren wahrnehmbar und zwar in Konzentrationen unterhalb derjenigen Konzentration, bei der eine Reizwirkung auftritt. Bei höheren Konzentrationen löst Ammoniak Panikreaktionen aus. Unabhängig von der ätzenden Wirkung ist Ammoniak chemisch reaktiv. Beispielsweise bildet Ammoniak mit Kupfer sog. Aminkomplexe, was zur Versprödung von Buntmetallen führt. Dies schränkt die Werkstoffauswahl erheblich ein.
- Kohlenstoffdioxid (R744) wird erst seit wenigen Jahren wieder als Kältemittel eingesetzt, nachdem es ab den 1920er Jahren durch andere Kältemittel verdrängt wurde (vgl. [Ste52]). Kohlenstoffdioxid verfügt ebenfalls über günstige Eigenschaften. Allerdings besitzt dieser Stoff bei Umgebungstemperaturen einen sehr hohen Dampfdruck in der Größenordnung von 60 bar (vgl. Abb. 5.2). Dies erfordert besonders druckfeste Baugruppen. In der jüngsten Zeit wurden spezielle Verdichter und Armaturen, auch für mobile Anwendungen entwickelt. Kohlenstoffdioxid besitzt keine die Umwelt schädigende Auswirkungen, wenn dieser Stoff aus der Atmosphäre gewonnen wurde.
- Wasser (R718) kann leider nur im Temperaturbereich oberhalb von 0 °C eingesetzt werden. Im Bereich niedriger Temperaturen besitzt Wasser einen sehr geringen Dampf-

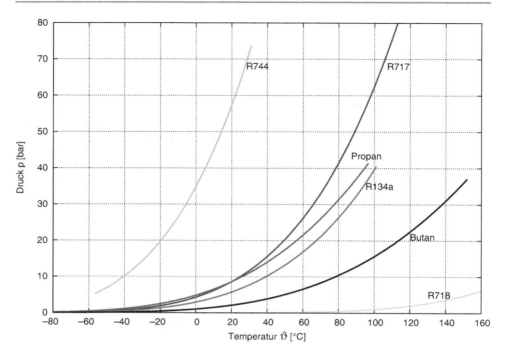

Abb. 5.2 Dampfdruck verschiedener Kältemittel. Der untere Endpunkt der Dampfdruckkurve wird als Tripelpunkt, der obere Endpunkt als kritischer Punkt bezeichnet

druck. Dies führt zu Anlagen mit sehr großen Strömungsquerschnitten, was sich nachteilig auf die Kosten auswirkt. Wasser als Arbeitsmedium eignet sich aber hervorragend für Anwendungen im Bereich der Wärmetransformation bei höheren Temperaturen. Maschinentechnische Schwierigkeiten entstehen bei Verwendung von Wasser durch die fehlende Schmierwirkung. Der Zusatz eines Schmieröls hingegen führt keineswegs sicher zur Erzielung einer Schmierwirkung. Vielmehr besteht die grundsätzliche Gefahr der Herstellung einer Öl-in-Wasser-Emulsion. Dies hat eine Anhebung der Viskosität zur Folge. Eine Verwendung in Kolbenmaschinen scheidet daher aus. Geeignet sind allerdings sog. Strahlverdichter, die als Antriebsmedium Dampf benötigen, was den Verfahrensaufwand vergrößert. Möglich ist die Verwendung von Schraubenmaschinen, dann allerdings in einer Variante, die als Trockenläufer bezeichnet wird. Bei sehr großen Anlagen ist auch die Verwendung von Turboverdichtern denkbar. Insgesamt ist R718 als Kältemittel bisher nur selten im Einsatz.

- Schwefeldioxid (R764) hat nur bis in die 1940er Jahre eine Bedeutung als Kältemittel besessen. Es handelt sich um ein Gas, das in Kombination mit Wasser eine chemische Reaktion zur schwefeligen Säure vollzieht. Aus diesem Grund ist Schwefeldioxid ein Atemgift mit schädigenden Wirkungen auf die Schleimhäute. Stettner (vgl. [Ste52]) berichtet, dass in Kälteanlagen im Bereich der Verdampfer „Unterdruck" auftreten kann.

Im Falle von Undichtigkeiten dringt Luft bzw. Wasser in die Anlagen. Die Bildung von schwefeliger Säure führt zu Korrosionsschäden. Schwefeldioxid wurde vollständig durch andere Kältemittel verdrängt und kommt heute nicht mehr zum Einsatz.

Kohlenwasserstoffe befinden sich seit einigen Jahren wieder in der aktuellen Diskussion über die Verwendbarkeit als Kältemittel (vgl. [Pet95]). Sie wurden in früheren Jahren bereits als Kältemittel eingesetzt. Allerdings sind die Vertreter dieser Stoffklasse brennbar und bilden mit Luft in bestimmten Konzentrationsbereichen explosive Gemische. Angaben zum Zündverhalten werden von Jungnickel mitgeteilt (siehe [Jun85], S. 50), Angaben zur Einteilung in Gefahrenklassen von Reisner (vgl. [Rei08], S. 157). Das Zündverhalten von Kohlenwasserstoffen führte zur Einordnung in die höchste Gefahrenklasse 3 (vgl. [Fac64], Bd. 1, S. 245). Dies erfordert besondere Sicherheitsmaßnahmen bei der Aufstellung und dem Betrieb der Kälteanlagen. Diese prinzipielle Gefahr führte in der Vergangenheit zu einer ausgesprochen geringen Verbreitung.

Folgende Kohlenwasserstoffe lassen sich prinzipiell verwenden:

CH_4	Methan	R50
C_2H_6	Ethan	R170
C_3H_8	Propan	R290
C_4H_{10}	Butan	R600
C_4H_{10}	Isobutan	R600a
C_5H_{12}	Pentan	R601, R601a, R601b
C_2H_4	Ethen	R1150
C_3H_6	Propen	R1270

Aufgrund des unterschiedlichen Dampfdruckverhaltens sind diese Kältemittel nicht beliebig untereinander austauschbar. Der Dampfdruck bestimmt den Betriebsdruck im Verdampfer und im Verflüssiger. Aus diesem Grund wird Methan R50 praktisch nie als Kältemittel eingesetzt, Ethan nur bei Tiefsttemperaturanwendungen. Propan R290 hingegen wurde in der jüngeren Vergangenheit als Kältemittel z. B. für Haushaltskühlschränke verwendet. Einige Eigenschaften von Kältemitteln sind in Tab. 11.15 zusammengestellt. Dampftafeln befinden sich in Kap. 11.

Halogenierte Kohlenwasserstoffe Seit Beginn der 1950er Jahre befasste sich die chemische Industrie mit der Entwicklung sog. Sicherheitskältemittel. Bekannte Handelsnamen dieser Stoffklasse sind Freon, Halon, Frigen, Kaltron usw. In einfachen Kohlenwasserstoffen wurden einzelne Wasserstoffatome im Molekül durch Chlor und Fluor, vereinzelt auch durch Brom ersetzt. Durch die Halogenierung konnte erreicht werden, dass diese Substanzen als schwer- bzw. unbrennbar eingestuft werden konnten, was sogar zum Einsatz dieser Stoffe in Feuerlöschern führte. Ferner wurde die Halogenierung mit dem Ziel verfolgt, das thermische und kalorische Verhalten der Kältemittel zu verbessern. Speziell die Methan- als auch die Ethan-Derivate zeigten ein sehr günstiges thermodynamisches

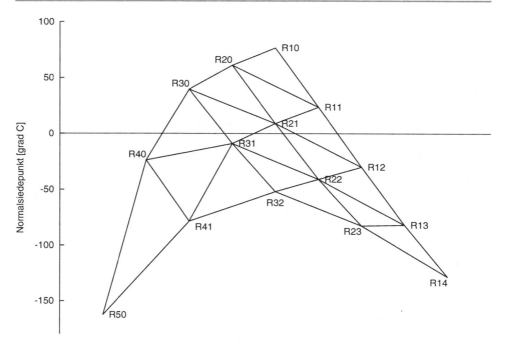

Abb. 5.3 Normalsiedepunkte der halogenierten Methan-Derivate. Darstellung nach [Hoe60]

Verhalten. Abb. 5.3 weist für die Methan-Derivate die zugehörigen Normalsiedepunkte aus, die ein indirektes Maß für den Betriebsdruck in Kälteanlagen darstellt.

Für die Bezeichnung dieser Kältemittel wurde ein eigenes Nomenklatursystem eingeführt. Die Bezeichnung ist durch DIN 8960 geregelt und enthält eine codierte Beschreibung der Zusammensetzung des Moleküls und folgt dem Muster

R a b c

mit **a**: Anzahl der Kohlenstoffatome $- 1$; **b**: Anzahl der H-Atome $+ 1$; **c**: Anzahl der Fluoratome.

Beispiel: Das Molekül Di-Fluor,Chlor-Methan CHF_2Cl enthält zwei Chloratome, ein Fluoratom und ein Wasserstoffatom. Es erhält die Bezeichnung R022 oder einfacher R22. Eine Auswahl von Kältemitteln ist in Abb. 5.4 dargestellt.

Mit Beginn der 1950 Jahre wurden diese Kältemittel einer sehr breiten Verwendung zugeführt. Durch die Verfügbarkeit unterschiedlicher Derivate wurde praktisch für jeden kältetechnischen Anwendungsfall ein „optimales" Kältemittel zur Verfügung gestellt. Bei der Auswahl der Kältemittel wurden weitere Kriterien herangezogen, beispielsweise die Toxizität, die Brennbarkeit und die sog. volumetrische Kälteleistung. Die volumetrische Kälteleistung bezeichnet das Verhältnis zwischen Kälteleistung und dem Volumenstrom

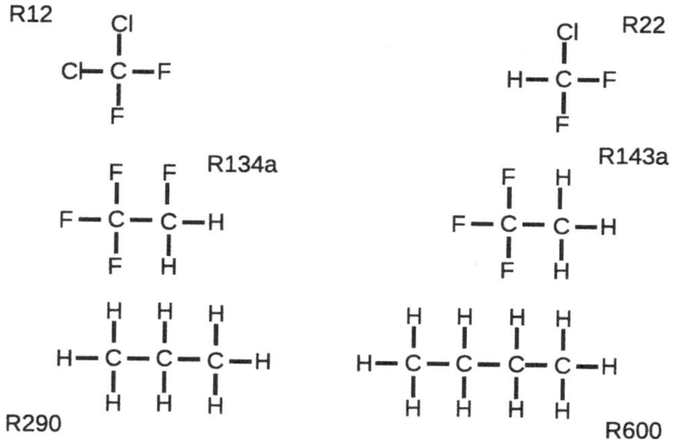

Abb. 5.4 Strukturformeln einiger Kältemittel

R12

$$Cl - \underset{\underset{F}{|}}{\overset{\overset{Cl}{|}}{C}} - F$$

R22

$$H - \underset{\underset{F}{|}}{\overset{\overset{Cl}{|}}{C}} - F$$

R134a

$$F - \underset{\underset{F}{|}}{\overset{\overset{F}{|}}{C}} - \underset{\underset{H}{|}}{\overset{\overset{F}{|}}{C}} - H$$

R143a

$$F - \underset{\underset{F}{|}}{\overset{\overset{F}{|}}{C}} - \underset{\underset{H}{|}}{\overset{\overset{H}{|}}{C}} - H$$

$$H - \underset{\underset{H}{|}}{\overset{\overset{H}{|}}{C}} - \underset{\underset{H}{|}}{\overset{\overset{H}{|}}{C}} - \underset{\underset{H}{|}}{\overset{\overset{H}{|}}{C}} - H$$

R290

$$H - \underset{\underset{H}{|}}{\overset{\overset{H}{|}}{C}} - \underset{\underset{H}{|}}{\overset{\overset{H}{|}}{C}} - \underset{\underset{H}{|}}{\overset{\overset{H}{|}}{C}} - \underset{\underset{H}{|}}{\overset{\overset{H}{|}}{C}} - H$$

R600

des Kältemittels am Verdichtereintritt. Nach nahezu flächendeckender Einführung wurde unerwartet im Abstand weniger Jahre festgestellt, dass diese Substanzen verschiedene schädigende Wirkung auf die Umwelt ausüben. Folgende Effekte wurden bekannt:

- Ozonabbau in der Stratosphäre
- Beitrag zur globalen Erwärmung
- Beitrag zu photochemischen Reaktionen, insbesondere Ozonbildung in Bodennähe
- Extreme Langlebigkeit der Substanzen in der Atmosphäre
- Toxische Reaktionsprodukte (z. B. HCl) bei Einwirkung von Feuer oder extremer Temperaturen

Der Ozonabbau in der Stratosphäre führt zu einer erhöhten Belastung an energiereicher UV-Strahlung, die wiederum eine cancerogene Wirkung besitzt. Die Bildung von bodennahem Ozon hingegen steht nicht im Zusammenhang mit Änderungen von Strahlungsdaten, sondern trägt zum sog. photochemischen Smog bei. Es handelt sich dabei um Luftverschmutzungen. Beiträge zur globalen Erwärmung werden durch die Freisetzung von Kältemitteln in die Atmosphäre hervorgerufen. Die Erdoberfläche empfängt von der Sonne Licht überwiegend im sichtbaren Spektralbereich. Ein Teil wird von der Erdoberfläche adsorbiert. Die Erdoberfläche gibt entsprechend der lokalen Temperatur Strahlung im IR-Bereich in den Weltraum ab. Dieser retransferierte Anteil wird durch Absorption im IR-Spektralbereich vermindert. Es wird weniger Energie in den Weltraum abgestrahlt. Dadurch kommt es zu einer Temperaturzunahme in der Atmosphäre. Dieses Phänomen wird als Treibhauseffekt bezeichnet. Dieser Vorgang wird dadurch begünstigt, dass speziell die Chlor-Kohlenwasserstoffe über eine extreme chemische und photochemische Beständigkeit verfügen. Die chemische Beständigkeit stellt zwar einen Vorteil im Hinblick auf die Verwendung als Kältemittel dar, aber einen Nachteil im Sinne der Atmosphärenchemie. Entsprechend ist die Verweildauer in der Atmosphäre sehr hoch.

Tab. 5.1 Kennzahlen zur Umweltverträglichkeit einiger Kältemittel

		M [g/mol]	RODP	GWP	
R12	CCl_2F_2	120,9	1	8500	a
R22	$CHClF_2$	86,5	0,05	1700	a
R32	CCl_2F_2	52,0	0	580	a
R123	$CHCl_2CF_3$	153,0	0,02	85	b
R125	CHF_2CF_3	120,0	0	3200	a
R134a	CF_3CH_2F	102,0	0	1300	a
R143a	$C_2H_3F_3$	84,0	0	4400	a
R152a	CHF_2CH_3	66,0	0	140	b
R290	CH_3CH_3	44,0	0	3	c
R600	$n\text{-}C_4H_{10}$	58,1	0	3	c
R717	NH_3	17,0	0	0	a
E170	$(CH_3)_2O$	46,0	0		c

Quellen: [a] [Ste97], S. 189; [b] [Bae95], S. 4; [c] DIN EN 378-1

Die Wirkungen wurden quantifiziert und führten auf die Definition von Vergleichs-
werten, die für jedes Kältemittel experimentell bestimmt werden. Zu nennen sind die
Maßzahlen (vgl. [Rei08], S. 159)

- RODP   Relative Ozone Depletion Potential
- GWP   Global Warming Potential
- POCP   Photochemical Ozone Creation Potential

Eine Zusammenstellung einiger Daten ist in Tab. 5.1 gegeben. Diese die Umwelt schädigende Wirkung führte ab 1995 zum schrittweisen Verbot der FCKW in Deutschland
(FCKW Halon Verbotsverordnung (vgl. [Rei08], S. 160)), sowie zahlreichen anderen
Ländern. Bedauerlicherweise wurden die Erkenntnisse hierüber erst gewonnen, als die Sicherheitskältemittel weltweit eingeführt waren. In der Folge wurden zahlreiche Anlagen
mit Ersatzkältemitteln gefüllt mit Nachteilen in Hinblick auf die Funktion der Kälteanlagen.

Fluor-Paraffine Bei der weiteren Entwicklung der Kältemittel wurde der Chloranteil aus
den Halogenwasserstoffen gebannt und eine Reihe von Fluor-Kohlenwasserstoffe entwickelt. Hierzu zählen sowohl teilfluorierte Ethan-, Propan- und Butan-Derivate.[1] Zu diesen
Stoffen zählen die Kältemittel

- R245ca $CHF_2{-}CF_2{-}CH_2F$
- R245fa $CF_3{-}CH_2{-}CH_2F$
- R365mfc $CF_3{-}CH_2{-}CF_2{-}CH_3$

---

[1] Derivate sind Substanzen, deren Aufbau sich von anderen Substanzen ableiten läßt. In einigen
Literaturstellen werden Derivate auch als Abkömmlinge bezeichnet.

Herr ([Her07], S. 294) gibt einige Stoffdaten an. Diese Stoffe leisten keinen Beitrag zum Abbau der Ozonschicht. Es stellte sich aber heraus, dass diese Stoffe an der globalen Erwärmung mitwirken. Grundsätzlich ist an diesen Stoffen problematisch, dass die Verweildauer in der Atmosphäre extrem lang ist, da die natürlichen Abbaumechanismen fehlen.

Fluorierte Ether Um die Lebensdauer in der Atmosphäre zu verringern wurden sog. Fluorether-Verbindungen entwickelt. Es handelt sich dabei um Stoffe mit den Abkürzungen E125 (CF_3OCHF_2), E134 (CHF_2OCHF_2) oder auch E134a (CF_3OCH_2F). Diese Stoffe weisen eine sog. Sauerstoff-Etherbrücke im Molekül auf, die in UV-Licht instabil ist. Hierdurch kommt es zu einer Zerstörung des Moleküls. Zur Zeit liegen noch keine Erkenntnisse vor, ob sich diese Stoffe langfristig erfolgreich in Kälteanlagen einsetzen lassen. Denkbar ist, dass dieser Abbaumechanismus auch in Kälteanlagen eintritt. Die Zerfallsprodukte weisen andere thermodynamische Eigenschaften auf als die Etherverbindungen selbst. Art und Wirkung der atmophärischen Zerfallsprodukte sind nicht hinreichend bekannt bzw. untersucht.

Fluorierte Olefine Neuestes Kältemittel ist ein von DuPont und Honeywell gemeinsam entwickeltes und vermarktetes Olefin. Es handelt sich dabei um teilfluorierte Derivate des Propens. Bekanntester Vertreter dieser Stoffklasse ist das HFO-1234yf (systematischer Name: 2,3,3,3-Tetrafluorprop-1-en) ($H_2C = CF-CF_3$) Dieser Stoff wird aktuell als denkbarer Ersatzstoff für R134a diskutiert. Er verfügt über ähnliche Eigenschaften (Normalsiedepunkt $-29\,°C$, Dampfdruck $6{,}77$ bar (bei $25\,°C$) (vgl. [Sch09])). Der Stoff ist brennbar (Explosionsgrenze $6{,}2..12{,}3$ Vol-%). Der Vorteil dieser Substanz wird in seiner Reaktivität in der Atmosphäre gesehen, die zu einem rascheren Abbau führt. Die Stoffdaten zu diesem Stoff sind im wesentlichen bekannt aber noch nicht allgemein verfügbar. Ob sich Stoffe dieser Substanzklasse durchsetzen werden wird sich in der näheren Zukunft herausstellen.

Bedauerlicher Weise wurde erst nach dem Ersatz der der Fluor-Chlorkohlenwasserstoffe (FCKW) durch die Ersatzkältemittel die Bedeutung des GWP erkannt. Dies wird in nächster Zukunft dazu führen, dass der Einsatz der Ersatzkältemittel (z. B. R134a) eingeschränkt werden wird. Für neu zugelassene Personenkraftfahrzeuge ist dies bereits in der Umsetzung, für andere Anwendungen ist das Verbot bereits in Vorbereitung. Die Suche nach neuen Kältemitteln ist offensichtlich selbst nach 100 Jahren Erfahrung mit der Technik noch nicht abgeschlossen.

5.2.2 Eigenschaften der Kältemittel

Thermisches Verhalten Der Zusammenhang zwischen Druck p [bar], spezifischem Volumen v [m^3/kg] und Temperatur T [K] wird durch die sog. thermische Zustandsgleichung beschrieben. Im Zusammenhang mit der Auslegung von Kaltdampfprozessen ist dies von Bedeutung, da der Massenstrom des Kältemittels im Prozess im wesentlichen durch die Kühllast bestimmt ist. Massenstrom $\dot{m}$ und Volumenstrom $\dot{V}$ stehen über das spezifische Volumen des Stoffs miteinander in Beziehung.

$$\dot{V} = v \cdot \dot{m} \tag{5.1}$$

Die Kenntnis des Volumenstroms ist erforderlich bei der Festlegung der Eigenschaften des Verdichters. Für thermisch ideale Stoffe gilt das ideale Gasgesetz

$$p \cdot v = R \cdot T \tag{5.2}$$

Die Kältemittel für Kaltdampfverfahren sind Arbeitsmedien, die in ihrem Verhalten erheblich vom idealen Verhalten abweichen. Für ausgewählte Kältemittel (R134a, R744 und R717) soll die Abweichung vom idealen Verhalten exemplarisch gezeigt werden. Hierzu wird die relative Abweichung der spezifischen Volumina gebildet:

$$\frac{v''^* - v''}{v''}$$

darin bedeutet v''^* das spezifische Volumen des Sattdampfes unter Annahme des idealen Verhaltens und v'' im realen Verhalten. Diese relative Abweichung ist in Abb. 5.5 in Abhängigkeit vom Druck dargestellt.

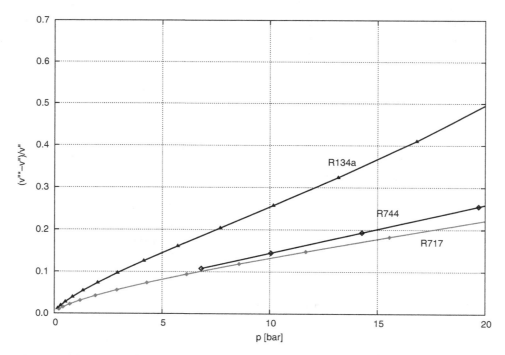

Abb. 5.5 Relative Abweichung des spezifischen Volumens des realen Dampfes gegenüber dem des thermisch idealen Dampfes

Bei sehr niedrigen Drücken ist das thermische Verhalten offenbar gut durch das ideale Gasgesetz beschreibbar, es treten nur geringe Abweichungen zwischen idealem und realem Verhalten auf. Bei höheren Drücken ist der Unterschied gravierend. Das spezifische Volumen im idealen Fall ist signifikant höher als im realen Fall. Die Frage, ob das ideale Gasgesetz aus praktischer Sicht anwendbar ist, ist eine Frage des tolerierbaren Fehlers bei einer Berechnung. Dass Abweichungen bei höheren Drücken auftreten ist anschaulich darauf zurückzuführen, dass bei höheren Drücken die Molekülabstände verringert sind und dadurch bedingt Kraftwechselwirkungen zwischen den Gasmolekülen im Sinne attraktiver, d. h. anziehender Kräfte, Kräfte auftreten.

Zur praktischen Berücksichtigung muss in der Regel das reale Verhalten berücksichtigt werden. Dazu lassen sich Dampftafeln, Tabellenbücher (vgl. [Bae95]) oder Programme auf Basis der Zustandsgleichungen zur Ermittlung der Stoffdaten einsetzen.

Verdampfungsenthalpie Abb. 5.6 zeigt ein maßstäbliches T-s-Diagramm des Kältemittels R134a. Im Diagramm ist der Verlauf der Verdampfung eingezeichnet. Siedende Flüssigkeit (1) wird in Sattdampf überführt.

Die hierfür notwendige Wärme wird als Verdampfungsenthalpie bezeichnet und folgt der Beziehung

$$\Delta h_v = \int_1^2 T\,\mathrm{d}s = T \cdot (s'' - s') \tag{5.3}$$

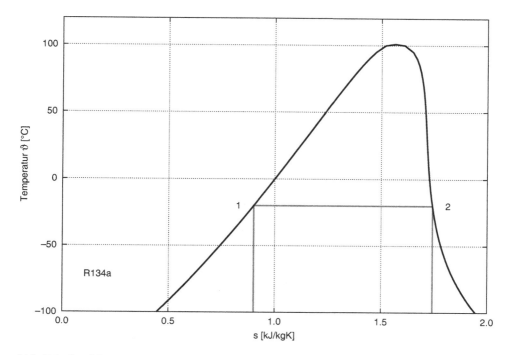

Abb. 5.6 ϑ-s-Diagramm des Kältemittels R134a (Daten: [Lan01])

Tab. 5.2 Stoffdaten einiger Stoffe zur Veranschaulichung der Pictet-Trouton-Regel

Stoff	M [g/mol]	Δh_v [kJ/kg K]	ϑ_s [°C]	$\Delta s_{m,v}$ [J/mol K]
Wasser	18,02	2257	100,0	109,0
NH$_3$	17,03	1369	$-33,3$	97,2
CO$_2$	44,01	573	$-78,5$	129,6
R11	137,38	182	23,7	84,2
R12	120,91	166	$-29,8$	82,5
R22	86,47	234	$-40,8$	87,1
R134a	102,03	217	$-26,1$	89,6
Propan	44,1	430	$-42,0$	82,0
Butan	58,12	385	$-0,5$	82,1

Quellen: [Jun85]; [VDI]

Die Differenz $(s'' - s')$ wird auch als spezifische Verdampfungsentropie bezeichnet:

$$\Delta s_v = (s'' - s') = \frac{\Delta h_v}{T} \tag{5.4}$$

Durch Multiplikation mit der Molmasse M [kg/mol] wird die spezifische molare Verdampfungsentropie $\Delta s_{m,v}$ [kJ/(mol · K)] gebildet.

$$\Delta s_{m,v} = \frac{M \cdot \Delta h_v}{T} \tag{5.5}$$

Durch erste Untersuchungen von Stoffen konnten Pictet[2] und Trouton[3] zeigen, dass die spezifische molare Verdampfungsentropie eine für zahlreiche Stoffe einheitliche Größe darstellt:

$$\Delta s_{m,v} \approx 84 \pm 4 \,\text{J/mol K} \tag{5.6}$$

Dieser Zusammenhang wird als Pictet-Trouton-Regel bezeichnet. Diese Regel eignet sich, für Substanzen mit bekannter Molmasse und bekanntem Normalsiedepunkt die Verdampfungsenthalpie zu schätzen. Unter dem Normalsiedepunkt wird die Siedetemperatur eines Stoffes bei Normdruck $p = 1,01325$ bar verstanden.

In Tab. 5.2 ist die spezifische molare Verdampfungsentropie für einige Stoffe ausgewiesen. Die Pictet-Troutonsche Regel kann innerhalb einer Fehlerschranke als gültig angesehen werden. Ausnahmen bilden die Stoffe Wasser, Ammoniak und Kohlenstoffdioxid. Im Falle von Wasser und Ammoniak ist die Abweichung auf das Vorhandensein von Wasserstoffbrückenbindungen zurückzuführen, die vergleichsweise große Werte der Verdampfungsenthalpien nach sich ziehen. Im Fall des Kohlenstoffdioxids ist zu beachten, dass die Phasenumwandlung keine Verdampfung ist sondern eine Sublimation. Die Sublimationsenthalpie ist größer als eine typische Verdampfungsenthalpie. Anschaulich

---

[2] Raoult Pierre Pictet, Schweizer Physiker. 1846-1929.
[3] Frederick Thomas Trouton. Franz. Physiker. 1863-1922.

läßt sich die Sublimationsenthalpie auffassen als Addition der Schmelzenthalpie und der Verdampfungsenthalpie.

Dampfdruck Während der Verdampfung eines Kältemittels liegt dieses im Zweiphasengebiet vor. Entsprechend der Gibbschen Phasenregel sind in diesem Zustand die Anzahl der Freiheitsgrade des thermodynamischen Systems vermindert: Druck und Temperatur lassen sich nicht unabhängig voneinander variieren sondern stehen in einem festen Zusammenhang zueinander. Die mathematische Zuordnung von Dampfdrücken und Siedetemperaturen wird als Dampfdruckkurve bezeichnet. Eine graphische Darstellung dieser Zuordnung ist in Abb. 5.2 gegeben. Die Temperaturabhängigkeit des Dampfdrucks verschiedener Kältemittel folgt einem gemeinsamen Prinzip, das als Clausius-Clapeyron-Beziehung bezeichnet wird.

In Abb. 5.7 und 5.8 sind zur Erläuterung ein p,v- bzw. T,s-Diagramm des Kältemittels R134a maßstäblich dargestellt. Eingezeichnet ist ein Kreisprozess, der die Zustandsänderung Verdampfen, Entspannen, Kondensieren und Verdichten umfaßt. Es handelt sich dabei um einen gewöhnlichen Dampfkraftprozess, der auch als Clausius-Rankine-Prozess bezeichnet wird. Die Besonderheit der dargestellten Prozessführung ist darin zu sehen, dass Verdichtung und Expansion lediglich eine differentielle Änderung des Druckes hervorrufen. Der Prozess dient der Aufstellung einer Differentialgleichung zur Beschreibung des Dampfdruckverhaltens (vgl. auch [Bae96], S. 171).

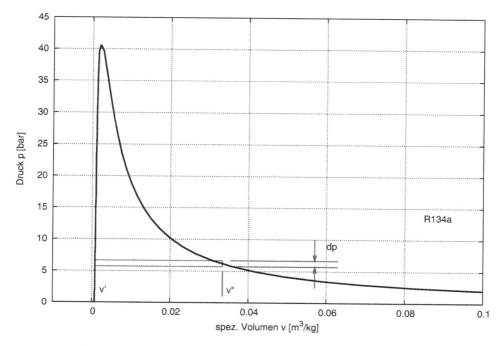

Abb. 5.7 p,v-Diagramm für R134a mit differentiellem Kreisprozess

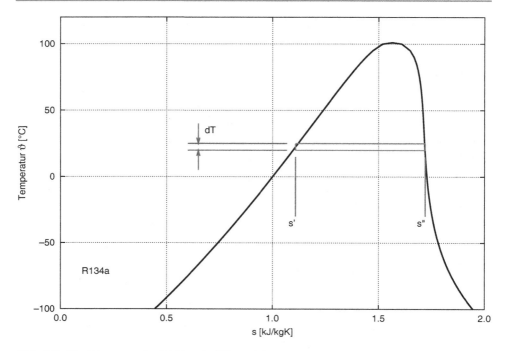

Abb. 5.8 T,s-Diagramm für R134a mit differentiellem Kreisprozess

Für die beiden isothermen Zustandsänderungen kann jeweils die Volumenänderungsarbeit bestimmt werden. Da beide Teilprozesse bei unterschiedlichen Drücken stattfinden
kann die Differenz der Volumenänderungsarbeiten berechnet werden zu

$$\Delta w = -\mathrm{d}p \cdot (v'' - v') \tag{5.7}$$

Entsprechend können die übertragenen Wärmen über $\mathrm{d}q = T\mathrm{d}s$ bestimmt werden. Die
Differenz der übertragenen Wärmen beträgt

$$\Delta q = \mathrm{d}T \cdot (s'' - s') \tag{5.8}$$

Übertragene Wärmen und Volumenänderungsarbeiten addieren sich in jedem Kreisprozess nach dem ersten Hauptsatz der Thermodynamik zu null. Aus $-\Delta w = \Delta q$ folgt

$$\mathrm{d}p \cdot (v'' - v') = \mathrm{d}T \cdot (s'' - s') \tag{5.9}$$

Hieraus kann der Differentialquotient $\mathrm{d}p/\mathrm{d}T$ gewonnen werden

$$\frac{\mathrm{d}p}{\mathrm{d}T} = \frac{s'' - s'}{v'' - v'} \tag{5.10}$$

Wegen

$$T \cdot (s'' - s') = \Delta h_v$$

und unter Vernachlässigung des spezifischen Volumens der flüssigen Phase $v' \ll v''$ folgt

$$\frac{\mathrm{d}p}{\mathrm{d}T} = \frac{\Delta h_v}{T v''} \tag{5.11}$$

Unter Annahme des idealen Verhaltens der Gasphase $pv'' = RT$ und Trennung der Variablen wird erhalten:

$$\frac{1}{p}\mathrm{d}p = \frac{\Delta h_v}{R T^2}\mathrm{d}T \tag{5.12}$$

Durch bestimmte Integration zwischen einem festen Referenzzustandes p_0, T_0 und einem variablen Zustand folgt der als Clausius-Clapeyron-Beziehung bezeichnete Zusammenhang für die Temperaturabhängigkeit des Dampfdrucks. Bei der Integration wurde unterstellt, dass die Verdampfungsenthalpie unabhängig von der Temperatur ist. Diese Voraussetzung ist nur in engen Grenzen des betrachteten Druckbereichs näherungsweise erfüllt.

$$\ln \frac{p}{p_0} = -\frac{\Delta h_v}{R} \cdot \frac{1}{T} + \frac{\Delta h_v}{R T_0} \tag{5.13}$$

Das Dampfdruckverhalten von Kältemitteln lässt sich offenbar in $\ln(p/p_0) - 1/T$-Koordinaten darstellen. Abb. 5.9 zeigt das Dampfdruckverhalten einiger Kältemittel. Dargestellt sind Zustandspunkte sowie daraus berechnete Ausgleichsgeraden. Für die Kältemittel R290 und R600 wurden die Koeffizienten der Antoine-Gleichung bestimmt und nach Umrechnung direkt dargestellt.

Trotz einiger grober Näherungen lässt sich das Dampfdruckverhalten durch die Clausius-Clapeyron-Beziehung offenbar gut beschreiben. Die Genauigkeit der Vorhersage ist allerdings nicht für alle Anwendungen ausreichend hoch, was zur Entwicklung sehr leistungsfähiger Zustandsgleichungen führte.

Für praktische Anwendungen können empirisch gewonnene Dampfdruckgleichungen verwendet werden. Besonders häufig wird hierzu die sog. Antoine-Gleichung verwendet in der Form

$$\ln \left(\frac{p_s(\vartheta)}{p_{\mathrm{ref}}} \right) = \mathrm{A} - \frac{\mathrm{B}}{\vartheta + T_{\mathrm{ref}} - \mathrm{C}} \tag{5.14}$$

mit $T_{\mathrm{ref}} = 273,15\,\mathrm{K}$. Empirisch gewonnene Koeffizienten A, B, C, p_{ref} sind in Kap. 11 (vgl. Tab. 11.14, S. 229) für wichtige Kältemittel und Arbeitsstoffe zusammengestellt. Bei der Anwendung ist zubeachten, dass keine Auswertung außerhalb des angegebenen Temperaturintervalls vorgenommen wird.

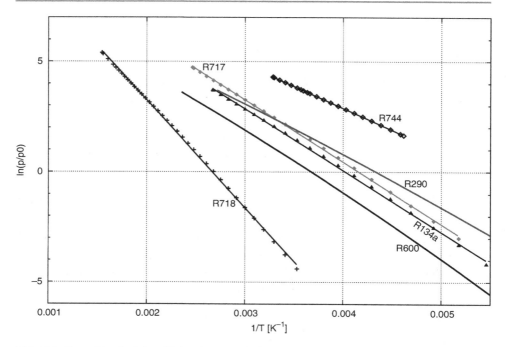

Abb. 5.9 Dampfdruck einiger Kältemittel in $\ln(p/p_0) - 1/T$-Koordinaten-Darstellung. Referenzdruck $p_0 = 1$ bar (Daten: vgl. [Lan01]; [VDI])

5.3 Kaltdampfprozesse

5.3.1 Idealer Kaltdampfprozess

Der ideale Kaltdampfprozess soll anhand eines Auslegungsbeispiels erklärt werden. Kältemittel durchläuft der Reihe nach eine adiabate, reversible Kompression, eine isobare Verflüssigung, eine isenthalpe Drosselung und eine isobare Verdampfung. Der Prozess sei durch folgende idealisierte Merkmale gekennzeichnet:

- Massenstrom $\dot{m} = 0{,}1\,\mathrm{kg/s}$
- Verdampfertemperatur $\vartheta_V = -10\,^{\circ}\mathrm{C}$
- Zustand des Arbeitsstoffs am Verdampferaustritt: Sattdampf
- Verflüssigertemperatur $\vartheta_K = +35\,^{\circ}\mathrm{C}$
- Zustand des Arbeitsstoffs am Verflüssigeraustritt: Siedende Flüssigkeit.

Diese idealisierten Annahmen sind hinreichend, um alle Eigenschaften des Prozesses festzulegen. Der Prozessverlauf ist in Abb. 5.10 maßstäblich dargestellt.

Die Eigenschaften des Kaltdampfprozesses reagieren empfindlich auf die gewählten Randbedingungen. Dies läßt sich anhand eines Vergleiches zwischen zwei Prozessen de-

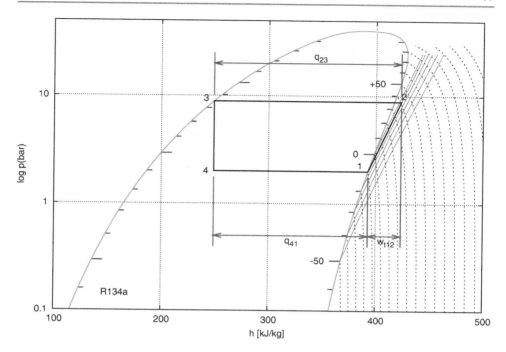

Abb. 5.10 log p, h-Diagramm für den einfachen, idealen Kaltdampfprozess

monstrieren, die sich nur hinsichtlich der gewählten Verdampfertemperatur unterscheiden. Hierzu soll der Prozess A aus Abb. 5.10 ergänzt werden um einen zweiten Prozess B mit verringerter Verdampfertemperatur $\vartheta_{V,B} = -30\,°C$.

Bei Absenkung der Verdampfertemperatur wird deutlich (siehe Abb. 5.11), dass sich die bezogene Wärme, also die auf 1 kg Masse bezogene Wärme, verringert. Gleichzeitig vergrößert sich die bezogene technische Arbeit. Im dargestellten Beispiel verringert sich die Leistungsziffer von $\varepsilon_{k,A} = 4{,}0$ auf $\varepsilon_{k,B} = 2{,}68$. Bei der Bewertung dieses Vergleichs ist zu beachten, dass die bezogenen Größen berücksichtigt wurden. Nicht verglichen wurden Änderungen des Verhaltens einer einzelnen Kälteanlage unter dem Einfluss veränderbarer Verdampferdrücke. Hierbei sind nicht nur die Leistungsziffer zu beachten, sondern auch die Änderung des sog. Liefergrades und der volumetrischen Kälteleistung.

In ähnlicher Weise wirkt sich die Verflüssigertemperatur auf die Effizienz des Prozesses aus. In Abb. 5.12 sind zwei Prozesse dargestellt mit übereinstimmender Verdampfertemperatur und jeweils unterschiedlicher Verflüssigertemperatur. Die Verdichtung verläuft entlang der gemeinsamen Isentropen. Der Endpunkt der Verdichtung erreicht daher mit steigenden Enddrücken auch höhere spezifische Enthalpien.[4] Um das Arbeitsmedium zu verflüssigen muss zum einen die Überhitzung abgebaut, zum anderen die Kondensation durchgeführt werden. Abb. 5.12 weist aus, dass mit steigendem Verflüssigerdruck der

---

[4] Höhere Druckverhältnisse erfordern offenbar höhere technische Arbeiten - eine bekannte Tatsache!

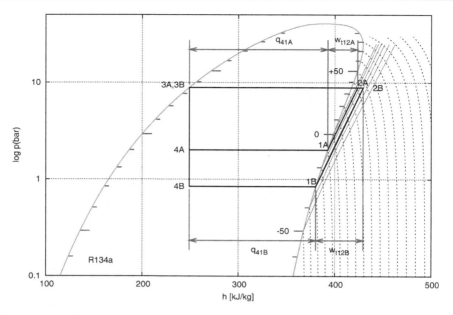

Abb. 5.11 log p, h-Diagramm für zwei einfache, ideale Kaltdampfprozesse mit unterschiedlichen Verdampfertemperaturen

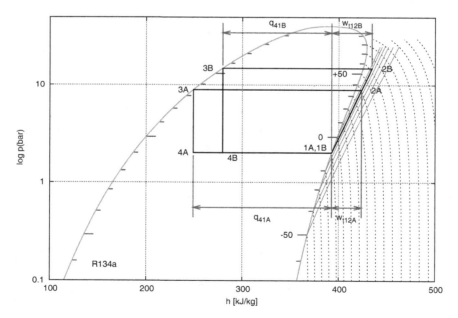

Abb. 5.12 log p, h-Diagramm für zwei einfache, ideale Kaltdampfprozesse mit unterschiedlichen Verflüssigertemperaturen

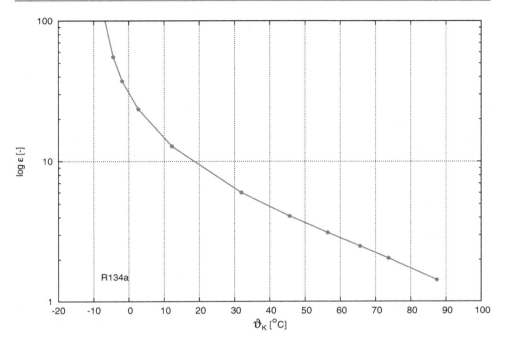

Abb. 5.13 Leistungsziffer ϵ_K in Abhängigkeit von der Verflüssigertemperatur. $\vartheta_V = -10\,°C$

Endpunkt der Verflüssigung höhere Enthalpien erreicht. Dies ist damit verbunden, dass der Dampfgehalt nach der Drosselung größer ist und damit die bezogene Wärme im Verdampfer kleiner wird. Die genannten Effekte führen dazu, dass die Leistungsziffer des Prozesses mit steigender Verflüssigertemperatur abnimmt. Für eine konstante Verdampfertemperatur von $\vartheta_V = -10\,°C$ ist diese Abhängigkeit in Abb. 5.13 dargestellt. Da sich die Leistungsziffer in einem sehr großen Zahlenwertebereich bewegt wurde zur Darstellung eine logarithmische Darstellung gewählt.

5.3.2 Realer Kaltdampfprozess

Der reale Kaltdampfprozess zeigt gegenüber dem idealen Kaltdampfprozess in verschiedenen Details Abweichungen, die in allen Fällen unter dem Oberbegriff Dissipation zusammengefaßt sind:

- Verdichtung: Die reale Verdichtung verläuft keinesfalls reversibel. Stattdessen treten verschiedene Verluste bei der Verdichtung auf. Im Bereich der Ventile der Verdichter treten sehr hohe Strömungsgeschwindigkeiten auf, die sich als Stoßverlust ungünstig auf den Druckverlauf auswirken. Die auftretenden Strömungsdruckverluste tragen dazu bei, dass das reale Druckverhältnis der Verdichtung größer ist als das ideale.

- Wärmetransfer: Während der Verdichtung würde eine Wärmeabfuhr eine Annäherung an die Zustandsänderung der isothermen Verdichtung darstellen und sich damit günstig auswirken. Stattdessen kommt es bei verschiedenen Verdichterbauarten aber zur Wärmezufuhr. Zu nennen ist beispielsweise die sog. Sauggaskühlung bei hermetischen Verdichtern. Diese Wärmezufuhr vergrößert den Energiebedarf des Verdichters.
- Drosselverluste: Sowohl Verflüssiger als auch Verdampfer sind Wärmeübertrager, die vom Kältemittel durchströmt werden. Bei der Durchströmung tritt ein Druckverlust auf. Dieser ist zwar in der Regel gering, stellt aber einen systematischen Grund dar, das Druckverhältnis des Verdichters zu vergrößern.
- Drosselung: Im Expansionsventil tritt eine Drosselung bei konstanter Enthalpie auf. Allerdings sinkt dabei die Temperatur unter die Umgebungstemperatur, weshalb das Kältemittel bereits in diesem Prozessabschnitt Wärme aus der Umgebung aufnehmen kann. Dies tritt systematisch dann auf, wenn die Entfernungen zwischen Expansionsventil und Verdampfereintritt groß sind. Dies mindert direkt die im Verdampfer übertragbare Kühllast.
- Überhitzung: Der idealisiert auftretende Zustand des Sattdampfes am Verdampferaustritt ist in realen Kälteanlagen und Wärmepumpen schwierig sicherzustellen, da der Zustand Sattdampf und der Zustand Nassdampf messtechnisch weder durch Messung der Temperatur noch durch Messung des Drucks unterscheidbar sind. Die Einleitung von Nassdampf in den Saugkanal des Verdichters wird als Flüssigkeitsschlag bezeichnet. Flüssigkeitsschläge üben starke Massenkräfte auf die Bauteile des Verdichters aus und setzen die Schmierwirkung der Öle im Verdichter herab. Dies führt zur Herabsetzung der Lebensdauer von Verdichtern. Zur sicheren Vermeidung von Flüssigkeitsschlägen werden Verdampfer mit einer leichten Überhitzung betrieben. Die Austrittstemperatur aus dem Verdichter sollte z. B. 5 K oberhalb der Gleichgewichtstemperatur betragen. Dies wirkt sich allerdings nicht auf die Leistungsziffer des Prozesses aus.

Von größter Bedeutung sind die Dissipationsverluste während der Verdichtung. Zum Verständnis sollen einige Ersatzschaltbilder des Verdichtungsprozesses vorgestellt werden.

Der in Abb. 5.14a dargestellte ideale Verdichtungsprozess führt zu dem bekannten Zustandsverlauf längs einer Isentropen. Dieser Verlauf ist in Abb. 5.15 als Verbindungslinie

Abb. 5.14 Ersatzschaltbilder für den dissipativen Verdichtungsprozess. **a** ideal; **b** ideale Verdichtung mit nachgeschaltetem Drosseleffekt; **c** ideale Verdichtung und Freisetzung von Reibungswärme

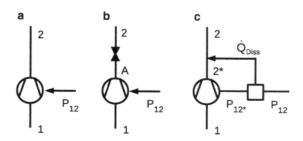

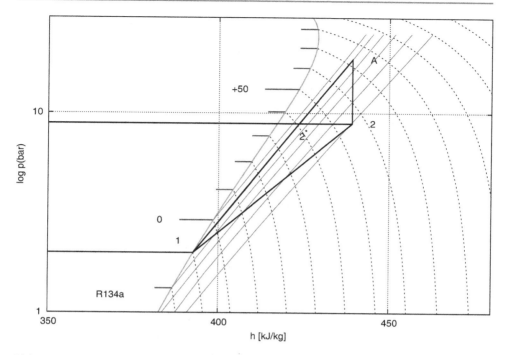

Abb. 5.15 Darstellung der dissipativen Verdichtung

zwischen den Zustandspunkten 1 und 2* dargestellt. Die reale Verdichtung ist dadurch gekennzeichnet, den gleichen Enddruck zu erreichen. Der reale Verdichtungsprozess endet stattdessen in einem Zustandspunkt 2, der auf gleichem Druckniveau liegt, aber größere Werte der spezifischen Enthalpie ausweist: offenbar erfordert eine verlustbehaftete Verdichtung einen höheren Energieaufwand. Wie dieser Zustandspunkt 2 erreicht wird, kann ohne Detailkenntnisse des Prozesses nicht zweifelsfrei erklärt werden. Denkbar ist aber eine Abfolge von Zustandsänderungen gem. der Variante b aus Abb. 5.14. Zunächst könnte die Verdichtung entlang einer Isentropen bis zu einem höheren Verdichtungsenddruck erfolgen. Durch Strömungsdruckverluste würde das Arbeitsmedium bis zum realen Enddruck p_2 gedrosselt werden. Dies entspricht der Zustandsabfolge (1*A2*). Alternativ ist aber der Verlauf entsprechend der Variante c denkbar: Die Verdichtung erfolgt zunächst ideal. Die zugeführte Wellenleistung wird aber nur unvollständig auf das Arbeitsmedium übertragen. Ein Teil der zugeführten Energie wird über Reibung in Wärme umgewandelt. Diese Wärme wird auf das Arbeitsmedium übertragen. Dieses Szenario entspricht der Zustandsfolge (12*2) in Abb. 5.14. Entscheidend ist die Tatsache, dass bei der realen Verdichtung der Endpunkt der Verdichtung höhere Werte der spezifischen Enthalpie ausweist. Dies bedeutet eine höhere aufzuwendende technische Arbeit und damit einen höheren Leistungsbedarf des Prozesses. Als Maß für die Dissipation kann der isentrope Verdichterwirkungsgrad (vgl. Gl. 4.11) herangezogen werden. In dem in Abb. 5.15 wurde

die dissipative Verdichtung von Sattdampf des Kältemittels R134a zwischen den Druckstufen 2 bar und 8,86 bar mit einem isentropen Verdichterwirkungsgrad von $\eta_{sV} = 0{,}666$
dargestellt. Dem Diagramm sind ebenfalls die Temperaturen zu entnehmen, die nach den
einzelnen Zustandsänderungen auftreten. Beim idealen Prozess würde eine Temperatur
von ca. 41 °C am Verdichterende auftreten, im realen Prozess hingegen eine Temperatur
von ca. +56 °C. Ferner ist zu entnehmen, dass bei der Überverdichtung und anschließenden Drosselung sehr wohl eine Temperatursenkung des Arbeitsmediums zu beobachten
ist. Das Kältemittel verhält sich offenbar im dargestellten Druck- und Temperaturbereich
kalorisch nicht ideal.

5.3.3 Optimierung des Kaltdampfprozesses

Economizer Der Kaltdampfprozess kann durch den Einbau eines zusätzlichen Wärmeübertragers, hinsichtlich seiner Effizienz verbessert werden. Der zusätzliche Wärmeübertrager wird als „innerer Wärmeübertrager" (vgl. [Dre92], S. 85) oder kurz als Economizer
bezeichnet. Zwischen dem Austritt aus dem Verdampfer und dem Eintritt in das Drossel-
ventil wird das Kondensat unterkühlt. Die Grundschaltung ist in Abb. 5.16 gezeigt. Dies
führt zu einem geringeren Dampfgehalt nach der Drosselung und vergrößert die bezogene
Wärme während der Verdampfung. Anschaulich bedeutet dies, dass das Kältemittel besser
ausgenutzt wird.

Da bei Austritt aus dem Verflüssiger das Kältemittel bereits Umgebungstemperatur
besitzt, kommt als Medium zur Kühlung des Kondensats nur Sattdampf aus dem Verdampfer (Saugleitung) in Frage. Die Möglichkeiten der Vorkühlung des Kondensats sind
beschränkt. Der Economizer wird als Gegenstromwärmeübertrager geschaltet. Die Begrenzung erfolgt durch mehrere Bedingungen. Die Enthalpiebilanz liefert

$$\dot{m}_3 \cdot (h_3 - h_4) = \dot{m}_1 \cdot (h_6 - h_1) \tag{5.15}$$

Da die beteiligten Massenströme gleich sind ($\dot{m}_3 = \dot{m}_1$) folgt, dass die Enthalpieände-
rungen gleich sind. In der graphischen Darstellung des Prozesses in $\log p, h$-Koordinaten

Abb. 5.16 Kaltdampfprozess
mit Economizer

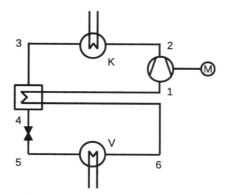

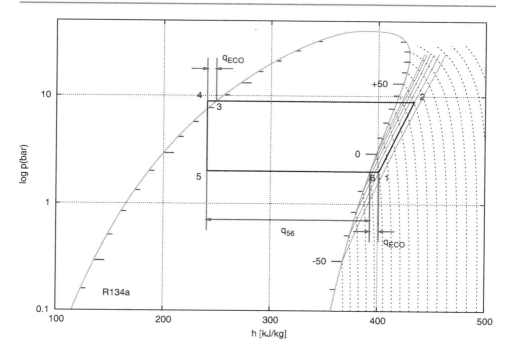

Abb. 5.17 log p, h-Diagramm des einstufigen Kaltdampfprozesses mit Economizer Abb. 5.16

(vgl. Abb. 5.17) sind die Strecken der Zustandsänderungen q_{34} und q_{61} gleich lang. Die Wärmeübertragung im Economizer ist aus theoretischer Sicht durch die Temperaturfüh-rung begrenzt. Verbesserte Wärmeübertragung bedeutet einen Zuwachs der Temperatur ϑ_1 gegenüber der Temperatur ϑ_6. Die Temperatur kann aus theoretischer Sicht maximal bis zur Temperatur ϑ_3 ansteigen. Die Isotherme durch den Zustandspunkt 3 stellt damit zumindest aus theoretischer Sicht eine natürliche Grenze dar. Diese Grenze läßt sich aber nur mit unendlich großer Wärmeübertragungsfläche erreichen. In der Praxis wird folglich eine geringere Unterkühlung des Stroms 3 auftreten. Es gelten die zusätzlichen Bedingun-gen

$$\vartheta_3 > \vartheta_1$$
$$\vartheta_4 > \vartheta_6$$
(5.16)

Diese Bedingungen geben die Obergrenze für die Wirkung eines Economizers vor.

Abb. 5.18 zeigt ein Verfahrensschema einer einstufigen Kaltdampfkompressionsanla-ge, die als Experimentalanlage dient. Heissgas auf der Druckseite des Kolbenverdichters kann wahlweise mittels eines Luftverflüssigers, eines wassergekühlten Verdichters oder einer Reihenschaltung verflüssigt werden. Um eine detaillierte Bilanzierung der Anlage vornehmen zu können ist die Anlage mit einem Volumenstrommessgerät im Bereich des flüssigen Kältemittels ausgestattet. Der Economizer kann wahlweise zugeschaltet oder umfahren werden.

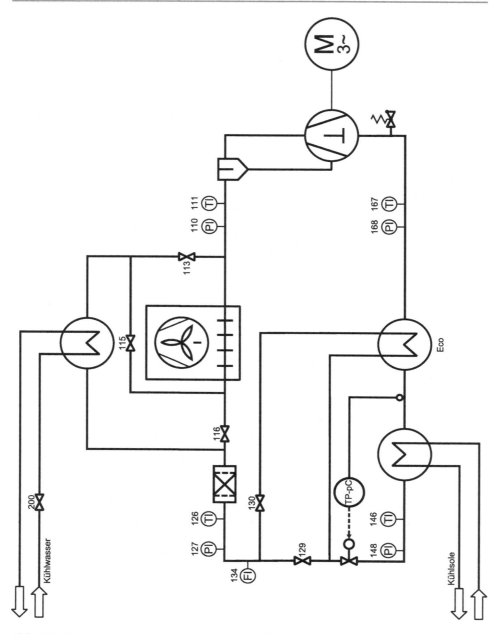

Abb. 5.18 R+I-Schema einer einstufigen Kaltdampfkompressionsanlage

Bei der Inbetriebnahme kommt ein sog. Filtertrockner zur Entfernung von Schmutz-partikeln oder Wasserdampfresten zum Einsatz. Dieser befindet sich in Strömungsrichtung gesehen vor dem Expansionsventil. In dieser Einbauposition wirkt sich der unvermeidbare Druckverlust dieses Bauteils nicht ungünstig auf die Leistungsziffer der Anlage aus.

Zur Leistungregelung kommt in dieser Anlage ein Frequenzumrichter zum Einsatz. Die Frequenzen des Umrichters lassen sich zwischen 30 Hz und 60 Hz variieren, was sowohl Teillast- als auch Überlastfahrten der Anlage erlaubt.

5.3.4 Zweistufige Kaltdampfprozesse

Kaskadenschaltung Speziell bei großen Differenzen zwischen Verdampfer- und Verflüssigertemperatur würden am Verdichter sehr große Druckverhältnisse auftreten. Alle Typen von Verdichtern besitzen obere Grenzwerte für das Druckverhältnis. In diesen Fällen ist es zweckmäßig, die Verdichtung mehrstufig zu gestalten. Die einfachste Methode ist die Verschaltung zweier Kaltdampfprozesse zu einer sog. Kaskadenschaltung (siehe Abb. 5.19). Der Verflüssiger des Niederdruckkreises ist gleichzeitig der Verdampfer des Hochdruckkreises.

Die Prozessdaten des in Abb. 5.20 dargestellten Prozesses wurden festgelegt unter Berücksichtigung eines identischen Druckverhältnisses $p_2/p_1 = p_6/p_5$ in beiden Stufen. Diese Festlegung erfolgt unter der Annahme, dass in beiden Stufen Verdichter ähnlicher Bauart eingebaut sind. Zu beachten ist, dass in beiden Kreisen unterschiedliche Massenströme auftreten. dies folgt aus einer Enthalpiebilanz am Wärmeübertrager:

$$\dot{m}_1 \cdot (h_2 - h_3) = \dot{m}_5 \cdot (h_5 - h_8) \tag{5.17}$$

Das Verhältnis der Massenströme folgt damit zu

$$\frac{\dot{m}_1}{\dot{m}_5} = \frac{(h_5 - h_8)}{(h_2 - h_3)} \tag{5.18}$$

Abb. 5.19 Zweistufiger Kaltdampfprozess in Kaskadenschaltung

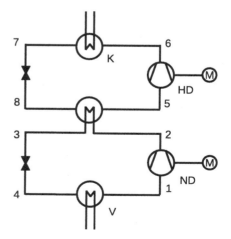

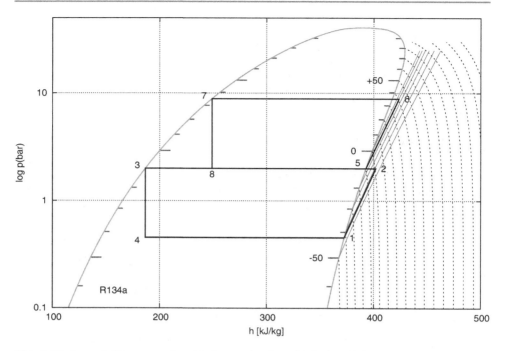

Abb. 5.20 log p, h-Diagramm einer idealen zweistufigen Kaskadenschaltung

Kaskadenschaltungen werden verwendet, wenn im Falle einer einstufigen Verdichtung das Druckverhältnis zu groß würde, dass z. B. kein passender Verdichter gefunden werden kann. Zur Erreichung extrem tiefer Temperaturen ist es möglich, beide Kreise mit unterschiedlichen Kältemitteln auszustatten. Ein derartiger Prozess kann nicht in ein einzelnes log p, h-Diagramm, das nur für ein Kältemittel gültig ist, eingetragen werden.

Auch die Kaskadenschaltung ist realen Einflüssen und Einschränkungen in der gleichen Weise wie einstufige Prozesse unterlegen. Bei Kaskadenschaltungen ist zu beachten, dass der zentrale Wärmeübertrager eine Temperaturdifferenz erfordert. Die Verdampfertemperatur des HD-Kreises muss ca. 5 K oberhalb der Verflüssigertemperatur des ND-Kreises liegen, damit ein Wärmetransport stattfinden kann. Dies setzt die Druckverhältnisse in beiden Verdichterstufen geringfügig hoch. Eine Besonderheit dieses Wärmeübertragers ist, dass auf der einen Seite ein Verdampfungsvorgang stattfindet und auf der anderen Seite eine Abkühlung überhitzen Dampfes mit nachgeschalteter Kondensation. Wärmeübertrager mit dieser Eigenschaft werden auch als Dampfumformer bezeichnet. Sowohl Verdampfung als auch Kondensation führen auf sehr große Werte für den Wärmeübergangskoeffizienten, weshalb der Wärmeübertrager mit vergleichsweise kleiner Übertragerfläche auskommt.

Zweistufiger Prozess mit Mitteldruckflasche Für den Fall, dass in beiden Kreisen einer Kaskadenschaltung gleiche Kältemittel verwendet werden folgt für den Grenzfall gleicher Temperaturen auf beiden Seiten des Wärmeübertragers die Tatsache, dass auch die Drücke gleich sind. Beide Fluide stehen damit im thermodynamischen Gleichgewicht. Aus diesem Grund ist es möglich, bei der Konstruktion der Anlage auf die Trennwand (d. h. die Wärmeübertragerfläche) vollständig zu verzichten. Dies führt auf einen verwandten zweistufigen Prozess (vgl. Abb. 5.21).

Das Kopplungselement des zweistufigen Prozesses kann anstelle eines Dampfumformers eine sog. Mitteldruckflasche sein. Der Nassdampf aus dem HD-Teil wird über eine Düse in die Gasphase der Mitteldruckflasche eingebracht. Die im Nassdampf enthaltenen Flüssigkeitsanteile bilden einen feinen Spray aus. Wegen der geringen Größe der Tropfen bildet sich eine sehr große Flüssigkeitsoberfläche aus, was jegliche Austauschvorgänge beschleunigt. Der überhitzte Dampf aus dem ND-Teil wird in die flüssige Phase im unteren Teil der Mitteldruckflasche gegeben. Dort bilden sich Blasen, die in der Flüssigkeit aufsteigen. Der Flasche wird siedende Flüssigkeit zur Versorgung des ND-Teils entnommen. Ferner hält der HD-Verdichter den passenden Druck in der Flasche.

Ein derartig durchgeführter Prozess folgt den selben Bilanzgleichungen wie der einfache Kaskadenprozess. Die Darstellung der idealisierten Prozesse in log p, h-Koordinaten ist damit ebenfalls identisch (vgl. Abb. 5.20).

Bei der Realisierung des Prozesses mit Mitteldruckflasche ist zu beachten, dass beide Stufen mit einer ausreichenden Menge Schmieröl versorgt werden. Ferner besteht die grundsätzliche Gefahr, dass aus der Mitteldruckflasche Flüssigkeitsanteile in den HD-Verdichter verschleppt werden. Es ist darauf zu achten, dass eine sichere Flüssigkeitsabscheidung sichergestellt ist.

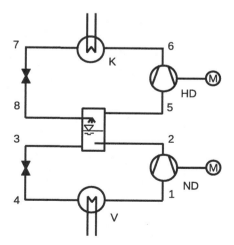

Abb. 5.21 Zweistufiger Kaltdampfprozess mit Mitteldruckflasche

Zweistufiger Prozess mit Teilstromunterkühlung Bei einstufigen Anlagen führt die Unterkühlung des Kondensats am Verflüssigeraustritt zu einer Steigerung der Leistungsziffer. Dieser Effekt kann in einem Prozess gem. Abb. 5.22 gezielt ausgenutzt werden, wenn ein Teilstrom des Kondensats auf einen mittleren Druck gedrosselt wird, um den Hauptstrom des Kondensats zu unterkühlen.

Der Prozess sei anhand der Abb. 5.22 und 5.23 erläutert. Mit der Kondensationstemperatur von $+35\,°C$ verlässt das Kondensat (Strom 5) den Verflüssiger. Ein Teilstrom 10 wird vom HD-Niveau 8,87 bar auf das MD-Niveau 2,0 bar gedrosselt. Der Strom 11 nimmt dabei eine Temperatur von $-10\,°C$ an. Der Strom 11 gelangt in einen Wärmeübertrager (meist in Gegenstromschaltung) und verdampft in diesem. Die dabei aufgenommene Kühllast stammt aus dem verbleibendem Kondensatstrom 6, der in dem Wärmeübertrager stark abkühlt. Die im Grenzfall erreichbare Temperatur entspricht der Verdampfungstemperatur $-10\,°C$. Im vorliegenden Beispiel wurde eine Vorkühltemperatur von $0\,°C$ gewählt. Der vorgekühlte Strom 7 wird mittels Expansionsventil auf den Druck 0,453 bar entspannt. Der Nassdampf (Strom 8) verdampft unter Aufnahme der Kühllast. Die Verdichtung wird zweistufig gestaltet. Der ND-Verdichter verdichtet zunächst bis zum MD-Niveau 2,0 bar. Der Austritt (Strom 2) wird mit dem Strom 12 isobar vermischt. Das Gemisch (Zustand 3) wird von der HD-Stufe des Verdichters auf den Verflüssigerdruck komprimiert.

Für die Auslegung eines solchen Prozesses ist die Frage entscheidend, wieviel des umlaufenden Kältemittels zur Vorkühlung eingesetzt wird. Hierzu ist prinzipiell das MD-Niveau frei wählbar. Je niedriger dieses Niveau gewählt wird, desto niedriger ist auch die erreichbare Vorkühltemperatur. Im konkreten Beispiel wurde das geometrische Mittel zwischen Verdampfer und Verflüssigertemperatur gewählt. Dies führt zu gleichen Druckverhältnissen in beiden Verdichterstufen.

$$p_{MD} = \sqrt{p_{ND} \cdot p_{HD}} \qquad\qquad (5.19)$$

Abb. 5.22 Zweistufiger Kaltdampfprozess mit Teilstromunterkühlung

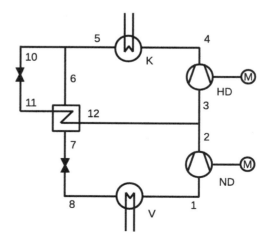

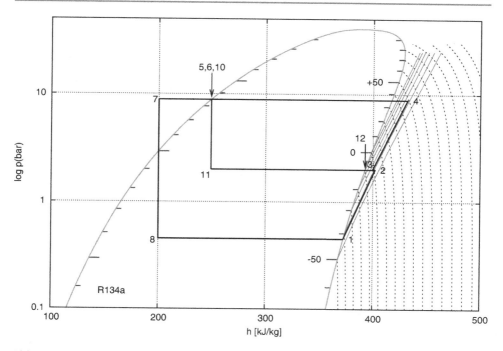

Abb. 5.23 log p, h-Diagramm des zweistufigen Prozesses mit Teilstromunterkühlung

Als maximale Vorkühltemperatur kann die Temperatur $\vartheta_s(p_{MD})$ angesehen werden. Im konkreten Beispiel wurde eine Temperatur von 10 K oberhalb dieser Grenztemperatur gewählt, um die erforderliche Wärmeübertragungsfläche im Vorkühler auf eine sinnvolle Größe zu begrenzen. Durch diese Festlegungen sind die Verhältnisse der Massenströme eindeutig festgelegt. Die spezifischen Enthalpien aller Stoffströme (bis auf Ströme 3 und 4) lassen sich mit diesen Angaben direkt ermitteln. Zur Festlegung der Massenströme wird eine Enthalpiebilanz am Unterkühler aufgestellt:[5]

$$\dot{m}_{10} \cdot (h_{12} - h_{11}) = \dot{m}_6 \cdot (h_6 - h_7) \tag{5.20}$$

---

[5] Praktischer Hinweis: Bei der Aufstellung von Massen- und Energiebilanzen sollten gleiche Massenströme identifiziert werden im Sinne von $\dot{m}_{10} = \dot{m}_{11} = \dot{m}_{12}$ sowie $\dot{m}_3 = \dot{m}_4 = \dot{m}_5$ und $\dot{m}_6 = \dot{m}_7 = \dot{m}_8 = \dot{m}_1$. Bei der Formulierung von Bilanzen sollte der kleinste mögliche Index formuliert werden. Dies erleichtert die Aufstellung von Bestimmungsgleichungen sowie die Bildung von Verhältniszahlen.

Wird der Massenstrom $\dot{m}_1$ als Bezugsgröße angesehen so folgt mit $\dot{m}_1 = \dot{m}_6$ und der Definition eines Splitfaktors ψ

$$\psi := \frac{\dot{m}_{10}}{\dot{m}_1} \tag{5.21}$$

$$\psi \cdot (h_{12} - h_{11}) = (h_6 - h_7) \tag{5.22}$$

Hieraus kann der Splitfaktor ψ direkt berechnet werden. Das konkrete Beispiel gem. Abb. 5.23 liefert

$$\psi = \frac{(h_6 - h_7)}{(h_{12} - h_{11})} = \frac{249{,}0 - 200{,}0}{392{,}66 - 249{,}0} = 0{,}341 \tag{5.23}$$

Für die weitere Berechnung ist eine Massenbilanz und eine Enthalpiebilanz der Mischung der Stoffströme 2 und 12 hilfreich. Aus

$$\dot{m}_{12} + \dot{m}_2 = \dot{m}_3 \tag{5.24}$$

folgt direkt

$$\dot{m}_3 = (1 + \psi)\dot{m}_1 \tag{5.25}$$

Die spezifische Enthalpie des Stroms 3 folgt aus

$$\dot{m}_{12} \cdot h_{12} + \dot{m}_2 \cdot h_2 = \dot{m}_3 \cdot h_3 \tag{5.26}$$

bzw. unter Berücksichtigung von Gl. 5.21

$$\psi \cdot h_{12} + h_2 = (1 + \psi) \cdot h_3 \tag{5.27}$$

woraus sich wiederum die spez. Enthalpie h_3 ergibt:

$$h_3 = \frac{h_2 + \psi \cdot h_{12}}{1 + \psi} = \frac{401{,}9 + 0{,}341 \cdot 392{,}66}{1 + 0{,}341} = 399{,}55\,\text{kJ/kg} \tag{5.28}$$

Der Massenstrom der HD-Stufe ist demnach um einen Faktor 1,34 größer als der Massenstrom durch den ND-Verdichter. Der ND-Verdichter wird durch die Vorkühlung entlastet, der Energieverbrauch des Prozesses ist durch diese Maßnahme geringer als bei einer einstufigen Verdichtung. Ferner ist das Druckverhältnis jeder Stufe wesentlich kleiner als bei einer einstufigen Anlage.

Abb. 5.24 zeigt das Verfahrensschema einer zweistufigen Kompressionskälteanlage in der Schaltungsvariante „mit Teilstromunterkühlung". Das vom Verdichter komprimierte Kältemittel wird in einem wassergekühlten Verflüssiger kondensiert. Aus Sicherheitsgründen ist der Kühlwasserkreislauf mit einem sog. Strömungswächter ausgestattet. Dieser hat die Aufgabe, einen Ausfall der Kühlwasserversorgung zu erkennen und in diesem Fall die Anlage komplett abzuschalten.

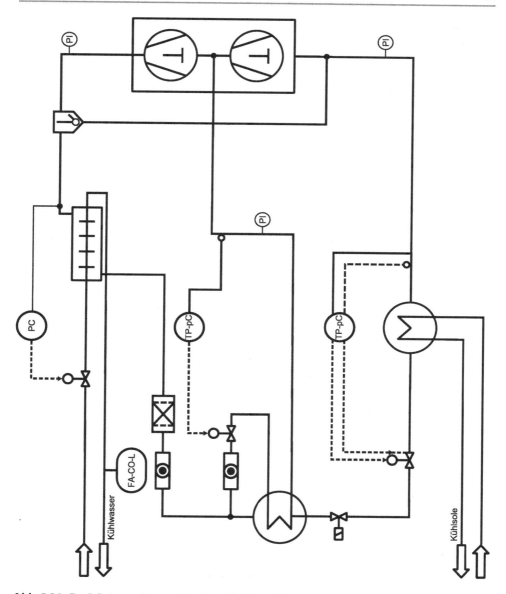

Abb. 5.24 R+I-Schema einer zweistufigen Kaltdampfkompressionsanlage

Der Stoffstrom des flüssigen Kältemittels wird geteilt. Der eine Teil wird auf einem Mitteldruckniveau in einem Expansionsventil entspannt. Dieser Teilstrom kann daraufhin den anderen Teilstrom in einem Plattenwärmeübertrager unterkühlen. Hierdurch verbessert sich die Leistungsziffer des Gesamtprozesses gegenüber einer einstufigen Prozessführung. Die in Abb. 5.24 dargestellte Anlage dient als Versuchsanlage zur Abkühlung einer

Kühlsole. Als Verdichter wird ein zweistufiger Dreizylinder-Verdichter verwendet. Auch diese Versuchsanlage ist mit einem Frequnzumrichter zur Leistungsregelung ausgestattet.

5.3.5   Trockeneis

Trockeneis ist festes Kohlenstoffdioxid (R744). Die Bezeichnungen R744, Kohlenstoffdioxid, CO_2 und der ältere Begriff Kohlensäure werden synonym verwendet. Dieser Stoff weist die Besonderheit auf, dass bei Umgebungsdruck und tiefen Temperaturen ein Feststoff vorliegt, der im thermodynamischen Gleichgewicht steht mit gasförmigem Kohlenstoffdioxid. Dieser Gleichgewichtszustand wird als Sublimationsgleichgewicht bezeichnet. Auch im Sublimationsgleichgewicht stehen Druck und Temperatur in einem Zusammenhang. Dieser Zusammenhang kann z. B. einem $\log p, h-$Diagramm (vgl. Abb. 11.12) oder einer Dampftafel (vgl. Tab. 11.12) entnommen werden. Voraussetzung für das Auftreten eines Sublimationsgleichgewichts ist ein Partialdruck unterhalb des sog. Tripeldrucks $p_{tr} = 5{,}18$ bar und eine hinreichend niedrige Temperatur, die mindestens unterhalb der Tripeltemperatur $\vartheta_{tr} = -56{,}558\,°C$ liegen muss.

Bei Drücken unterhalb des Tripeldrucks kann Kohlenstoffdioxid von der festen Phase in die gasförmige Phase übergehen, ohne in einem Zwischenschritt flüssig zu werden. Dieser Vorgang wird als Sublimation bezeichnet. Bei Umgebungsdruck liegt Trockeneis bei einer Gleichgewichtstemperatur von ca. $-78{,}625\,°C$ vor. Um 1 kg Trockeneis vom festen in den gasförmigen Zustand zu bringen wird eine Sublimationsenthalpie in Höhe von ca. $571{,}4\,kJ/kg$ benötigt. Dabei ist zu beachten, dass das Gas nach Aufnahme dieser Wärme immer noch bei dieser niedrigen Temperatur vorliegt. Bis zur Erwärmung auf $0\,°C$ kann 1 kg Trockeneis insgesamt $640\,kJ/kg$ Wärme aufnehmen. Dieser Wert ist deutlich größer als die Schmelzenthalpie von Wassereis, die mit $\Delta h_E = 333{,}4\,kJ/kg$ angegeben werden kann. Aus diesem Grund wurde Trockeneis früher als Kälteträger bei der Kühlung von Transportgütern eingesetzt. Neben der höheren Phasenumwandlungsenthalpie tritt zusätzlich der Vorteil auf, dass Trockeneis eine rückstandsfreie Verwendung ermöglicht.

Trockeneis entsteht, wenn flüssiges Kohlenstoffdioxid (R744) von einem Druck oberhalb des Tripeldrucks auf einen Druck unterhalb des Tripeldrucks expandiert bzw. gedrosselt wird. Dies wird beispeilsweise bei CO_2-Feuerlöschern ausgenutzt. Diese sind bei Umgebungstemperatur (z. B. $20\,°C$) zu ca. 90 % mit flüssiger Phase gefüllt und passend dazu mit 10 % gasförmigem Kältemittel. Durch ein Steigrohr wird das flüssige Kältemittel einer Düse zugeführt, in der eine Drosselung bis in das Zweiphasengebiet auftritt. Das zweiphasige Kältemitel liegt dann zu einem geringen Teil als Trockeneis vor. Der überwiegende Teil tritt als gasförmiges CO_2 aus einem Feuerlöscher aus.

Die industrielle Gewinnung von Trockeneis bedarf zunächst einer CO_2-Quelle wie z. B. einer Gewinnung als Gärkohlensäure (Alkoholherstellung), einer Gewinnung aus Biogas oder einer natürlichen Quelle. Ein Prozess zur Herstellung von Trockeneis ist in Abb. 5.25 dargestellt, einem dreistufigen Kaltdampfprozess, bei dem Kohlenstoffdioxid sowohl Produkt als auch Arbeitsmedium ist.

Abb. 5.25 Dreistufiger Kaltdampfprozess zur Herstellung von Trockeneis. Der Prozess läuft in den Druckstufen 1, 6, 20 und 60 bar ab

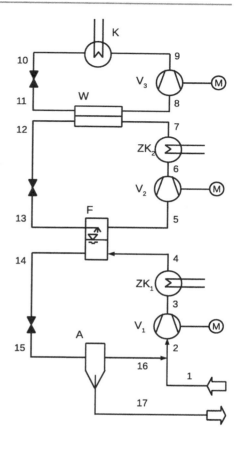

Gereinigtes gasförmiges R744 gelangt mit 1 bar Druck und ca. 20 °C Temperatur in den Prozess. Dieses Edukt wird mit tiefkaltem, gasförmigem Kältemittel aus dem Prozess vermischt (Strom 2) und anschließend in einer ersten Verdichterstufe (V_1) zunächst bis auf einen Druck von 6 bar verdichtet. Dieser Druck liegt geringfügig über dem Tripeldruck. Wie dem log p, h-Diagramm (vgl. Abb. 5.26) entnommen werden kann, steigt die Temperatur bei isentroper Verdichtung bis auf $\vartheta_3 = 104$ °C an. In einem Zwischenkühler (ZK_1) wird dieser Strom zweckmäßig auf +20 °C gegen Umgebungstemperatur gekühlt. Das bei diesen Bedingungen immer noch gasförmig vorliegende Kältemittel wird in eine Mitteldruckflasche (F) gegeben, wo es in Kontakt mit dem Kältemittel aus der Mitteldruckstufe des Prozesses kommt. Aus der Mitteldruckflasche wird flüssiges Kältemittel (Strom 14, Dampfgehalt $x_{14} = 0$, Temperatur $\vartheta_{14} = -53,1$ °C) kontinuierlich entnommen und mittels eines Expansionsventils bzw. einer Düse auf z. B. 1 bar gedrosselt. Bei diesem Druck beträgt die Gleichgewichtstemperatur −78,625 °C. Es entsteht ein Gemisch aus Trockeneis und Kältemitteldampf. Das Trockeneis wird mechanisch in einem Abscheider (A) abgeschieden und als Produkt (Strom 17) gewonnen. Der Kältemitteldampf

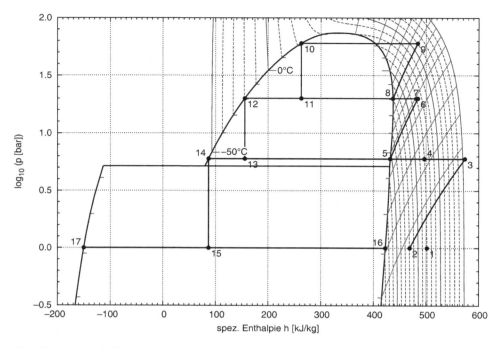

Abb. 5.26 $\log p, h$-Diagramm für R744 mit eingezeichnetem Trockeneisprozess

aus dem Abscheider wird mit dem frischem Kohlenstoffdioxid aus einer externen Quelle (Stoffstrom 1) vermischt.

Wie bei anderen zweistufigen Prozess auch wird aus der Mitteldruckflasche Sattdampf (Strom 5) entnommen und in einer weiteren Verdichterstufe (V$_2$) bis zum Druck 20 bar verdichtet. Bei isentroper Verdichtung wird eine Temperatur von 22,8 °C erreicht. Im Verfahrensschema gem. Abb. 5.25 ist ein Zwischenkühler (ZK$_2$) eingezeichnet, in dem dieser Gasstrom auf +20 °C abgekühlt wird. Bei isentroper Verdichtung ist dieser Kühler offenbar überflüssig, da die Verdichteraustrittstemperatur nur geringfügig über dem Wert 20 °C liegt, er ist erst bei realer Verdichtung sinnvoll. Der Stoffstrom 7 wird in dem dargestellten Verfahren einem Verflüssiger (W) zugeführt, der als Gegenstromwärmeübertrager ausgeführt ist. Das Arbeitsmedium verlässt diesen Verflüssiger als siedende Flüssigkeit mit dem Druck 20 bar und der Temperatur $\vartheta_{12} = -19{,}5$ °C. Bei der Entspannung auf den Druck $p_{13} = 6$ bar wird die Temperatur $\vartheta_{13} = -53{,}1$ °C erreicht. Der Nassdampf in diesem Zustand 13 wird in die Mitteldruckflasche (F) gegeben.

Die Wärme des Verflüssigers wird im dargestellten Prozess einem weiteren einstufigen Prozess zugeführt, der zwischen den Druckniveaus 20 bar und 60 bar arbeitet. Beide Teilprozesse sind in der sog. Kaskadenschaltung miteinander verbunden. Dies besitzt gegenüber einer Variante mit einer zweiten Mitteldruckflasche verschiedene Vorteile. Zum einen ist der stabile Betrieb eines mehrstufigen Verfahrens mit zwei Mitteldruckflaschen

Tab. 5.3 Zustandstabelle des dreistufigen Trockeneisprozesses

Nr.	p [bar]	ϑ [°C]	x [−]	h [kJ/kg]	s [kJ/kg K]
1	1	20,00	ü	501,61	2,7250
2	1	−19,61	ü	468,86	2,6050
3	6	104,54	ü	573,63	2,6050
4	6	20,00	ü	496,67	2,3746
5	6	−53,11	1	431,65	2,1192
6	20	22,78	ü	484,19	2,1192
7	20	20,00	ü	481,32	2,1095
8	20	−19,50	1	436,85	1,9461
9	60	60,37	ü	483,97	1,9461
10	60	21,99	0	262,85	1,6862
11	20	−19,50	0,382	262,85	1,2601
12	20	−19,50	0	155,52	1,9461
13	6	−53,12	0,199	155,52	0,8638
14	6	−53,12	0	86,80	0,5520
15	1	−78,63	0,414	86,80	0,6714
16	1	−78,63	1	422,51	2,3972
17	1	−78,63	0	−160,34	−0,5477

R744. ü: überhitzter Dampf

aus regelungstechnischen Gründen schwierig. Es besteht die Gefahr, dass sich in einer der beiden Flaschen eine zu geringe Kältemittelmenge befindet und aus diesem Grund der Gesamtprozess dynamisch instabil wird. Die Kopplung über die Kaskadenschaltung beugt dem wirkungsvoll vor. Ein weiterer Vorteil besteht darin, dass der obere einstufige Prozess mit einem anderen Kältemittel als mit R744 betrieben werden kann. Es handelt sich um einen Prozess der zwischen den Temperaturen −19,5 °C und +20 °C verläuft, also einem für Kälteanlagen normalen Temperaturbereich. In diesem Bereich ist das Druckniveau mit Drücken zwischen 20 bar und 60 bar sehr hoch und erfordert Verdichter mit besonders hoher Druckfestigkeit. Durch Auswahl eines anderen Kältemittels (z. B. R1234yf, R290 oder R134a) werden die auftretenden Drücke sehr viel niedriger. Außerdem wird auch die Leistungsaufname des obersten einstufigen Prozesses geringer. Damit entsteht ein Vorteil in Bezug auf den Leistungsbedarf des Gesamtprozesses.

5.4 Übungsaufgaben

5.4.1 Aufgaben

Aufgabe 5.1 Berechnung der Verdampfungsenthalpie

Die Clausius-Clapeyron-Gleichung kann verwendet werden, um aus Dampfdruckdaten die Verdampfungsenthalpie eines Stoffs zu berechnen. Diese Methode soll für das Kältemittel R290 (Propan) überprüft werden. Gehen Sie bei der Überprüfung wie folgt vor:

- Berechnen Sie die individuelle Gaskonstante unter Verwendung der Daten für Druck, Temperatur und spez. Volumen v'' für den Druck $p = 1$ bar. Daten siehe Tab. 5.4.
- Führen Sie eine Integration der Gleichung

$$\frac{1}{p}\mathrm{d}p = \frac{\Delta h_v}{RT^2}\mathrm{d}T \tag{5.29}$$

  zwischen den Zuständen 1 und 2 aus.
- Lösen Sie die Gleichung nach der spezifischen Verdampfungsenthalpie Δh_v auf und setzen Sie Daten für die Zustände $p_1 = 1$ bar und $p_2 = 2$ bar ein.
- Vergleichen Sie mit dem tabellierten Wert.

Tab. 5.4 Auszug aus der Dampftafel für Propan (R290)

ϑ [°C]	p [bar]	v' [m³/kg]	v'' [m³/kg]	h' [kJ/kg]	h'' [kJ/kg]	Δh_v [kJ/kg]
−56,967	0,5	0,0016730	0,79691	67,42	508,09	440,67
−42,412	1,0	0,0017205	0,41898	99,69	525,59	425,90
−32,818	1,5	0,0017544	0,28722	121,48	537,04	415,56
−25,451	2,0	0,0017821	0,21944	138,54	545,75	407,21

R290 (Propan, C_3H_8)

Aufgabe 5.2 Berechnung des Dampfdrucks von R600a

Schätzen Sie den Dampfdruck des Kältemittels bei einer Temperatur von $+10$ °C ab. Verwenden Sie hierzu die Clausius-Clapeyron-Gleichung. Zur Abschätzung der spezifischen Verdampfungsenthalpie wenden Sie die Pictet-Trouton-Regel an, die besagt, dass die spezifische molare Verdampfungsentropie einen stoffunabhängigen Wert von $\Delta s_{m,v} = 84$ J/(mol K) besitzt.

Der Normalsiedepunkt von R600a beträgt für $p = 1{,}013$ bar $\vartheta_s = -11{,}8$ °C. Die Molmasse beträgt $M = 58{,}122$ g/mol.

Aufgabe 5.3 Dreisterne-Kühlschrank

Ein einfacher Prozess zur Kälteversorgung eines Dreisternekühlschranks ist in Abb. 5.27 dargestellt. Die Umgebungstemperatur des Kühlschranks betrage $+20\,°C$, die Verdampfertemperatur im Verdampfer V_1 $0\,°C$, die in Verdampfer V_2 $-20\,°C$. Die Verflüssigertemperatur sei $+40\,°C$. Das Kältemittel ist R290. Die Kühllast der tieferen Stufe wird in Verdampfer V_2 aufgenommen und betrage 400 W. Die wärmere Stufe nimmt die Kühllast 200 W im Verdampfer V_1 auf.

Zeichnen Sie den Prozessverlauf in ein $\log p, h$-Diagramm und bestimmen Sie die Massenströme. Wie hoch ist die Leistungsaufnahme des Verdichters?

Abb. 5.27 Dreisterne-Kühlschrank

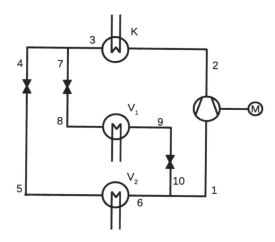

Aufgabe 5.4 Sauggaskühlung

Eine Wärmepumpe (R134a, Kühllast 10 kW, Verdampfertemperatur $-10\,°C$, Überhitzung 5 K, Verflüssigertemperatur $50\,°C$) ist mit einem halbhermetischen Verdichter ausgestattet. Der Motor des Verdichters gibt einen angenommenen Wärmestrom von 1 kW an das Sauggas ab. Der isentrope Verdichterwirkungsgrad beträgt $\eta_{sV} = 0{,}8$.

Bestimmen Sie die erforderliche Antriebsleistung des Verdichters, die vom Motor aufgenommene elektrische Leistung und den Wirkungsgrad des Motors.

Aufgabe 5.5 Trockeneisherstellung

Trockeneis kann mittels eines dreistufigen Kaltdampfkompressionsprozesses hergestellt werden. Ein Verfahrensschema hierzu ist in Abb. 5.25 dargestellt. Bei Wahl der Druckstufen 1 bar, 6 bar, 20 bar und 60 bar werden Zustandspunkte eingenommen, die im $\log p, h$-Diagramm gem. Abb. 5.26 dargestellt sind. Die ermittelten Daten sind in der Zustandstabelle 5.3 zusammengefasst. In dem Prozess wird flüssiges Kältemittel (Zustand 14) mit einem Druck von 6 bar isenthalp bis zum Druck 1 bar gedrosselt. Der Massenstrom betrage 1,0 kg/s. Berechnen Sie

- den Durchsatz aller im Prozess beteiligten Stoffströme
- den Leistungsbedarf der drei Verdichterstufen
- die in den Zwischenkühlern abzuführende Wärme
- den spezifischen Energiebedarf je kg erzeugtem Trockeneis.

Verwenden Sie die Daten der Zustandstabelle gem. Tab. 5.3.

Aufgabe 5.6 Hochtemperatur-Wärmepumpe
Eine Wärmepumpe arbeitet mit dem Arbeitsmedium Pentan R601. Das Schema der einstufigen Anlage ist in Abb. 5.28 dargestellt. Die Wärmezufuhr erfolgt in zwei Wärmeübertragern, von denen im ersten die Verdampfung stattfindet, in dem zweiten die Überhitzung des Arbeitsmediums. Dieses weist eine thermodynamische Besonderheit auf, nämlich dass die Isentropen im $\log p, h$-Diagramm steiler verlaufen als die Gleichgewichtslinie. Eine etwaige Verdichtung von Sattdampf würde unweigerlich in das Nassdampfgebiet führen. Aus diesem Grund ist eine ausreichende Überhitzung sicherzustellen.

Abb. 5.28 Hochtemperatur-Wärmepumpe

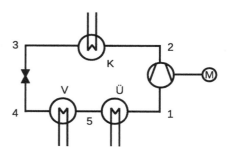

Die Ablauftemperatur aus dem Verflüssiger beträgt 120 °C, die Verdampfertemperatur +40 °C. Die Verdichtung erfolge isentrop.

Berechnen Sie die erforderliche Ansaugtemperatur ϑ_1, die bezogenen Wärmen in Verdampfer und Überhitzer, die bezogene technische Arbeit im Verdichter sowie die Leistungsziffer $\varepsilon_{\mathrm{WP}}$ der Wärmepumpe.

5.4.2 Lösungen

Lösung 5.1 Berechnung der Verdampfungsenthalpie
Die individuelle Gaskonstante wird unter Anwendung des idealen Gasgesetzes berechnet:

$$R = \frac{p_1 v_1''}{T_1} = \frac{10^5 \cdot 0{,}41898}{273{,}15 - 42{,}412} = 181{,}58\,\mathrm{J/(kg\,K)}$$

Die Integration liefert

$$\int \frac{1}{p}\mathrm{d}p = \frac{\Delta h_v}{R} \int \frac{1}{T^2}\mathrm{d}T \tag{5.30}$$

$$[\ln p]_1^2 = \frac{\Delta h_v}{R}\left[-\frac{1}{T}\right]_1^2 \tag{5.31}$$

$$\ln p_2 - \ln p_1 = \frac{\Delta h_v}{R}\left(\left(-\frac{1}{T_2}\right)-\left(-\frac{1}{T_1}\right)\right) \tag{5.32}$$

$$\ln \frac{p_2}{p_1} = \frac{\Delta h_v}{R}\left(\frac{1}{T_1}-\frac{1}{T_2}\right) \tag{5.33}$$

Durch Auflösung des Ausdrucks nach der spezifischen Verdampfungsenthalpie wird erhalten

$$\Delta h_v = R \cdot \ln \frac{p_2}{p_1} \cdot \left(\frac{1}{T_1}-\frac{1}{T_2}\right)^{-1}$$

$$= 181{,}58 \cdot \ln\left(\frac{2}{1}\right) \cdot \left(\frac{1}{230{,}738}-\frac{1}{247{,}699}\right)^{-1} \tag{5.34}$$

$$= 424{,}1 \cdot 10^3\,\mathrm{J/kg}$$

Im betrachteten Druckintervall variiert der Wert der spezifischen Verdampfungsenthalpie zwischen den Werten 407,2 kJ/kg und 425,9 kJ/kg. Die Clausius-Clapeyron-Gleichung kann damit für praktische Abschätzungen verwendet werden, genaue Zahlen werden durch die Gleichung nicht geliefert.

Lösung 5.2 Berechnung des Dampfdrucks von R600a
Für den Normalsiedepunkt sind die Daten mit $\vartheta_1 = -11{,}8\,°C$ bzw. $T_1 = 261{,}35\,K$ angegeben. Gesucht ist der Dampfdruck p_2 bei der Temperatur $T_2 = 283{,}15\,K$.

Zur Anwendung der Clausius-Clapeyron-Gleichung wird neben diesen Daten die individuelle Gaskonstante R und die spezifische Verdampfungsenthalpie Δh_v benötigt. Die individuelle Gaskonstante folgt aus der universellen Gaskonstanten über

$$R = \frac{R^*}{M} = \frac{8{,}3145\,\mathrm{J/(mol K)}}{58{,}122 \cdot 10^{-3}\,\mathrm{kg/mol}} = 143{,}05\,\mathrm{J/(kg\,K)} \tag{5.35}$$

Die spezifische Verdampfungsentropie kann mittels der Pictet-Trouton-Regel geschätzt werden:

$$\Delta s_v = \frac{\Delta s_{m,v}}{M} = \frac{84\,\mathrm{J/(mol K)}}{58{,}122 \cdot 10^{-3}\,\mathrm{kg/mol}} = 1445\,\mathrm{J/(kg\,K)} = 1{,}445\,\mathrm{kJ/(kg\,K)}. \tag{5.36}$$

Spezifische Verdampfungsentropie und spezifische Verdampfungsenthalpie sind über die Siedetemperatur verknüpft

$$\Delta h_v = T_s \cdot \Delta s_v = 261{,}35\,\text{K} \cdot 1{,}445\,\text{kJ/(kg\,K)} = 377{,}71\,\text{kJ/kg} \tag{5.37}$$

Die Clausius-Clapeyron-Gleichung in der bereits integrierten Form lautet

$$\ln\frac{p_2}{p_1} = \frac{\Delta h_v}{R}\left(\frac{1}{T_1} - \frac{1}{T_2}\right) \tag{5.38}$$

woraus durch Umstellung erhalten wird

$$p(T) = p_1 \exp\left\{\frac{\Delta h_v}{R}\left(\frac{1}{T_1} - \frac{1}{T_2}\right)\right\} \tag{5.39}$$

Einsetzen der gefundenen Werte liefert

$$p_2(283\,\text{K}) = 1{,}013 \exp\left\{\frac{377{,}71}{143{,}05}\left(\frac{1}{261{,}35} - \frac{1}{283{,}15}\right)\right\} \tag{5.40}$$

mit dem Ergebnis

$$p_2(10\,^\circ\text{C}) = 2{,}205\,\text{bar} \tag{5.41}$$

Dieser Wert stimmt mit tabellierten Werten (2,206 bar) sehr gut überein.

Lösung 5.3 Dreisterne-Kühlschrank
Der Prozess umfasst eine einstufige Verdichtung sowie zwei parallel geschaltete Expansionen, von denen eine gestuft verläuft und zunächst ein Zwischendruckniveau erreicht. Die angegebenen Verdampfer- bzw. Verflüssigertemperaturen führen zu den drei Druckstufen des Prozesses, die mit $p_1 = 2{,}44$ bar, $p_2 = 13{,}69$ bar und $p_8 = 4{,}74$ bar angegeben werden können. Das Druckverhältnis des Verdichters beträgt $\Pi = 5{,}6$, einem für Kolbenverdichter akzeptablen Wert. Im log p, h-Diagramm wird der Zustandspunkt 3 (Verflüssigeraustritt) durch Schnittpunkt der $p = p_1$-Linie mit der linken Grenzkurve (Siedelinie, $x = 0$) gefunden. Da die Zustände 8 und 5 jeweils durch isenthalpe Drosselung erreicht werden, sind die dazugehörigen Enthalpien leicht zu ermitteln. In den Verdampfern wird das Kältemittel jeweils vollständig verdampft. Die Zustände 6 und 9 werden durch Schnittpunkt der Isobaren mit der rechten Grenzkurve (Taulinie, $x = 1$) gefunden. Das aus dem Verdampfer V_1 strömende Kältemittel wird zunächst auf Nieder-Druckniveau isenthalp gedrosselt. Damit lassen sich die spezifischen Enthalpien aller Stoffströme bis auf die der Ströme 1 und 2 ermitteln. Die gefundenen Daten sind dem log p, h-Diagramm (vgl. Abb. 5.29) oder auch der Zustandstabelle (Tab. 5.5) zu entnehmen.

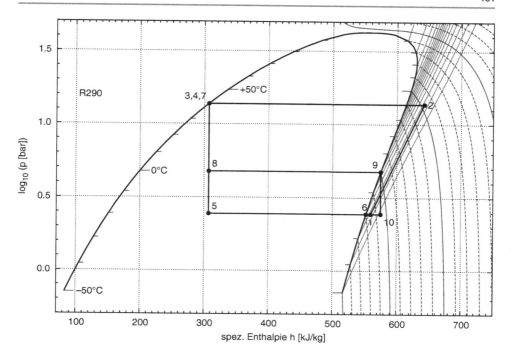

Abb. 5.29 log p, h-Diagramm zum Zweikreis-Kälteprozess (Dreisterne-Kühlschrank)

Tab. 5.5 Zustandstabelle Dreisterne-Kühlschrank

Nr.	p [bar]	ϑ [°C]	x [−]	h [kJ/kg]	s [kJ/kg K]
1	−15,50	2,4452	ü	559,26	2,4278
2	52,69	13,6940	ü	642,28	2,4278
3	40,00	13,6940	0,0000	307,15	1,3594
4	40,00	13,6940	0,0000	307,15	1,3594
5	−20,00	2,4452	0,3887	307,15	1,4321
6	−20,00	2,4452	1,0000	552,13	2,3999
7	40,00	13,6940	0,0000	307,15	1,3594
8	0,00	4,7446	0,2860	307,15	1,3925
9	0,00	4,7446	1,0000	574,87	2,3724
10	−5,75	2,4452	ü	574,87	2,4873

R290. ü: überhitzter Dampf

Die beiden Stoffströme 6 und 10 werden zum Stoffstrom 1 vermischt. Die Lage des Zustandspunktes 1 hängt vom Mischungsverhältnis der Ströme 6 und 10 ab. Die Massenströme 4 und 7 folgen aus der Enthalpiebilanz am zugehörigen Verdampfer. Es gilt

$$\dot{Q}_{56} = \dot{m}_4 \cdot (h_6 - h_5) \tag{5.42}$$

$$\dot{Q}_{89} = \dot{m}_7 \cdot (h_9 - h_8) \tag{5.43}$$

woraus die Massenströme berechnet werden können.

$$\dot{m}_4 = \frac{\dot{Q}_{56}}{(h_6 - h_5)} = \frac{0,4\,\text{kW}}{552,13 - 307,15\,\text{kJ/kg}} = 1,63 \cdot 10^{-3}\,\text{kg/s} \tag{5.44}$$

$$\dot{m}_7 = \frac{\dot{Q}_{89}}{(h_9 - h_8)} = \frac{0,2\,\text{kW}}{574,87 - 307,15\,\text{kJ/kg}} = 7,47 \cdot 10^{-4}\,\text{kg/s} \tag{5.45}$$

Der Zustandspunkt wird durch eine Enthalpiebilanz des Bilanzknotens der Stoffströme 6, 10 und 1 gefunden. Es gilt

$$\dot{m}_1 h_1 = \dot{m}_4 h_6 + \dot{m}_7 h_{10} \tag{5.46}$$

gefunden, woraus die spezifische Enthalpie h_1 ermittelt werden kann:

$$h_1 = \frac{\dot{m}_4 h_6 + \dot{m}_7 h_{10}}{\dot{m}_4 + \dot{m}_7} = 559,26\,\text{kJ/kg} \tag{5.47}$$

Die Verdichtung erfolgt entlang der Isentropen durch den Zustandspunkt 1 bis zum Verdichterenddruck p_2. Die Leistungaufnahme des Verdichters beträgt

$$\begin{aligned} P_{12} &= \dot{m}_1 \cdot (h_2 - h_1) = (\dot{m}_4 + \dot{m}_7) \cdot (h_2 - h_1) \\ &= 2,38 \cdot 10^{-3} \cdot (642,28 - 559,26) = 0,1975\,\text{kW} \end{aligned} \tag{5.48}$$

und die Leistungsziffer

$$\varepsilon_{\text{K}} = \frac{\dot{Q}_{56} + \dot{Q}_{89}}{P_{12}} = \frac{0,4 + 0,2}{0,1975} = 3,04. \tag{5.49}$$

Lösung 5.4 Sauggaskühlung

Der Prozessverlauf ist in Abb. 5.30 dargestellt. Der Kältemittelstrom tritt im Zustand 4 als siedende Flüssigkeit mit dem Druck $p_4 = p_{\text{HD}} = 13,18$ bar aus dem Verflüssiger aus und wird isenthalp bis zum Druck $p_5 = p_{\text{ND}} = 2,0$ bar gedrosselt. Im Verdampfer tritt zunächst eine Verdampfung bis zum Sattdampf (Zustand 6), anschließend eine Überhitzung um 5 K (Zustand 1) auf. Nach Einleitung in den halbhermetischen Verdichter wird zunächst die Motorabwärme aufgenommen. Dabei wird ein Zustand 2 eingenommen. Die Verdichtung erfolgt bis zum Druck p_3, wobei aufgrund der Irreversibilitäten nicht der Zustand 3* erreicht wird, sondern der reale Zustand 3. Anschließend erfolgt eine isobare Abkühlung bis zum Siedezustand 4.

Zur Berechnung des Massenstroms ist zu beachten, dass die Kühllast $\dot{Q}_K$ zwischen den Zuständen 5 und 1 aufgenommen wird. Der Massenstrom folgt aus

$$\dot{Q}_K = \dot{m} \cdot (h_1 - h_5) \tag{5.50}$$

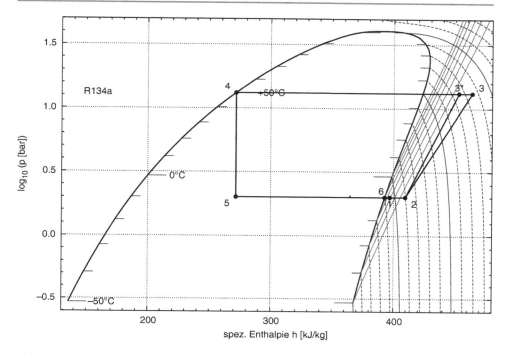

Abb. 5.30 log p, h-Diagramm zum einstufigen Kälteprozess mit Sauggaskühlung

Die spezifische Enthalpie h_1 kann, da es sich um eine geringe Überhitzung handelt, mit hinreichender Näherung über $h_1 = h'' + c_p \cdot (\vartheta_1 - \vartheta_s(p_6))$ berechnet werden mit $c_p = 0{,}851\,\text{kJ/(kg K)}$ (vgl. Tab. 11.13). Die spezifische Enthalpie h_5 wird wie beim einstufigen Basisprozess leicht gefunden:

$$h_5 = h_4 = h'(p_\text{HD}) = 271{,}62\,\text{kJ/kg} \tag{5.51}$$

Der Massenstrom wird nach der Größe der Kühllast bemessen:

$$\dot{m} = \frac{\dot{Q}_K}{h_1 - h_5} = \frac{10}{396{,}92 - 271{,}62} = 79{,}81 \cdot 10^{-3}\,\text{kg/s} \tag{5.52}$$

Die Aufnahme der Motorabwärme führt zur Enthalpie h_2:

$$h_2 = h_1 + \frac{\dot{Q}_{12}}{\dot{m}} = 396{,}92 + \frac{1{,}0}{79{,}81 \cdot 10^{-3}} = 409{,}45\,\text{kJ/(kg K)} \tag{5.53}$$

Ausgehend vom Zustandspunkt 2 erfolgt die Ermittlung des Zustandspunktes 3*, der bei isentroper Prozessführung ($s_{3*} = s_2$) eingenommen wird. Durch Konstruktion im log p, h-Diagramm wird der Zustandspunkt mit $h_{3*} = 452{,}84\,\text{kJ/kg}$ ermittelt. Hierdurch

Tab. 5.6 Zustandstabelle Sauggaskühlung

Nr.	p [bar]	ϑ [°C]	x [−]	h [kJ/kg]	s [kJ/kg K]
1	−5,0	2,006	ü	396,93	1,7494
2	9,7	2,006	ü	409,45	1,7949
3*	75,5	13,179	ü	452,84	1,7949
3	85,4	13,179	ü	463,69	1,8256
4	50,0	13,179	0	271,62	1,2375
5	−10,0	2,006	0,412	271,62	1,2734
6	−10,0	2,006	1	392,66	1,7334

R134a. ü: überhitzter Dampf; Daten berechnet mit RefProp 8.0

ist die bezogene technische Arbeit $w_{t,23*}$ festgelegt:

$$w_{t,23*} = h_{3*} - h_2 = 452{,}84 - 409{,}45 = 43{,}39\,\text{kJ/kg} \tag{5.54}$$

Die wahre technische Arbeit beträgt unter Berücksichtigung des isentropen Verdichterwirkungsgrades η_{sV}

$$w_{t,23} = \frac{w_{t,23*}}{\eta_{sV}} = \frac{43{,}39}{0{,}8} = 54{,}23\,\text{kJ/kg} \tag{5.55}$$

Dies bestimmt die Antriebsleistung des Verdichters

$$P_{12} = \dot{m} \cdot w_{t,23} = 79{,}81 \cdot 10^{-3} \cdot 54{,}23 = 4{,}33\,\text{kW} \tag{5.56}$$

Die vom Motor aufgenommene elektrische Leistung entspricht der Summe aus Wellenleistung und Verlustwärme

$$P_{\text{el.}} = P_{12} + \dot{Q}_{\text{Verlust}} = 4{,}33 + 1{,}0 = 5{,}33\,\text{kW} \tag{5.57}$$

Der Wirkungsgrad des Motors stellt den Quotienten aus Nutzleistung und zugeführter Leistung dar:

$$\eta = \frac{P_{12}}{P_{\text{el.}}} = \frac{4{,}33}{5{,}33} = 0{,}81 \tag{5.58}$$

Lösung 5.5 Trockeneisherstellung

Bei der Drosselung von siedender Flüssigkeit im Zustand 14 auf den Druck 1 bar entsteht ein Zweiphasengemisch aus Trockeneis und Sattdampf. Der Dampfanteil beträgt $x_{15} = 0{,}414$. Es entstehen damit

$$\dot{m}_{17} = (1 - x_{15}) \cdot \dot{m}_{14} = 0{,}586\,\text{kg/s} \tag{5.59}$$

Trockeneis. Frischgas (Strom 1) muss mit diesem Massenstrom ersetzt werden und mit dem Sattdampf $\dot{m}_{16} = 0{,}414\,\text{kg/s}$ vermischt werden. Der Verdichter V1 saugt damit Arbeitsmedium mit $\dot{m}_2 = 1\,\text{kg/s}$ an. Der Verdichter V1 nimmt die Leistung

$$P_{23} = \dot{m}_2 \cdot (h_3 - h_2) = 1 \cdot (573{,}63 - 468{,}86) = 104{,}77\,\text{kW} \tag{5.60}$$

auf. Das Arbeitsmedium verlässt den Verdichter V1 mit einem Druck von 6 bar und einer Temperatur von $\vartheta_3 = 104{,}54\,°\text{C}$. Die Zwischenkühlung erfolgt bis zur Temperatur $\vartheta_4 = 20\,°\text{C}$. Der dabei übertragene Wärmestrom beträgt

$$\begin{aligned}
Q_{45} &= \dot{m}_2 \cdot c_\text{p} \cdot (\vartheta_4 - \vartheta_3) = \dot{m}_2 \cdot (h_4 - h_3) \\
&= 1\,(496{,}67 - 573{,}68) = -76{,}96\,\text{kW}.
\end{aligned} \tag{5.61}$$

Der Massenstrom des Verdichters V2 wird aus einer Enthalpiebilanz um das Teilsystem Mitteldruckflasche gewonnen.

$$\dot{H}_4 - \dot{H}_{14} + \dot{H}_{13} - \dot{H}_5 = 0 \tag{5.62}$$

was wegen $\dot{m}_2 = \dot{m}_4$ geschrieben werden kann als:

$$\dot{m}_2 \cdot (h_4 - h_{14}) = \dot{m}_5 \cdot (h_5 - h_{13}) \tag{5.63}$$

Der Massenstrom des Verdichters V2 beträgt damit

$$\dot{m}_5 = \frac{h_4 - h_{14}}{h_5 - h_{13}} \cdot \dot{m}_2 = \frac{496{,}67 - 86{,}80}{431{,}65 - 155{,}52} \cdot 1 = 1{,}484\,\text{kg/s} \tag{5.64}$$

Die Leistung beträgt

$$P_{56} = \dot{m}_5 \cdot (h_6 - h_5) = 1{,}484 \cdot (484{,}19 - 431{,}65) = 77{,}97\,\text{kW} \tag{5.65}$$

Analog zur Bilanzierung der Mitteldruckflasche kann aus der Bilanz um den Wärmeübertrager, der die beiden in Kaskadenschaltung befindlichen Kühlkreise verbindet, der Massenstrom des oberen Kreises ermittelt werden. Ein Vergleich der spezifischen Enthalpien zeigt, dass die Zustandspunkte 6 und 7 sehr dicht beieinander liegen. Aus diesem Grund kann der Zwischenkühler ZK2 entfallen. In der Bilanz um den Wärmeübertrager muss dies berücksichtigt werden, in dem statt des Zustandspunktes 7 der Zustandspunkt 6 eingesetzt wird.

$$\dot{m}_8 = \frac{h_6 - h_{12}}{h_8 - h_{11}} \cdot \dot{m}_5 = \frac{484{,}19 - 155{,}52}{436{,}85 - 262{,}85} \cdot 1{,}484 = 2{,}771\,\text{kg/s} \tag{5.66}$$

Damit kann auch die Leistung des Verdichters V3 angegeben werden.

$$P_{89} = \dot{m}_8 \cdot (h_9 - h_8) = 2{,}771 \cdot 483{,}97 - 436{,}85 = 130{,}92\,\text{kW} \tag{5.67}$$

Die Gesamtleistung setzt sich additiv aus den Einzelleistungen der Verdichter zusammen und beträgt

$$P_{\text{ges}} = P_{23} + P_{56} + P_{98} = 104{,}77 + 77{,}97 + 130{,}92 = 313{,}66\,\text{kW} \tag{5.68}$$

Dem Produktstrom von 2109,6 kg/h steht ein Energiebedarf von 313,66 kWh/h gegenüber. Der Quotient dieser Größen ist der spezifische Energiebedarf, der mit 313,66/ 2109,6 = 0,148 kWh/kg angegeben werden kann.

Lösung 5.6 Hochtemperatur-Wärmepumpe

Die Besonderheit des Prozesses bei Verwendung des Kältemittels R601 Pentan besteht darin, dass der Verlauf der Isentropen im log p, h-Diagramm steiler verläuft als die rechte Grenzkurve (Taulinie). Eine isentrope Verdichtung von Sattdampf unter praktischen Bedingungen führt in das Nassdampfgebiet. Eine Ausnahme würde auftreten, wenn der Startpunkt der Verdichtung bei sehr hohen Temperaturen (oberhalb $\vartheta > 170\,°\text{C}$) liegen würde. Ein derartiger Startpunkt ist aber nicht praxisrelevant. Konventionelle Verdichter würden durch Flüssigkeitsschläge zerstört werden. Evtl. sind ölgekühlte Schraubenverdichter begrenzt geeignet, derartige Verdichtung im Nassdampfgebiet vorzunehmen. Die spezielle Lage der Isentropen im log p, h-Diagramm ist eine Eigenschaft des Kältemittels Pentan.

Zerstörungen des Verdichters können vermieden werden, wenn das Sauggas vor Einleitung in den Verdichter hinreichend überhitzt wird. Bei der Konstruktion im log p, h-Diagramm kann dieser Zustandspunkt dadurch gefunden werden, in dem diejenige Isentrope, die durch den Verdichteraustrittspunkt (2) führt, mit der Isobaren durch den Ansaugzustand (1) zum Schnitt gebracht wird. Der Prozess ist in Abb. 5.31 dargestellt, eine Zustandstabelle in Tab. 5.7.

Die zur Überhitzung des Arbeitsmediums erforderliche Wärme trägt zur Kühllast bei. Hierbei ist zu beachten, dass die Wärme nicht vollständig bei der Verdampfertemperatur $\vartheta_4 = 40\,°\text{C}$ aufgenommen wird, sondern teilweise bei der Überhitzerendtemperatur $\vartheta_1 = 66{,}6\,°\text{C}$. Damit für den Wärmeübergang eine ausreichende Temperaturdifferenz zur Verfügung steht, muss die Temperatur des externen Mediums z. B. +80 °C betragen. Die

Tab. 5.7 Zustandstabelle Hochtemperaturwärmepumpe

Nr.	p [bar]	ϑ [°C]	x [−]	h [kJ/kg]	s [kJ/kg K]
1	1,16	66,55	ü	694,96	2,5940
2	9,07	120,00	1	773,09	2,5940
3	9,07	120,00	0	501,95	1,9044
4	1,16	40,00	0,593	501,95	1,9840
5	1,16	40,00	1	646,25	2,4448

R601. ü: überhitzter Dampf

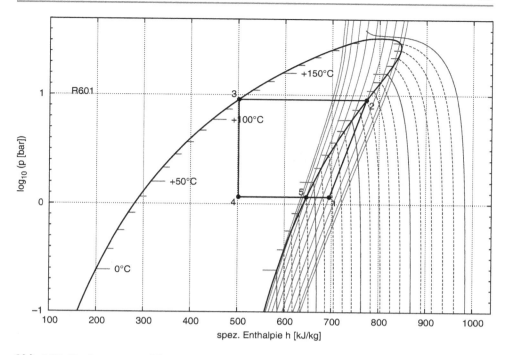

Abb. 5.31 Hochtemperatur-Wärmepumpenprozess (Pentan R601)

Verflüssigertemperatur beträgt durchgängig $+120\,°C$. Es sollte damit ohne Problem möglich sein Wärme an ein Medium der Temperatur $+110\,°C$ abzugeben.

Nach Festlegung der Zustandspunkte kann die Leistungsziffer der Wärmepumpe direkt angegeben werden.

$$\varepsilon_W = \frac{\dot{Q}_{23}}{P_{12}} = \frac{h_2 - h_3}{h_2 - h_1} = \frac{773,09 - 501,95}{773,09 - 694,96} = 3,47 \tag{5.69}$$

Eine derartige Wärmepumpe ist geeignet, die Abwärme aus Kühlwasser eines Blockheizkraftwerks, also eines motorbetriebenen Kraftwerks, auf die Temperatur eines Fernwärmenetzes mit erhöhter Temperatur zu übertragen. Für Wärmepumpen dieser Betriebsweise wurde früher der Begriff „Wärmetransformator" geprägt.

Literatur

[Bae95] Baehr, H.-D.;Tillner-Roth, R.;
Thermodynamische Eigenschaften umweltverträglicher Kältemittel.
Zustandsgleichungen und Tafeln für Ammoniak, R22, R134a, R152a und R123.
1995. Springer Verlag.

[Bae96]   Baehr, H.-D.;
           Thermodynamik.
           9. Auflage 1996. Springer Verlag.

[Dre92]   Drees, H.; Zwicker, A.; Neumann, L.;
           Kühlanlagen.
           15. Auflage 1992. Verlag Technik GmbH, Berlin, München.

[Fac64]   Fachgemeinschaft Kältemaschinen im VDMA
           und der Verband deutscher Kältefachleute e. V.;
           Lehrbuch der Kältetechnik.
           2. Auflage 1964. Verlag C. F. Müller, Karlsruhe.

[Her07]   Herr, H.;
           Tabellenbuch Wärme – Kälte – Klima.
           4. Auflage 2007. Verlag Europa-Lehrmittel, Haan.

[Hoe60]   Hoechst AG.;
           Frigen.
           1960. Firmenschrift Hoechst AG, Frankfurt/Main.

[Jun85]   Jungnickel, H.; Agsten, R.; Kraus, E.;
           Grundlagen der Kältetechnik.
           2. Auflage, 1985. VEB Verlag Technik, Berlin.

[Lan01]   Langeheinecke, K. (Hrsg.); Jany, P.; Sapper, E.;
           Thermodynamik für Ingenieure.
           3. Aufl. 2001. F. Vieweg u. Sohn Verlagsges., Braunschweig.

[Pet95]   Petz, M. u. a.;
           Kohlenwasserstoffe als Kältemittel.
           Neue Kältemittelalternativen für die Kälte- und Wärmepumpentechnik.
           1995. Expert Verlag, Renningen-Malmsheim.

[Rei08]   Reisner, K.;
           Fachwissen Kältetechnik.
           4. Auflage, 2008. C. F. Müller Verlag, Heidelberg.

[Sch09]   Schädlich, S. (Hrsg.);
           Kälte-Wärme-Klima-Taschenbuch 2010.
           2009. C. F. Müller Verlag, Hüthig GmbH, Heidelberg.

[Ste52]   Stettner, H.;
           Kälteanlagen.
           1952. Markewitz-Verlags GmbH, Darmstadt.

[Ste97]   Steimle, F. (Hrsg.);
           Kälte-Wärme-Klima Taschenbuch.
           1997. C. F. Müller Verlag, Hüthig GmbH, Heidelberg.

[VDI]   VDI-Wärmeatlas.
           10. Auflage 2006. Springer Verlag.

Maschinentechnik

Zum Aufbau von Kaltdampfkälteanlagen werden mechanische Verdichter eingesetzt. Im vorliegenden Kapitel Maschinentechnik werden einige der gängigsten Verdichterbauarten und deren Funktion beschrieben. Zusätzlich werden Verdampfer, Verflüssiger und andere Wärmeübertrager eingesetzt. Die für die Dimensionierung der Wärmeübertrager erforderlichen Zusammenhänge werden anhand von Temperaturschemata und Berechnungsgleichungen erläutert.

6.1 Kältekompressoren

6.1.1 Verdichterbauarten

Für den Einsatz in Kaltdampfkompressionskälteanlagen wurden in den vergangenen 100 Jahren, in denen Kälteanwendungen im Einsatz sind, verschiedene Hauptbauformen entwickelt:

- Kolbenverdichter
- Schraubenverdichter
- Turboverdichter
- Scrollverdichter

Die Aufgabe aller Verdichterbauarten besteht darin, Kältemittel auf niedrigem Druckniveau anzusaugen und auf hohem Druckniveau abzugeben. Hierbei sollen gute isentrope Verdichterwirkungsgrade erreicht werden. Ferner spielen auch weitere Eigenschaften eine Rolle, wie z. B. das Einsatzgewicht oder auch die Schallentwicklung. Eine wesentliche Eigenschaft aller Verdichter ist die Dauergebrauchsfähigkeit. Kompressoren sind nicht selten 20 Jahre lang im Einsatz. Es wird eine extrem hohe Verfügbarkeit dieser Komponente erwartet.

© Springer-Verlag Berlin Heidelberg 2016
J. Dohmann, *Thermodynamik der Kälteanlagen und Wärmepumpen*,
DOI 10.1007/978-3-662-49110-2_6

6.1.2 Kolbenverdichter

Kolbenverdichter-Prinzip Kolbenverdichter verfügen über einen oder mehrere Zylinder, die gemeinsam an einer Kurbelwelle befestigt sind. Am oberen Ende des Zylinders befindet sich eine sog. Ventilplatte, in der sich Einlass- und Auslassbohrungen befinden. Als Ventile haben sich dünne Ventillamellen (siehe Abb. 6.1) aus einem Federstahl etabliert, die mit Federkraft die Bohrungen verschließen. Sobald eine hinreichende Druckdifferenz zwischen den beiden Seiten der Ventile vorhanden ist heben diese von den Bohrungen ab und das Kältemittel kann durch die Bohrungen in der gewünschten Richtung hindurchtreten.

Am Zylinderkopf befinden sich ferner Kanäle, an denen sich die Niederdruckzuleitung und die Hochdruckableitung befinden.

Maschinenbauart Für einfache Anwendungen kommen einfache Einzylinder-Kolbenkompressoren zum Einsatz. Auch wenn der Kälteprozess einstufig ist, macht es bei größeren Kälteleistungen Sinn, den Kompressor einstufig mit mehreren Zylindern auszustatten. Dies wirkt sich beispielsweise günstig auf den zeitlichen Drehmomentenverlauf aus. Bei zweistufigen Kälteprozessen sind unterschiedliche Verdichtungsvorgänge erforderlich, und zwar von ND-Druck bis zum Zwischendruck und in einer weiteren Stufe vom Zwischendruck zum HD-Druck. Bei zweistufigen Prozessen sind in der Regel die Massenströme an den Ansaugstutzen einer jeden Stufe unterschiedlich. Außerdem ist aufgrund der unterschiedlichen Drücke und Temperaturen das spezifische Volumen des Kältemittels unterschiedlich. Dies erfordert bei der Dimensionierung der Zylinder in Bezug auf Hub und Durchmesser eine sorgfältige Auslegung, da ja beide Stufen in der Lage sein müssen, die geforderten Volumenströme durchzusetzen. Dies kann z. B. dazu führen, dass die

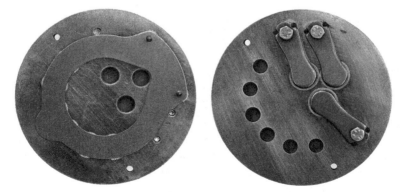

Abb. 6.1 Ventilplatte eines Kolbenverdichters. In der *linken Bildhälfte* ist die Plattenunterseite mit dem Einlassventil dargestellt, in der *rechten Bildhälfte* die Oberseite mit den Auslassventilen. Die Auslassventile sind mit Hubbegrenzern versehen

Abb. 6.2 Schnittzeichnung eines Kolbenverdichters in halbhermetischer Bauweise. Bauart Bitzer Typ 4NES. 4 Zylinder, V-Anordnung. Mit freundlicher Genehmigung Bitzer Kühlmaschinenbau GmbH, Sindelfingen

ND-Verdicherstufe mit zwei Zylindern und die HD-Stufe mit einem Zylinder ausgeführt werden.

Sofern mehrere Zylinder beteiligt sind kommen auch verschiedene Varianten in Frage, wie dies in einer einzelnen Maschine zu realisieren ist. Die Tatsache, dass ein Kälteprozess zweistufig ist, setzt nicht voraus, dass zwei Kompressoren zum Einsatz kommen. In den meisten Fällen werden zweistufige Prozesse durch Einsatz von Mehrzylinder-Kompressoren realisiert. Dies erlaubt die Verwendung eines einzigen Antriebsmotors. Kombinationen von Kompressoren kommen erst dann zum Einsatz, wenn sehr große Kälteleistungen erzeugt werden. Hierzu existieren verschiedene Grundformen (vgl. [Dre92], S. 151):

- *Reihenbauweise:* In der Reihenbauweise sind alle Kolben des Kompressors an einer Kurbelwelle befestigt. Je Pleuel verfügt die Kurbelwelle über eine Kröpfung.
- *V-Kompressoren:* Die Kolben des Kompressors sind z. B. um 90° gegeneinander versetzt. Dies ist günstig zum Ausgleich von Massenkräften der Kolbenmaschine. Je zwei Pleuel befinden sich an einer Kröpfung der Kurbelwelle (vgl. Abb. 6.2).
- *W-Kompressoren:* Bei dieser Bauart des Kompressors befinden sich drei Pleuel an einer Kröpfung der Kurbelwelle. Die Kolben bewegen sich in Richtungen, die jeweils um 90° versetzt sind.

Abdichtung Kälte-Kompressoren müssen über eine hohe Dichtigkeit verfügen, um während des Dauerbetriebs das Kältemittel nicht zu verlieren. Trotzdem muss bei Wartungen der Kältemittelstand regelmäßig überprüft werden. Nur in seltenen Fällen sind an die Art der Abdichtung geringe Anforderungen zu stellen, und zwar dann, wenn der Verlust des Kältemittels ohne nachteilige Auswirkung ist. Ein Beispiel ist die Kühlung von Flüssiggasen auf Seeschiffen. Hier wird der verlorene Kältemitteldampf in Verbrennungsmotoren eingesetzt, die ihrerseits die Kältemaschinen antreiben. Ein anderes Beispiel ist die Verflüssigung von Gärkohlensäure in Brauereien.

Die Art der Abdichtung ist ebenfalls ein Kennzeichen des Kältekompressors:

- *Offene Bauart/Zylinderabdichtung:* Bei der offenen Bauart mit Zylinderabdichtung ist der Zylinder gegen Kältemittelaustritt geschützt. Neben der guten Abdichtung des Zylinderkopfes ist auch eine gute Abdichtung des Kolbens erforderlich. Dies wird erreicht durch den Einbau eines sog. Kreuzkopfes. Bei Verdichtern mit einem Kreuzkopf ist der Kolben nicht direkt mit der Kurbelwelle verbunden. Stattdessen existiert ein Bauteil – der Kreuzkopf –, das auf der einen Seite mit einer Stange mit dem Kolben verbunden ist, auf der anderen Seite mit einem Pleuel mit der Kurbelwelle. Die Verbindungsstange zwischen Kreuzkopf und Kolben bewegt sich immer in der gleichen Bahn und kann mit einer Stopfbuchse abgedichtet werden. Das Kurbelgehäuse ist damit frei vom Kältemittel.
- *Offene Bauart/Wellenabdichtung:* Bei dieser Art der Abdichtung ist das Kurbelgehäuse mit Kältemitteldampf gefüllt. Zum Druckausgleich muss das Kurbelgehäuse z. B. mit der Ansaugleitung des Verdichters verbunden sein. Die Abdichtung des Kurbelgehäuses erfolgte früher mit einer Stopfbuchse, heute sind ausschließlich Gleitringdichtungen im Einsatz. Offene Verdichter besitzen den Vorteil, dass sie mit beliebigen Antrieben verbunden werden können. Beispielsweise sind Riemenantriebe beliebt, weil sich über die Wahl der Riemenscheibendurchmesser leicht Drehzahlanpassungen vornehmen lassen.
- *Halbhermetische Verdichter:* Bei halbhermetischen Verdichtern befindet sich der Kompressor in einem Gehäuse, der Antriebsmotor in einem weiteren Gehäuse. Motor und Kompressor werden direkt gekuppelt. Beide Gehäuse werden miteinander gasdicht verschraubt. Bei dieser Bauart treten keine Dichtigkeitsprobleme mit beweglichen Teilen auf. Allerdings befindet sich der Motor in einem direkten Kontakt mit dem Kältemittel. Dies schränkt z. B. die Auswahl der Kältemittel ein, da diese z. B. mit den Motorwicklungen bzw. dessen Lackierung kompatibel sein müssen. Die Verwendung von R717 Ammoniak erlaubt z. B. keinen direkten Kontakt mit Buntmetallen.
- *Hermetische Verdichter:* Bei hermetischen Verdichtern werden Kompressoren einschließlich des Motors in einen Stahlbehälter eingebaut, der anschließend gasdicht verschweisst wird. Diese Bauart wird vor allem im Bereich der Kleinkälteanlagen und -wärmepumpen verwendet.

Maschinenkühlung Die Kältemaschine, also die Einheit aus Kompressor und Motor muss bzw. sollte aus verschiedenen Gründen gekühlt werden. Insbesondere ist es für den Kompressionsvorgang vorteilhaft, wenn statt einer adiabaten Kompression eine Kompression mit Wärmeabfuhr erfolgt. Kolbenmaschinen verwenden hierzu eine indirekte Kühlmöglichkeit, und zwar die Kühlung der Kolbenunterseite durch Schmieröle. Diese Möglichkeit scheidet bei der Verdichtung mittels Kreuzkopfverdichter aus! Ebenfalls wird die Luft- bzw. Wasserkühlung der Zylinder und der Zylinderköpfe durchgeführt.

Eine weit verbreitete Möglichkeit der Kühlung des Motors wird bei hermetischen und halbhermetischen Verdichtern eingesetzt, der sog. Sauggaskühlung. In diesem Fall wird Dampf aus dem Verdampfer vor Eintritt in den Kompressor mit dem Motor in Kontakt gebracht. Dieses Verfahren ist zwar geeignet den Motor ausreichend zu kühlen, bringt aber den Nachteil ein, dass das Sauggas erwärmt wird. Dadurch nimmt das spezifische Volumen zu und der Massenstrom des Saugstroms nimmt bei gleichbleibendem Volumenstrom ab. Dies ist bei der Auslegung des Kompressors zu berücksichtigen. Die maximale Kühllast der Kälteanlage nimmt hierdurch ab.

Speziell im großen Leistungsbereich werden daher gerne offene Verdichter verwendet, da in diesem Fall der Motor fremdgekühlt werden kann.

Schmierung Kolbenkompressoren müssen wie alle Kolbenmaschinen geschmiert werden. Hierzu wird in das Sauggas des Kompressors eine stetige Ölmenge eingespritzt. Das Öl gelangt mit dem Kältemittel zur Hochdruckseite, wo es in einer speziellen Baugruppe, dem Ölabscheider abgeschieden wird. Vom Ölabscheider, der sich auf HD-Druckniveau befindet, gelangt das Öl über eine Dosiereinheit wieder zum Ansaugteil des Kompressors. Eine eigene Ölpumpe ist in den meisten Fällen nicht erforderlich, da der Druckunterschied zwischen HD- und ND-Seite für den Öltransport ausreichend ist. Ein weiterer Teil des Öls gelangt als Lecköl über den Spalt zwischen Zylinder und Kolben in das Kurbelgehäuse. Im Kurbelgehäuse befindet sich üblicherweise ein freier Flüssigkeitsspiegel. Die Kurbelwelle bzw. die Gewichte zum Massenausgleich schleudern im Betrieb das Öl in Richtung der Pleuel und der Kolbenunterseite.

Als Schmierstoffe kommen synthetische Öle zum Einsatz. Bei der Auswahl muss auf die Verträglichkeit des Kältemittels mit dem Öl geachtet werden. Das Öl ist in regelmäßigen Intervallen zu wechseln.

Im Kurbelgehäuse wird eine elektrische Begleitheizung installiert. Diese dient dazu, die Temperatur des Öls anzuheben und dadurch die Löslichkeit des Kältemittels im Schmiermittel abzusenken. Ansonsten kann es beim Starten der Kälteanlage zu einer Schaumbildung kommen, die zu einer Schädigung des Kolbenkompressors führt. Die Begleitheizung ist einige Zeit vor der Inbetriebnahme der Kälteanlage zu starten. Das Kriterium für die Startfreigabe der Kältemaschine ist das Erreichen einer bestimmten Temperatur des Schmierstoffs. Diese sollte in etwa der Schmierstoff-Betriebstemperatur der Anlage entsprechen oder darüber liegen.

Liefergrad Ein Zylinder einer Kolbenmaschine ist durch das Hubvolumen V_H und das Volumen des schädlichen Raums V_S gekennzeichnet. Als schädlichen Raum wird jenes Volumen bezeichnet, das vom Kolben im oberen Totpunkt der Maschine eingeschlossen wird. Das angesaugte Gas wird verdichtet. Beim Erreichen des Gegendrucks öffnen sich die Auslassventile und die Füllung wird ausgeschoben. Dies geschieht nicht vollständig, sondern im schädlichen Raum verbleibt Kältemittel bei hohem Druck.

Bei der Abwärtsbewegung des Kolbens expandiert dieses Gas zunächst. Dieser Teilvorgang wird als Rückexpansion bezeichnet. Der Druck im Kolben sinkt daher langsamer, je größer der schädliche Raum ist. Aus diesem Grund öffnen sich die Einlassventile später. Der Vorgang bewirkt, dass nicht das gesamte Hubvolumen mit Sauggas gefüllt wird, sondern nur ein Teil davon.

Der Vorgang beim Verdichten kann anhand eines p, V-Diagramms (siehe Abb. 6.3) gezeigt werden. Hierzu sei zur Vereinfachung der Erklärung unterstellt, dass sich Kältemittel wie ein ideales Gas verhalten.

Im unteren Totpunkt betrage das Volumen im Zylinder V_1. Im oberen Totpunkt V_3. Zu Beginn befinde sich Gas mit dem Druck p_1 im Zylinder. Für eine adiabate reversible Kompression stehen Volumen und Druck im Zusammenhang. Der Isentropenexponent κ

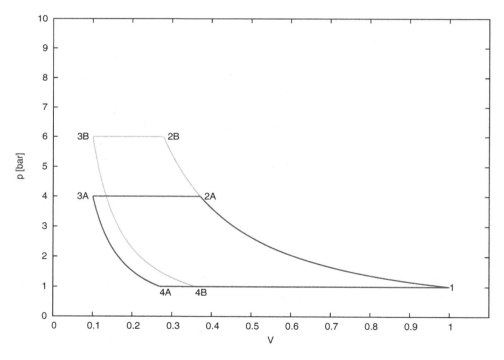

Abb. 6.3 Indikatordiagramm eines Kolbenkompressors. Berücksichtigt ist die adiabate reversible Kompression eines idealen Gases mit $\kappa = 1,40$

kann aus der spezifischen Wärmekapazität c_p und der Gaskonstanten R berechnet werden: $\kappa := c_p/c_v = c_p/(c_p - R)$.

$$p_1 V_1^\kappa = p_2 V_2^\kappa \tag{6.1}$$

Der Ausschiebedruck p_2 ist als Parameter aufzufassen. Das Volumen, bei dem sich die Auslassventile öffnen beträgt

$$V_2 = V_1 \left(\frac{p_1}{p_2}\right)^{1/\kappa} \tag{6.2}$$

Das Volumen am oberen Totpunkt V_3 ist konstruktiv bedingt und stellt einen Bruchteil β des Volumens am unteren Totpunkt dar:

$$V_3 = \beta \cdot V_1 \tag{6.3}$$

Die Rückexpansion wird analog zur Kompression beschrieben:

$$V_4 = V_3 \left(\frac{p_3}{p_4}\right)^{1/\kappa} \tag{6.4}$$

und wegen der Gleichheit der Drücke $p_4 = p_1$ sowie $p_3 = p_2$

$$V_4 = V_3 \left(\frac{p_2}{p_1}\right)^{1/\kappa} \tag{6.5}$$

Der Liefergrad wird definiert als das Verhältnis aus tatsächlich angesaugtem Volumen und demjenigen Volumen, das sich bei vollständiger Füllung des Hubraums ergibt.

$$\lambda := \frac{V_1 - V_4}{V_1 - V_3} = \frac{V_1 - \beta V_1 \left(\frac{p_2}{p_1}\right)^{1/\kappa}}{V_1 - \beta V_1} \tag{6.6}$$

woraus sich durch Kürzen ergibt:

$$\lambda = \frac{1 - \beta \left(\frac{p_2}{p_1}\right)^{1/\kappa}}{1 - \beta} \tag{6.7}$$

Der Liefergrad ist damit eine Funktion des Verdichtungsverhältnisses und des Druckverhältnisses zwischen Ausschiebedruck p_2 und dem Ansaugdruck p_1. Der Kehrwert des hier verwendeten Volumenverhältnisses β wird als Verdichtungsverhältnis bezeichnet. In Abb. 6.3 lässt sich ablesen, dass bei steigendem Gegendruck des Verdichters der Liefergrad abnimmt.

In Abb. 6.4 ist der Liefergrad eines einstufigen wassergekühlten Verdichters dargestellt mit dem Arbeitsmedium R134a. Dieser wurde berechnet aus Herstellerangaben ([Bit13]) zur Kälteleistung gem. DIN EN 12900 bei konstanter Drehzahl, aber unterschiedlichen

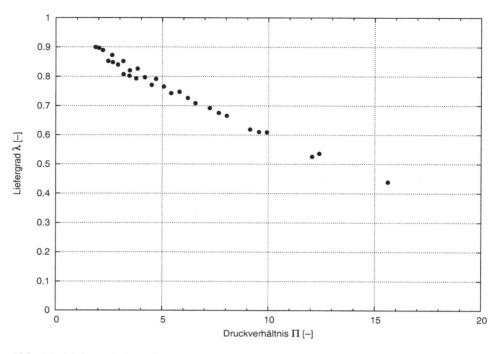

Abb. 6.4 Liefergrad eines einstufigen, wassergekühlten Kältekompressors in Abhängigkeit vom Druckverhältnis. Kältemittel: R134a; Kompressor: Bitzer; Typ V: 2 Zylinder; Bohrung: 85 mm; Hub: 60 mm; Drehzahl: 355 min^{-1}; Hubvolumenstrom: 14,5 m^3/h

Verdampfer- und Verflüssigerdrücken. Zu erkennen ist die erwartungsgemäße Abnahme des Liefergrades mit steigendem Druckverhältnis.

Wenngleich der schädliche Raum den Liefergrad dominant beeinflusst, so existieren tatsächlich weitere Bedingungen, die den Liefergrad beeinflussen. Hierzu zählen sowohl saugseitige als auch druckseitige Drosselverluste, als auch Temperatureffekte durch warme Baugruppen im Ansaugtrakt. Schließlich spielen auch akustische Phänomene in den Kältemittel führenden Leitungen eine Rolle. Zeitliche Pulsationen des Volumenstroms lösen Druckwellen aus, die sich auf den Liefergrad signifikant auswirken können.

6.1.3 Schraubenverdichter

Schraubenverdichter bestehen aus zwei verschieden geformten Schrauben (vgl. Abb. 6.5), die sich in einem Gehäuse befinden. Die Schrauben besitzen eine Hüllfläche in der Form eines Zylinders. Eine der Schrauben besitzt eine Anzahl nach innen gearbeiteter Nuten, die wendelförmig um diese Hüllfläche gelegt sind. Die andere Schraube besitzt eine Anzahl nach außen gearbeiteter Wülste, die ebenfalls schraubenförmig um diese Hüllfläche gear-

Abb. 6.5 Darstellung der
Schrauben eines Schraubenverdichters. Die Förderrichtung
erfolgt von links nach rechts.
Die im Bild *hintere Schraube* trägt Wülste, die im Bild
vordere Schraube Nuten

beitet sind. In der Literatur wird gelegentlich auch von einer Verzahnung der Schrauben gesprochen (vgl. [Dub00], Abschnitt P35). Dies ist etwas irreführend, da bei einer bestimmten Bauart von Schraubenverdichtern (Trockenläufer) tatsächlich eine Verzahnung realisiert wird in Form aussen liegender Zahnräder zur Synchronisation der Schraubenbewegung. Beide Schrauben liegen im Einbauzustand in einem Gehäuse, wobei ihr Abstand zueinander und zum Gehäuse hin sehr gering ist. Eine Wulst greift in das Innere der Nut, wobei ein Berührpunkt entsteht. Das Volumen einer Nut stellt dabei den Verdichtungsraum dar. Je nach Drehstellung der Schraube wandert dieser Berührpunkt von einem Ende der Schraube zum anderen Ende. Die Geometrie ist so beschaffen, dass ein benachbarter Verdicherraum z. B. nach einer Vierteldrehung der Schraube in Funktion tritt.

Beide Schrauben liegen in einem eng anschließenden Gehäuse. Zwischen den Schrauben und dem Gehäuse befindet sich ein extrem passgenau gefertigter Spalt, durch den das bereits verdichtete Kältemittel im Sinne eines Leckstroms von der Druckseite auf die Saugseite zurückströmen kann. Dies setzt die Förderleistung der Schraube herab. Schraubenverdichter wurden bereits vor ca. 100 Jahren erdacht. Es fehlte aber ca. 50 Jahre ein Fertigungsverfahren, das in der Lage war, die geforderten Fertigungstoleranzen einzuhalten. Zu große Spaltweiten zwischen Schraube und Gehäuse verursachen wegen der Rückströmung geringe isentrope Verdichterwirkungsgrade, zu geringe Spaltmaße führen zur Zerstörung der Maschine.

Zur Abdichtung des Spaltes zwischen Gehäuse und Schrauben, aber auch zwischen Nut und Wulst wird dem Kältemittelstrom auf der Saugseite Schmieröl zugeführt, das anschließend auf der Druckseite durch einen Ölabscheider und ggfs. durch einen Ölkühler wieder zurück zur Saugseite gelangt. Der Massenstrom des Öls kann dabei den Massenstrom des Kältemittels bei weitem überschreiten. Neben der Aufgabe der Abdichtung erfüllt das Schmieröl in Schraubenverdichtern noch die weitere Aufgabe der Kühlung des Kältemittels. Statt der adiabat reversiblen Verdichtung dient als Grenzfall die isotherme Kompression als Vergleichsprozess.

Eine der Schrauben wird durch einen Motor angetrieben, wobei eine Wellendurchführung durch das Verdichtergehäuse geführt werden muss. Diese Wellendurchführung wird mit einer Gleitringdichtung abgedichtet. Einige Schraubenbauarten besitzen äußere Getriebe, die die Bewegungen beider Schrauben exakt synchronisieren. Andere Bauformen (vgl. Abb. 6.6) kommen ohne diese Synchrongetriebe aus.

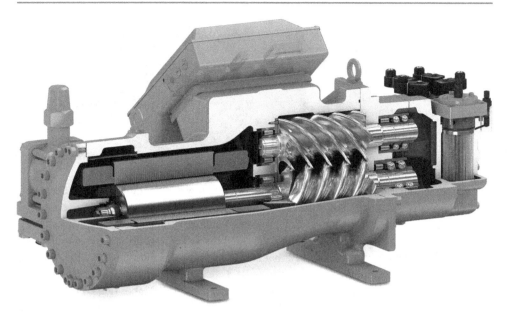

Abb. 6.6 Schnittzeichnung eines Schraubenverdichters in halbhermetischer Bauweise. Bauart: Bitzer Typ HSN85. Eine der Schrauben wird mit einem Motor angetrieben. Mit freundlicher Genehmigung Bitzer Kühlmaschinenbau GmbH, Sindelfingen

Schraubenverdichter können auch verwendet werden, um zweistufige Verdichter in einer einzigen Maschine zu realisieren. Hierzu wird eine Bohrung in dem Gehäuse z. B. an der Position der halben Schraubenlänge untergebracht, durch den der Mitteldruckdampf eingeleitet wird. Dies ist besonders günstig für zweistufige Kälteprozesse mit Mitteldruckflasche oder mit Teilstromverdampfung.

6.1.4   Scrollverdichter

Scollverdichter sind Verdichter nach dem Verdrängerprinzip. In einem Gehäuse befinden sich zwei verschiedene Spiralen, von denen eine als Stator und die andere als bewegliche Spirale ausgeführt wird. Die Bezeichnung Rotor wäre falsch, da das Bauteil im Betrieb keine rotierende Bewegung ausführt, sondern eine sog. orbitierende Bewegung aus. Das Zentrum der Spirale bewegt sich etwa auf einer Kreisbahn um das Zentrum der Statorspirale. Die Spirale selbst befindet sich dabei nicht in einer Rotation. Durch diese taumelnde Bewegung wird zunächst ein Spalt freigegeben, der eine Verbindung zu einer Öffnung hat, durch die das Kältemittel einströmt. Dieser Spalt wird während der Bewegung durch das Ende der Spirale abgedeckt. Das im Spalt eingeschlossene Kältemittel wird während der Bewegung z. B. im Uhrzeigersinn transportiert, wobei sich das eingeschlossene Vo-

Abb. 6.7 Darstellung eines Scrollverdichters. Im *linken oberen Bildteil* ist das Gehäuse des Verdichters frei geschnitten. Sichtbar sind die beiden Verdrängerspiralen des Verdichters

lumen verkleinert. Der Verdichtungsvorgang endet bei Erreichen des Zentrums, in dem sich die Austrittsöffnung befindet. In Abb. 6.7 sind drei Verdichterräume erkennbar mit unterschiedlicher Größe und unterschiedlicher Entfernung vom Zentrum.

Scrollverdichter werden als vollhermetische Verdichter hergestellt, bei größeren Typen auch als halbhermetische Verdichter. Bei der Herstellung tritt das Problem auf, dass der Spalt zwischen den Kanten der Spiralen und dem Gehäusedeckel und zur Unterseite des Gehäuses mit geringen Fertigungstoleranzen hergestellt werden muss, um eine interne Rückströmung zu vermeiden, was unmittelbar eine Senkung des Liefergrades nach sich ziehen würde. Scrollverdichter weisen eine höhere Laufruhe als andere Verdichtertypen auf.

6.2 Wärmeübertrager

6.2.1 Funktionsgruppen

Wärmeübertrager werden in Kälteanlagen mit verschiedenen Funktionen ausgeführt. Unterschieden wird zwischen den Wärmeübertragerfunktionen

- Verdampfer
- Verflüssiger
- Economizer
- Dampfumformer

6.2.2 Verdampfer

Verdampfer werden als Rekuperatoren ausgeführt, wobei in einem Teilraum das verdampfende Kältemittel strömt. Über das Medium im anderen Teilraum entscheidet die Aufgabe der Kälteanlage.

Verdampfer zur Luftabkühlung Speziell bei Wärmepumpen, die die Kühllast aus der Umgebungsluft aufnehmen, kommen Verdampfer zum Einsatz, bei denen das Kältemittel durch ein oder mehrere parallel geschaltete Rohrregister geführt wird. Da die Wärmeübergangskoeffizienten auf der Luftseite niedrig sind, werden hier ausnahmslos berippte Rohre verwendet. Durch die Berippung kommt es zu einer Vergrößerung der Wärmeübertragungsfläche. Luft wird z. B. horizontal durch das Wärmeübertragerpaket geführt. Die Verdampferrohre verlaufen in waagerechter Richtung, die Rippen verlaufen in senkrechter Richtung.

Der Wärmeübergang an den Rippen wird in der Regel durch Rauhreifbildung erschwert, da der Rauhreif eine sehr poröse Struktur aufweist und Lufteinschlüsse enthält, die zu einer Isolierwirkung führen. Dies senkt die aufnehmbare Kühllast. Die Verdampfer zur Luftkühlung müssen daher regelmäßig automatisch enteist werden. Die Wärmeübergangskoeffizienten auf der Luftseite liegen in der Größenordnung von 10 bis 30 W/m²K (vgl. [Dre92], S. 173), wobei insbesondere zu enge Rippenabstände zu einer niedrigturbulenten Strömung führen können mit entsprechend geringen Wärmeübergangskoeffizienten. Durch Verwendung eines Axialventilators kann Kühlluft herangeführt werden, was zum einen die wirksame Temperaturdifferenz am Verdampfer vergrößert, zum anderen wird aber auch der Wärmeübergang auf der Luftseite durch diese Maßnahme vergrößert, was dazu führt, dass der Wärmeübertrager kleiner ausgeführt werden kann als dies bei einer Schaltung ohne Ventilator erfolgt.

Am Eintritt des Verdampfers befindet sich ein spezielles Expansionsventil, das zum einen einen Verdampfungsdruck regeln muss, zum anderen aber für eine gewisse Überhitzung des Kältemitteldampfes am Verdichteraustritt sorgen muss, um Flüssigkeitsschläge im Kältemittelverdichter zu verhindern. Als Flüssigkeitsschlag wird der Vorgang bezeichnet, wenn Reste flüssigen Kältemittels in einen Kolbenkompressor eintreten. Dies führt zu einer spontanen Nachverdampfung im Bereich des Einlassventils, da es in diesem Bereich auf Grund hoher Strömungsgeschwindigkeiten zu einem Druckverlust kommt. Dies macht sich in einer Ungleichförmigkeit der „Gaskräfte" auf den Kolben bemerkbar, was sich ebenfalls in einem ungleichförmigen Momentenverlauf an der Kurbelwelle äußert. Außerhalb des Verdichters lassen sich starke Geräusche wahrnehmen, die zu Recht eine Zerstörung des Verdichters ankündigen.

Bei mehreren parallel geschalteten Verdampfern erfolgt die Zuteilung des Kältemittelnassdampfes durch eine Verteilerspinne, die dem Expansionsventil nachgeschaltet ist. Bei gewöhnlichen Wärmeübertragern wird konstruktiv das Ziel verfolgt einen niedrigen Strömungsdruckverlust zu erreichen. Bei Kältemittelverdampfern trifft dies nur bedingt zu, da unmittelbar vor dem Wärmeübertrager das Expansionsventil angeordnet ist, in dem gewollt eine Absenkung des Drucks vom HD-Niveau bis zum ND-Niveau erreicht wird. Ein Teil dieses Druckabbaus kann in dem Wärmeübertrager selbst erfolgen. Hohe Strömungsdruckverluste im Verdampfer verschlechtern aber die Regelbarkeit des Kälteprozesses.

In einer Schaltungsvariante können diese Verdampfer auch als überflutete Verdampfer betrieben werden. In diesem Fall tritt am unteren Ende des Registers flüssiges Kältemittel ein. Die durch die Verdampfung entstehenden Dampfblasen verringern die Dichte des Gemisches, weshalb eine Auftriebsströmung entsteht. Am oberen Ende des Verdampfers tritt ein Flüssigkeits-Dampf-Gemisch aus. Dieses wird in einer Abscheiderflasche in Flüssigkeit und Dampf aufgetrennt. Der Dampf wird dem Verdichter zugeleitet.

Verdampfer zur Luftabkühlung können auch als sog. stille Verdampfer aufgebaut werden. Hier wird meist eine metallische Platte verwendet, auf deren Rückseite Kältemittel führende Leitungen aufgelötet sind. Die Aufnahme der Kühllast erfolgt ohne Verwendung von Ventilatoren.

Verdampfer zur Flüssigkeitskühlung Verdampfer zur Flüssigkeitskühlung werden beispielsweise in Wärmepumpen zur Abkühlung von Kühlsole verwendet. Der Begriff Sole bezeichnet im ursprünglichen Sinn Salzlösungen. Hier wird der Begriff in einem erweiterten Sinn verwendet. Er schließt auch Mischungen von Wasser mit Frostschutzmitteln wie. z. B. Glykol usw. ein. Die Standardapparatur hierzu ist ein Rohrbündelwärmeübertrager. Das Kältemittel wird auf der Mantelraumseite geführt. Beim Öffnen des Expansionsventils entsteht ein Zweiphasen-Gemisch aus Kältemitteldampf und flüssigem Kältemittel, das mittels Düsen gleichmäßig auf die Vedampferrohre gesprüht wird. Dies sorgt dafür, dass sich wenig flüssiges Kältemittel im Wärmeübertrager befindet.

Früher wurden häufig sog. überflutete Wärmeübertrager verwendet. Diese besitzen eine schlechte Regelbarkeit, da bei diesen Verdampfern die im Apparat enthaltene Kältemittelmasse sehr groß ist und hierdurch bleibende Schwingungen im Regelkreis auftreten können.

Bei der Dimensionierung des Wärmeübertragers für die Abkühlung von Sole ist sehr sorgfältig vorzugehen. Die Viskosität der Sole nimmt sehr stark mit der Temperatur ab. Sollen tiefe Temperaturen erreicht werden, ist ohnedies ein höherer Anteil an „Frostschutzmittel" zu verwenden, was ebenfalls zur Senkung der Viskosität beiträgt. Dies führt sehr schnell zur Senkung der Wärmeübergangskoeffizienten. Eine Begründung liefern die empirischen Ansätze zu Berechnung der Wärmeübergangskoeffizienten, die allgemein in der Form

$$\mathrm{Nu} := \frac{\alpha \cdot d}{\lambda}, \qquad \mathrm{Re} := \frac{c \cdot d}{\nu} \tag{6.8}$$

$$\mathrm{Nu} = b \cdot \mathrm{Re}^m \tag{6.9}$$

mit Potenzen in der Größenordnung von $m = 0{,}6$ vorliegen. Bei sinkender Reynoldszahl Re verkleinert sich die Nusseltzahl und damit auch der Wärmeübergangskoeffizient α.

Abb. 6.8 zeigt ein typisches Temperaturprofil in einem Wärmeübertrager von Kühlsole. Die gleichbleibende Verdampfertemperatur liegt unter der Temperatur der Sole.

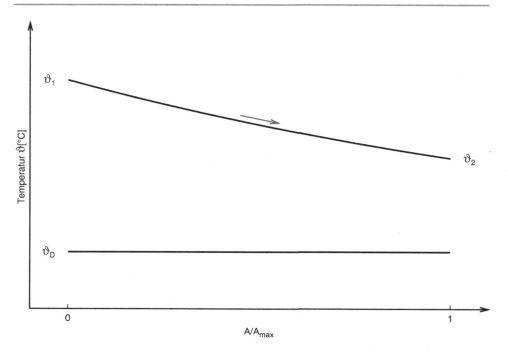

Abb. 6.8 Temperaturprofil in einem Verdampfer zur Abkühlung von Kühlsole

Ein anderer Grund, die Auslegung sorgfältig vornehmen zu müssen, liegt in den strö-mungsmechanischen Eigenschaften der Sole. Bei tiefer werdenden Temperaturen steigt die Viskosität der Sole und der strömungsseitige Druckverlust nimmt zu. Dies führt da-zu, dass die Soleförderpumpe einen geringeren Durchsatz aufweist. In der Regel werden Kreiselpumpen eingesetzt, deren Förderleistung abnimmt, wenn der Druckverlust der An-lage – ausgedrückt als Förderhöhe – zunimmt.

6.2.3 Verflüssiger

Flüssigkeitskühlung Als Verflüssiger, bei denen die abgeführte Wärme auf Wasser über-tragen wird, kommen Rohrbündelwärmeübertrager mit horizontal angeordnetem Rohr-bündel zum Einsatz. Der Kältemitteldampf wird im Mantelraum des Verdampfers geführt. Bei der Kondensation schlägt sich das Kältemittel auf der Außenseite der Rohre nieder und tropft nach unten ab. Speziell bei Rohrbündeln mit einer hohen Anzahl von Rohren wer-den tiefer liegende Rohre ständig von herabtropfendem Kondensat benetzt. Es bildet sich daher ein Kondensatfilm auf den Rohren, der den Wärmeübergangskoeffizienten senkt. Aus diesem Grund werden Rohre verwendet, die auf der Außenseite scharfkantige Rillen aufweisen. Dies begünstigt den Abfluss der Kondensatfilme und steigert den Wärmeüber-

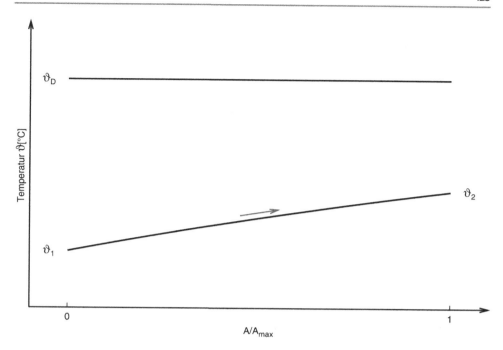

Abb. 6.9 Temperaturprofil in einem Verflüssiger

gang. Rohrseitig wird Kühlwasser geführt. Hier muss dafür Sorge getragen werden, dass sich keine Ablagerungen bilden. Diese könnten z. B. durch Salzablagerungen oder Biofilme enstehen. Nachteilig an den mit Wasser gekühlten Verflüssigern für Kälteanlagen ist die Bereitstellung von Kühlwasser. Hierzu werden Verdunstungskühler eingesetzt, die einen gewissen Wartungsaufwand nach sich ziehen. Bei Wärmepumpen werden die flüssigkeitsgekühlten Verflüssiger zur Abgabe des Wärmestroms als Nutzwärme eingesetzt. In diesem Fall handelt es sich um das Kreislaufwasser von Heizsystemen. Das Temperaturprofil in einem Verflüssiger ist dadurch gekennzeichnet, dass sich im Dampfraum eine einheitliche Temperatur einstellt. Diese Verflüssigertemperatur hängt ausschließlich vom Druck im Verflüssiger ab. Der vom Verdichter stammende Dampf befindet sich zwar bei den meisten der verwendeten Kältemitteln im überhitzten Bereich, es kommt aber bei den meisten Bauformen von Verflüssigern zu einer intensiven Vermischung des überhitzen Dampfes mit dem in der Kondensation befindlichen Sattdampf. Ausnahmen hiervon stellen Verflüssiger dar, bei denen eine Strömung des Kältemittels in engen Rohren verläuft. In diesem Fall kommt es in einer ersten Zone des Wärmeübertragers zu einem Abbau der Überhitzung. Derartige Verflüssiger können als in Reihe geschaltete Wärmeübertrager behandelt werden, bei denen der erste Abschnitt zu Abkühlung eines überhitzten Dampfes kommt und erst in einem zweiten Abschnitt eine Kondensation wie in Abb. 6.9 auftritt.

Luftkühlung Luftgekühlte Verflüssiger sind berippte Rohre, bei denen das Kältemittel innerhalb der Rohre kondensiert. Die Ausbildung von Kondensatfilmen behindert den Wärmeübergang ebenfalls, jedoch spielen die niedrigen Wärmeübergangskoeffizienten auf der Außenseite eine dominierende Rolle. Hier werden die Wärmeübergangskoeffizienten durch die Aufbringung von Rippen verbessert, was vor allem durch die Vergrößerung der Oberfläche erreicht wird. Zusätzlich werden diese Wärmeübertrager mit einem Axiallüfter ausgestattet.

Um eine kompakte Bauform zu erhalten, werden die Rohre mehrfach mit 180°-Bögen ausgestattet. In der Regel werden mehrere dieser Register parallel durchströmt. Beim Bau wird darauf geachtet, dass die Rohre entweder horizontal ausgerichtet sind, besser aber noch mit geringen Neigungen, damit das Kondensat sicher abfließen kann.

6.2.4 Economizer

Economizer sind Wärmeübertrager, in denen das Kondensat aus einem Verflüssiger in einen Wärmedurchgang mit dem noch kalten Dampf aus dem Verdampfer gebracht wird. Der Dampf wird dabei erwärmt, was den vom Verdichter anzusaugenden Volumenstrom etwas vergrößert. Der Dampf bleibt während der Wärmeübertragung gasförmig. Da das

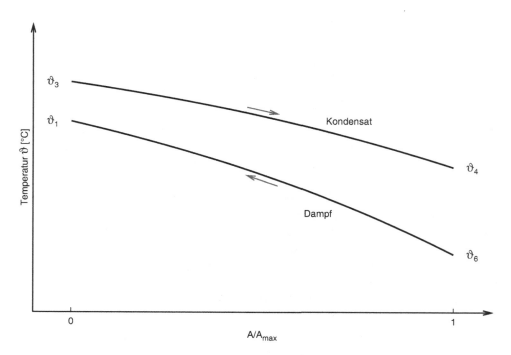

Abb. 6.10 Temperaturprofil in einem Wärmeübertrager mit unterschiedlichen Wärmekapazitätsströmen. Die eingetragenen Temperaturen beziehen sich auf das Anlagenschema in Abb. 5.16

Kondensat weiter abgekühlt wird, bleibt dieses flüssig. Bei diesem Wärmeübertrager ist es von Bedeutung, die Strömungsdruckverluste gering zu halten. Andernfalls würde auf der Kondensatseite durch die Drosselung eine Verdampfung auftreten. Ein Druckverlust auf der Gasseite würde das Druckverhältnis des Verdichters vergrößern mit entsprechenden Einbußen bei der Leistungsziffer. Wegen der Forderung nach niedrigen Druckverlusten werden häufig Plattenwärmeübertrager eingesetzt.

Abb. 6.10 zeigt ein Temperaturprofil eines als Economizer geschalteten Wärmeübertragers passend zur Abb. 5.16. Beim einstufigen Kaltdampfprozess besitzen beide Stoffströme des Economizers den gleichen Massenstrom, allerdings sind die Wärmekapazitätsströme unterschiedlich aufgrund der unterschiedlichen spezifischen Wärmekapazität von Dampf und Kondensat. Eine Berechnung des Wärmeübertragers kann nach Kap. 6.3 erfolgen.

6.2.5 Dampfumformer

Als Dampfumformer werden Wärmeübertrager eingesetzt, bei denen auf beiden Seiten jeweils ein Kältemittel eingesetzt wird. Eine Schaltung bei der ein Dampfumformer eingesetzt wird ist der zweistufige Kälteprozess in Kaskadenschaltung (vgl. Abb. 5.20). In

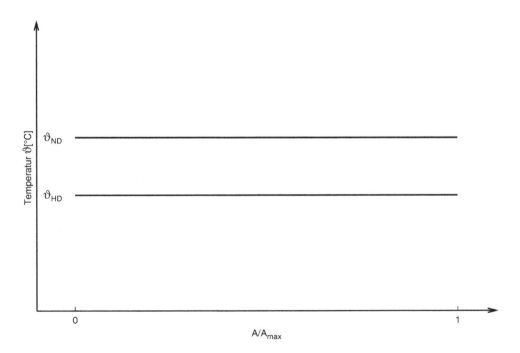

Abb. 6.11 Temperaturprofil in einem Dampfumformer ϑ_{HD} ist die Verdampfertemperatur des HD-Kreises, ϑ_{ND} die Verflüssigertemperatur des ND-Kreises

dem ND-Kreis der Kaskade wirkt der Dampfumformer als Verflüssiger, in HD-Kreis als Verdampfer. Da auf beiden Seiten des Wärmeübertragers ein Phasenwechsel auftritt, kann mit sehr hohen Wärmedurchgangskoeffizienten gerechnet werden. Der Wärmeübertrager kommt mit einer vergleichsweisen kleinen Wärmeübertragungsfläche aus, da die Wärmeübergangskoeffizienten auf beiden Seiten groß sind. Die Bauform von Dampfumformern kann ein Rohrbündelwärmeübertrager mit ausreichendem Raum zur Aufnahme des enstehenden Dampfes sein. In diesem Fall würde der Mantelraum den Verdampfer des HD-Prozesses darstellen. Die Verflüssigung des Kältemitteldampfes auf der ND-Seite erfolgt rohrseitig.

Ebenfalls können Plattenwärmeübertrager als Dampfumformer verwendet werden. Dampfumformer kommen aber nur sehr selten zur Anwendung, da die einfache Kaskadenschaltung gegenüber anderen zweistufen Verfahren meist im Nachteil ist. Kaskadenschaltungen werden praktisch nur eingesetzt, wenn im HD- und im ND-Kreis jeweils unterschiedliche Kältemittel eingesetzt werden. Im Falle gleicher Kältemittel sind andere zweistufige Verfahren vorteilhafter.

Das Temperaturprofil innerhalb eines Dampfumformers weist in beiden Medienbereichen jeweils eine konstante Dampftemperatur auf (vgl. Abb. 6.11). Der Temperaturunterschied ist dabei mit einem Druckunterschied der Medien verbunden.

6.3 Berechnung von Wärmeübertragern

Bei der allgemeinen Berechnung von Wärmeübertragern sind in der Regel die Massenströme, die spezifischen Wärmekapazitäten und die Zulauftemperaturen bekannt. In der Mehrzahl von Anwendungen werden Wärmeübertrager in Gegenstromschaltung verwendet. Gleichstromwärmeübertrager sind stärker eingeschränkt hinsichtlich der erreichbaren Temperaturen und erfordern im Vergleich zu Gegenströmern größere Wärmeübertragungsflächen. Beispiele hierfür sind der Economizer in Kaltdampfkompressionsanlagen oder Kaltgasanlagen, aber auch Wärmeübertrager, die als wärmeaufnehmendes Medium eine kalte, frostgeschützte Flüssigkeit und auf der Gegenseite ein einfaches Fluid (Wasser, Luft, o. ä.) führen. In der Mehrzahl der Anwendungsfälle liegen die Zulauftemperaturen fest.

Bei der Berechnung werden zwei Aufgabenstellungen unterschieden, und zwar die Auslegung eines Wärmeübertragers und die Nachrechnung eines Wärmeübertragers, d. h. die Berechnung von Ablauftemperaturen. In einigen Fällen wird auch die Berechnung der Temperaturprofile längs des Strömungsweg gewünscht.

6.3.1 Auslegung von Gegenstromwärmeübertragern

Bei der Auslegung von Gegenstromwärmeübertragern z. B. in der Form von Rohrbündelwärmeübertragern oder Plattenwärmeübertragern wird zunächst die Strömungsgeschwindigkeit in den Rohren festgelegt. Hierzu können Erfahrungswerte herangezogen werden.

Abb. 6.12 Bilanzraum
Wärmeübertrager

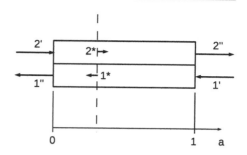

Hohe Strömungsgeschwindigkeiten bedeuten prinzipiell hohe Druckverluste der strömenden Medien. Da der Massenstrom und die thermodynamischen Bedingungen am Eintritt festliegen, folgt direkt der Volumenstrom und aus Kontinuitätsgründen die Querschnittsfläche der durchströmten Querschnitte. Bei Wahl einer Rohrgeometrie (z. B. Innendurchmesser) folgt die Anzahl z der zu durchströmenden Rohre. Unter Zuhilfenahme von Stoffdaten (Viskosität, Wärmeleitfähigkeit, usw.) kann die Reynoldszahl ermittelt werden. Die Reynoldszahl steht in einem empirischen Zusammenhang mit der Nusseltzahl. Diese empirischen Zusammenhänge sind für viele Fallunterscheidungen in der Literatur mitgeteilt (z. B. [VDI] oder [Els88]). Alternativ können eigene Daten unter Verwendung von Potenzansätzen auf das Anwendungsbeispiel maßstabsübertragen werden. Nach der Ermittlung der Nusseltzahl kann der Wärmeübergangskoeffizient α berechnet werden, der unter Verwendung von Gl. 3.58 und weiterer Stoffdaten zur Ermittlung des Wärmedurchgangskoeffizienten k dient. Mit diesen Daten kann eine Berechnung der Wärmeübertragungsfläche A erfolgen.

Abb. 6.12 zeigt einen abstrakten Bilanzraum eines Wärmeübertragers, durch den die beiden einfachen Fluide 1 und 2 geführt werden. Hierzu sind die Massenströme, die spezifischen Wärmekapazitäten, die beiden Zulauftemperaturen und eine der Ablauftemperaturen bekannt. Ohne Beschränkung der Allgemeinheit sei der Strom 1 der kalte Strom, der Strom 2 der warme Strom. Der Strom 2 kühlt von der Eintrittstemperatur ϑ_2' auf die Austrittstemperatur ϑ_2'' ab.[1] Der vom warmen Strom abgegebene Wärmestrom beträgt

$$\dot{Q} = \dot{m}_2 \cdot c_{p,2}(\vartheta_2' - \vartheta_2'') \tag{6.10}$$

der vom kalten Strom aufgenommene Wärmestrom beträgt

$$\dot{Q} = \dot{m}_1 \cdot c_{p,1}(\vartheta_1'' - \vartheta_1') \tag{6.11}$$

Durch Gleichsetzen wird erhalten

$$\vartheta_1'' - \vartheta_1' = \frac{\dot{m}_2 \cdot c_{p,2}}{\dot{m}_1 \cdot c_{p,1}} \cdot (\vartheta_2' - \vartheta_2'') \tag{6.12}$$

---

[1] ′ bedeutet „Eintritt", ″ bedeutet „Austritt". Die Notation geht auf Bošnjaković zurück. (vgl. [Bos37], S. 507), der grundlegende Arbeiten über das Thema der Wärmeübertragung veröffentlichte.

woraus die fehlende Ablauftemperatur berechnet werden kann. Mit den Definitionen

$$\Delta\vartheta_L := \vartheta_2' - \vartheta_1'', \qquad \Delta\vartheta_R := \vartheta_2'' - \vartheta_1' \tag{6.13}$$

wird die mittlere logarithmische Temperaturdifferenz berechnet:

$$\Delta\vartheta_{\ln} := \frac{\Delta\vartheta_L - \Delta\vartheta_R}{\ln\frac{\Delta\vartheta_L}{\Delta\vartheta_R}} \tag{6.14}$$

Die arithmetische Temperaturdifferenz beträgt

$$\Delta\vartheta_{\mathrm{ar}} := \frac{1}{2}(\Delta\vartheta_L + \Delta\vartheta_R) \tag{6.15}$$

Die mittlere wirksame Temperaturdifferenz als treibende Kraft für den Wärmeübergang unterliegt einer Fallunterscheidung

$$\Delta\vartheta_m := \begin{cases} \Delta\vartheta_{\mathrm{ar}}: & \Delta\vartheta_L \approx \Delta\vartheta_R \\ \Delta\vartheta_{\ln}: & \Delta\vartheta_L \neq \Delta\vartheta_R \end{cases} \tag{6.16}$$

Wärmestrom und wirksame Temperaturdifferenz stehen in dem Zusammenhang

$$\dot{Q} = k \cdot A \cdot \Delta\vartheta_m \tag{6.17}$$

was zur Dimensionierung der Wärmeübertragerfläche führt.

$$A = \frac{\dot{Q}}{k \cdot \Delta\vartheta_m} \tag{6.18}$$

Bei der Anwendung dieser Beziehungen ist darauf zu achten, dass bei der Berechnung des Wärmedurchgangskoeffizienten k nach Gl. 3.58 ein beliebig zu wählender Bezugsradius festzulegen ist. Dies kann sinnvoll der Außendurchmesser d_a der Rohre sein. In diesem Fall muss sich die Wärmeübertragungsfläche ebenfalls auf diesen Radius beziehen.

$$A = z \cdot \pi d_a \cdot L \tag{6.19}$$

mit z-Anzahl der Rohre, L-Länge der Rohre. Damit liegen die erforderliche Länge der Rohre und die Hauptabmessungen des Wärmeübertragers fest.

6.3.2 Nachrechnen von Gegenstromwärmeübertragern

Das Nachrechnen eines Wärmeübertragers bezeichnet eine wärmetechnische Berechnung, wenn die Geometrie des Wärmeübertragers bereits festliegt, die Stoffströme und ihre Eigenschaften bekannt sind und zwei der Temperaturen, z. B. die Eintrittstemperaturen ϑ_1'

und ϑ_2' bekannt sind. Unbekannt sind die Ablauftemperaturen der beiden Ströme und ggfs. das Temperaturprofil im Inneren des Wärmeübertragers.

Die beteiligten Stoffströme werden durch die sog. Wärmekapazitätsströme

$$w_1 := \dot{m}_1 \cdot c_{p,1}, \qquad w_2 := \dot{m}_2 \cdot c_{p,2}$$

gekennzeichnet. Für Gegenstrom- und Gleichstromapparate veröffentlichte Bošnjaković eine analytische Lösung (vgl. [Bos65], S. 509). Für andere Schaltungsvarianten existieren leider keine derartigen analytischen Lösungen. Die Lösung für die häufiger eingesetzten Gegenstromapparate sei hier vorgestellt. Bošnjaković definierte hierzu zunächst dimensionslose Temperaturänderungen. Die Temperaturänderung eines einzelnen Stroms wird auf die größtmögliche Temperaturdifferenz im System bezogen:

$$\Phi_1 := \frac{\vartheta_1' - \vartheta_1''}{\vartheta_1' - \vartheta_2'}, \qquad \Phi_2 := \frac{\vartheta_2'' - \vartheta_2'}{\vartheta_1' - \vartheta_2'} \qquad (6.20)$$

Diese dimensionslosen Temperaturänderungen werden auch als Betriebscharakteristik des Wärmeübertragers bezeichnet. Diese Kennzahlen sind von den Wärmekapazitätsströmen, dem Wärmedurchgangskoeffizienten und der Wärmeübertragungsfläche $A_{\max}$ abhängig. Die Wärmeübertragungsfläche wird hier mit $A_{\max}$ bezeichnet, da in der folgenden Berechnung Temperaturprofile in Abhängigkeit von einer Flächenkoordinate A mit $0 < A < A_{\max}$ berechnet werden:

$$\Phi_1 := f(w_1, w_2, k, A_{\max}), \qquad \Phi_2 := \frac{w_1}{w_2} \Phi_1 \qquad (6.21)$$

Für die Funktion Φ_1 fand Bošnjaković folgende Lösung:

$$\Phi_1 = \frac{1 - \exp\left\{-\left(1 - \frac{w_1}{w_2}\right) \frac{k A_{\max}}{w_1}\right\}}{1 - \frac{w_1}{w_2} \exp\left\{-\left(1 - \frac{w_1}{w_2}\right) \frac{k A_{\max}}{w_1}\right\}} \qquad (6.22)$$

Für den Sonderfall sog. „gleichstarker Ströme" ($w_1 = w_2$) vereinfacht sich der Ausdruck zu (vgl. [Bos65], S. 507)

$$\Phi_1 = \frac{1}{1 + \frac{w_1}{k A_{\max}}}, \qquad \text{für } w_1 = w_2 \qquad (6.23)$$

Die Funktionen Φ_1 und Φ_2 dienen der Berechnung der fehlenden Ablauftemperaturen:

$$\vartheta_1'' = \vartheta_1' - \Phi_1 \left(\vartheta_1' - \vartheta_2'\right) \qquad (6.24)$$

$$\vartheta_2'' = \vartheta_2' + \frac{w_1}{w_2} \Phi_1 \left(\vartheta_1' - \vartheta_2'\right) \qquad (6.25)$$

Damit sind die Ablauftemperaturen des Gegenstromwärmeübertragers berechenbar.

6.3.3   Temperaturprofil im Gegenstromwärmeübertrager

Ein Ansatz zur Berechnung des Temperaturprofils im Inneren eines Gegenstromwärme-übertragers kann aus Abb. 6.12 gewonnen werden.

Durch Einführen einer Einheitskoordinate $a := A/A_{max}$ kann eine Bilanzgrenze definiert werden, die den Apparat in eine linke und in eine rechte Teilhälfte zerlegt. Die linke Teilhälfte selbst stellt ebenfalls einen Gegenstromwärmeübertrager mit der Wärmeüber-tragungsfläche A dar, der die Eintrittstemperaturen ϑ_1^* und ϑ_2' aufweist. In diesem Fall ist die Ablauftemperatur ϑ_1'' mittels Gl. 6.24 berechenbar.

Die Betriebscharakteristik des linken Teilapparats wird analog zu Gl. 6.20 definiert:

$$\Phi_1(a) := \frac{\vartheta_1^*(a) - \vartheta_1''}{\vartheta_1^*(a) - \vartheta_2'} \tag{6.26}$$

Die Betriebscharakteristik $\Phi(a)$ wird analog zu Gl. 6.22 berechnet, lediglich tritt anstelle der Fläche A_{max} die Wärmeübertagungsfläche $A = a \cdot A_{max}$ des Teilapparats. Auflösung von Gl. 6.26 nach der unbekannten Zulauftemperatur des Teilstroms 1 liefert:

$$\vartheta_1^*(a) = \frac{\vartheta_1'' - \Phi_1(a)\vartheta_2'}{1 - \Phi_1(a)} \tag{6.27}$$

Die Enthalpiebilanz des linken Teilapparats lautet

$$w_2\left(\vartheta_2' - \vartheta_2^*\right) = w_1\left(\vartheta_1'' - \vartheta_1\right) \tag{6.28}$$

woraus durch Umstellung erhalten wird

$$\vartheta_2^*(a) = \vartheta_2' - \frac{w_1}{w_2} \cdot \left(\vartheta_1'' - \vartheta_1^*\right) \tag{6.29}$$

Damit lassen sich für alle Positionen $0 < a < 1$ die Zwischenwerte der Temperaturprofile $\vartheta_1^*(a)$ und $\vartheta_2^*(a)$ berechnen. Das Temperaturprofil (vgl. Abb. 6.10) des Economizers in der Schaltung gemäß Abb. 5.16 wurde mit dieser Rechenvorschrift ermittelt.

6.3.4   Auslegung von Verdampfern und Verflüssigern

Verdampfer und Verflüssiger besitzen die Gemeinsamkeit, dass das Kältemittel eine Pha-senänderung vollzieht und daher die Temperatur des Kältemittels ϑ_D räumlich konstant bleibt. Im anderen Medium tritt ein axiales Temperaturprofil auf. Die Berechnung sei anhand eines Verdampfers in Rohrbündelbauweise erläutert, der zur Abkühlung von Kühl-sole dient.

Am Eintritt der Sole ist die Temperaturdifferenz zum Kältemittel maximal, am Austritt der Sole minimal. Daher treten im Apparat unterschiedliche Abkühlgeschwindigkeiten

Abb. 6.13 Bilanzelement

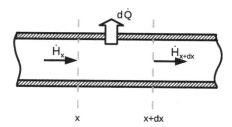

auf. Zur Vorausberechnung des Temperaturprofils wird zunächst eine Enthalpiebilanz an einem infinitesimalen Rohrabschnitt (vgl. Abb. 6.13) aufgestellt.

Da die Wärmestromdichte im Rohr örtlich variiert, wird eine Ortskoordinate x eingeführt. Diese dient der Definition einer Flächenvariablen $A := \pi \cdot d_a \cdot x$. Offenbar gilt

$$0 < A < A_{\text{ges}}$$

Eintritt (1) und Austritt (2) entsprechen den Werten

$$A_1 = 0; \qquad A_2 = A_{\text{ges}}$$

Ferner wird ein infinitesimales wärmeübertragendes Flächenelement $\mathrm{d}A$ definiert, das sich von x bis $x + \mathrm{d}x$ erstreckt. Durch dieses Flächenelement tritt ein Wärmestrom $\mathrm{d}\dot{Q}$ hindurch.

$$\mathrm{d}\dot{Q} = k_a \cdot \mathrm{d}A \cdot (\vartheta(A) - \vartheta_D) \tag{6.30}$$

k_a ist darin der Wärmedurchgangskoeffizient, der sich auf die äußere Oberfläche des Rohres in dem Rohrbündel bezieht. Die Berechnung des Wärmedurchgangskoeffizienten erfolgt bei Rohrbündelwärmeübertragern gemäß Gl. 3.58, im Fall von Plattenwärmeübertragern gem. Gl. 3.44. Dieser differentielle Wärmestrom stammt aus der Abkühlung der Sole und steht mit der differentiellen Temperaturänderung $(\vartheta_{A+dA} - \vartheta_A)$ im Zusammenhang:

$$\mathrm{d}\dot{Q} = -\dot{m} \cdot c_p \cdot (\vartheta_{A+dA} - \vartheta_A) \tag{6.31}$$

Zur weiteren Beschreibung wird die differentielle Temperaturänderung mittels der Taylorentwicklung umgeformt in den Temperaturgradienten:

$$\vartheta_{A+dA} = \vartheta_A + \frac{\partial \vartheta}{\partial A}\mathrm{d}A \tag{6.32}$$

Zusammenfassung liefert

$$d\dot{Q} = -\dot{m} \cdot c_p \cdot \frac{\partial \vartheta}{\partial A}\mathrm{d}A \tag{6.33}$$

Verknüpfung der Vorgänge Abkühlung und Wärmedurchgang liefert eine Differentialgleichung zur Beschreibung des Temperaturverlaufs:

$$k_a \cdot (\vartheta(A) - \vartheta_L) = -\dot{m} \cdot c_p \cdot \frac{\partial \vartheta}{\partial A} \qquad (6.34)$$

Es handelt sich dabei um eine gewöhnliche, inhomogene Differentialgleichung erster Ordnung mit konstanten Koeffizienten. Das Lösungsverfahren für diese Gleichung lässt sich vereinfachen, wenn zunächst eine Variablensubstitution vorgenommen wird. Aus der Definition

$$\Theta := \vartheta - \vartheta_D$$

folgt sofort auch ein Zusammenhang zwischen den Differentialen

$$\frac{\partial \Theta}{\partial A} = \frac{\partial \vartheta}{\partial A} \quad .$$

Die in den Ausdrücken enthaltenen Konstanten lassen sich ebenfalls zu einer neuen Konstanten zusammenfassen:

$$B = -\frac{k_a}{\dot{m} \cdot c_p}$$

wodurch die Dgl. geschrieben werden kann als

$$B \cdot \Theta = \frac{\partial \Theta}{\partial A} \qquad (6.35)$$

Hierbei handelt es sich um eine homogene Dgl. mit vereinfachtem Lösungsweg. Aus

$$\int_{1}^{2} \frac{1}{\Theta} \partial \Theta = B \int_{1}^{2} \partial A \qquad (6.36)$$

folgt:

$$\ln \frac{\Theta_2}{\Theta_1} = B \cdot (A_2 - A_1) \qquad (6.37)$$

Umstellung liefert

$$\Theta_2 = \Theta_1 \cdot \exp\{B \cdot (A_2 - A_1)\} \qquad (6.38)$$

Gemäß der Randbedingungen ist $A_1 = 0$ zu beachten. Es ist möglich, die obere Integrationsgrenze als variable Größe anzusehen. In diesem Fall führt die Resubstitution der Variablen auf die Lösung der Differentialgleichung.

$$\vartheta(A) = \vartheta_D + (\vartheta_1 - \vartheta_D) \cdot \exp\left\{-\frac{k_a}{\dot{m} \cdot c_p} \cdot A\right\} \qquad (6.39)$$

Dieses Temperaturprofil beschreibt die Temperatur der durch den Verdampfer strömenden Sole. Das Temperaturprofil ist in Abb. 6.8 dargestellt. In zahlreichen Fällen ergibt
sich bedingt durch die Kombination von Stoffdaten Wärmeübergangsbedingungen ein nahezu linearer Verlauf der Temperatur, was vereinfachte Rechenansätze erlaubt. Gl. 6.39
beschreibt in gleicher Weise das Temperaturprofil des Wassers in einem wassergekühlten
Verflüssiger.

6.4 Übungsaufgaben

6.4.1 Aufgaben

Aufgabe 6.1 Verdichterhubraum
Eine einfache Kälteanlage (Kältemittel R600a) arbeitet mit einer Verdampfertemperatur
von 0 °C und einer Verflüssigertemperatur von 55 °C. Die Überhitzung nach Verdampfer
beträgt $\Delta T = 10\,\text{K}$. Der Massenstrom des Kältemittels folgt aus einer Kühllastberech-
nung und beträgt $\dot{m} = 0,020\,\text{kg/s}$. Die Drehzahl des Kolbenverdichters beträgt $n = 360\,\text{min}^{-1}$. Berechnen Sie den erforderlichen Hubraum.

Aufgabe 6.2 Volumetrische Kälteleistung
Eine einfache Kälteanlage arbeitet mit einer Verdampfertemperatur von $-10\,°\text{C}$ und einer
Verflüssigertemperatur von 60 °C. Vergleichen Sie für diese Temperaturen die volumetri-
schen Kälteleistungen für die Kältemittel R717 und R600a.

6.4.2 Lösungen

Lösung 6.1 Verdichterhubraum
Aus der Dampftafel für R600a (vgl. Tab. 11.7) können die Druckstufen wie folgt entnommen werden: $p_{ND} = 1,5696\,\text{bar}$, $p_{HD} = 7,7299\,\text{bar}$. Das Druckverhältnis beträgt

$$\Pi = \frac{p_{HD}}{p_{HD}} = \frac{7,7299}{1,5696} \approx 5 \qquad (6.40)$$

Aus Abb. 6.4 kann für dieses Druckverhältnis ein Liefergrad $\lambda = 0,78$ entnommen werden. Zur Berechnung des Volumenstroms ist der Wert für das spezifische Volumen des
Kältemittels zu ermitteln. Der Dampftafel wird entnommen: $v''(p_{ND}) = 0,23491\,\text{m}^3/\text{kg}$.
Infolge der Überhitzung um 10 K hat sich das Kältemittel isobar ausgedehnt. Ein Schätz-
wert für das spezifische Volumen kann unter Anwendung des idealen Gasgesetzes ermittelt werden:

$$v_{ND} = \frac{T_s + \Delta T}{T_s} \cdot v'' = \frac{273 + 10}{273} \cdot 0,23491 = 0,2435\,\text{m}^3/\text{kg} \qquad (6.41)$$

Der Volumenstrom beträgt damit

$$\dot{V} = \dot{m} \cdot v_{\text{ND}} = 0{,}020 \cdot 0{,}2435 = 4{,}87 \cdot 10^{-3}\,\text{m}^3/\text{s} = 17{,}53\,\text{m}^3/\text{h} \qquad (6.42)$$

Der Liefergrad stellt das Verhältnis dar zwischen realem Volumenstrom am Verdichterantritt und theoretischem Volumenstrom, wobei sich letzterer aus dem Produkt von Hubraum V_{Hub} und Drehzahl ergibt:

$$\lambda = \frac{\dot{V}}{n \cdot V_{\text{Hub}}} \qquad (6.43)$$

Damit kann das erforderliche Hubvolumen berechnet werden:

$$V_{\text{Hub}} = \frac{\dot{V}}{\lambda \cdot n} = \frac{4{,}87 \cdot 10^{-3}}{0{,}78 \cdot \frac{360}{60}} = 1{,}05 \cdot 10^{-3}\,\text{m}^3 \qquad (6.44)$$

Streng genommen verhält sich das Kältemittel nicht wie ein ideales Gas, die Vernachlässigung der Überhitzung würde aber zu einem größeren Fehler führen als die Abschätzung des spezifischen Volumens mit dieser Methode. Der erforderliche Hubraum beträgt 1,05 Liter, was vermutlich zur Auswahl eines Kompressors mit zwei Zylindern führen wird.

Lösung 6.2 Volumetrische Kälteleistung
Die volumetrische Kälteleistung ist das Verhältnis zwischen Kühllast und Ansaugvolumenstrom eines Verdichters:

$$\frac{\dot{Q}_{41}}{\dot{V}_1} = \frac{\dot{m}q_{41}}{\dot{m}v_1} = \frac{q_{41}}{v_1} \qquad (6.45)$$

Die Indices beziehen sich auf den einfachen Standardprozess gemäß Abb. 5.1. Die bezogene Wärme q_{41} ergibt sich aus der Differenz der spezifischen Enthalpien zwischen Verdampfereintritt und Verflüssigeraustritt. Das spezifische Volumen entspricht dem spezifischen Volumen des Sattdampfes bei Verdichtereintrittsdruck.

$$\frac{q_{41}}{v_1} = \frac{h_1 - h_3}{v_1} = \frac{h''(p_{\text{ND}}) - h'(p_{\text{HD}})}{v''(p_{\text{ND}})}\,\text{kJ/m}^3 \qquad (6.46)$$

Der Auszug aus den entsprechenden Dampftafeln liefert

	h''_{ND} [kJ/kg]	h'_{HD} [kJ/kg]	v''_{ND} [m³/kg]
R717	1450,7	491,97	0,4183
R600a	540,93	348,66	0,3320

Für R717 ergibt sich daraus die volumetrische Kälteleistung zu

$$\frac{q_{41}}{v_1} = \frac{1450{,}7 - 491{,}97}{0{,}4183} = 2292\,\text{kJ/m}^3 \qquad (6.47)$$

Für R600a folgt

$$\frac{q_{41}}{v_1} = \frac{540{,}93 - 348{,}66}{0{,}3320} = 579\,\mathrm{kJ/m^3} \tag{6.48}$$

Je Volumeneinheit wird im Fall des Kältemittels R717 eine größere Kühllast aufgenommen als im Fall des Kältemittels R600a. Die Verwendung des natürlichen Kältemittels R600a erfordert damit einen deutlich größeren Verdichter mit größerem Ansaugvolumenstrom.

Literatur

[Bit13]   Bitzer Kühlmaschinenbau GmbH.;
           Technische Dokumentation „Offene Hubkolbenverdichter"
           Nr. KP-510-3 Version 50 Hz. 2013. www.bitzer.de.

[Bos37]   Bošnjaković, Fr.;
           Technische Thermodynamik.
           1937. (2. Teil) Verlag von Theodor Steinkopff, Dresden und Leipzig.
           in: Pfützner, H.; (Hrsg.)
           Wärmelehre und Wärmewirtschaft in Einzeldarstellungen.
           Band XII Technische Thermodynamik II. Teil.

[Bos65]   Bošnjaković, Fr.;
           Technische Thermodynamik.
           4. Auflage 1965. (1. Teil) Verlag von Theodor Steinkopff, Dresden und Leipzig.
           in: Pauer, W.: (Hrsg.)
           Wärmelehre und Wärmewirtschaft in Einzeldarstellungen.
           Band 11, Technische Thermodynamik I. Teil.

[Dre92]   Drees, H.; Zwicker, A.; Neumann, L.;
           Kühlanlagen.
           15. Auflage 1992. Verlag Technik GmbH, Berlin, München.

[Dub00]   Beitz, W.; Grote, K. H. (Hrsg.);
           Dubbel. Taschenbuch für den Maschinenbau.
           19. Auflage, 2000. Springer Verlag.

[Els88]   Elsner, N.;
           Grundlagen der Technischen Thermodynamik.
           7. Auflage 1988. Akademieverlag Berlin.

[VDI]   VDI-Wärmeatlas.
           10. Auflage 2006. Springer Verlag.

Absorptionskälteanlagen

Absorptionskälteanlagen arbeiten mit Arbeitsstoffpaaren aus zwei verschiedenen Komponenten. In diesen Anlagen tritt anstelle des mechanischen Verdichters ein sog. thermischer Verdichter. Als Hilfsenergie kommt in diesem Fall Heizwärme in Betracht. Im vorliegenden Kapitel wird eine Einführung in das Verhalten der Arbeitsstoffpaare gegeben und die Funktion thermischer Verdichter anschaulich erläutert. Die für eine Dimensionierung von Absorptionskälteanlagen erforderlichen Bilanzgleichungen werden vorgestellt und anhand eines Beispiels veranschaulicht.

7.1 Grundprinzip

Die Funktionsweisen von Absorptionskälteprozessen und Kaltdampfkompressionsprozessen besitzen Gemeinsamkeiten. Die Verdampfung eines Kältemittels in einem Verdampfer stellt den wesentlichen Schritt der Kälteerzeugung dar. Der bei der Verdampfung entstehende Dampf wird gemeinsam mit dem bei der zuvor auftretenden Drosselung des Kältemittels entstehenden Dampfes durch einen Verdichter abgesaugt. Dass dieses bereits das Grundprinzip der Kälteerzeugung ist, kann anhand eines sog. Vakuumeiserzeugers demonstriert werden. Hierzu wird ein adiabater Behälter z. B. mit Wasser gefüllt und eine Vakuumpumpe angeschlossen. Durch die Verdampfung von 1 kg Wasser wird die Verdampfungsenthalpie von $\Delta h_V = 2500\,\text{kJ/kg}$ aufgenommen. Sofern die Temperatur bereits 0 °C beträgt, wird die zur Verdampfung erforderliche Energie aus der Erstarrung von Wasser zur Verfügung gestellt. Einrichtungen zur Erzeugung von Vakuumeis müssen in der Lage sein, Saugdrücke in der Größenordnung von ca. 500 Pa oder weniger zu erzeugen. Da die Erstarrungsenthalpie den Wert $\Delta h_E = 333\,\text{kJ/kg}$ besitzt, folgt durch einfache Quotientenbildung, dass etwa 7 kg Eis je kg abgesaugtem Dampf gebildet werden können.

Im Falle der Absorptionskälteanlagen tritt an die Stelle mechanischer Verdichter ein sog. thermischer Verdichter. Thermische Verdichter arbeiten unter Verwendung eines Lösungsmittels, in dem das Kältemittel absorbiert werden kann. Das Prinzip kann anhand des

© Springer-Verlag Berlin Heidelberg 2016

J. Dohmann, *Thermodynamik der Kälteanlagen und Wärmepumpen*,

DOI 10.1007/978-3-662-49110-2_7

Abb. 7.1 Absorption von
Wasserdampf durch das Ab-
sorptionsmittel Schwefelsäure

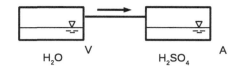

Arbeitsstoffpaars Wasser/Schwefelsäure erklärt werden. Dieses Arbeitsstoffpaar ist prinzipiell zur Durchführung des Absorptionsprozesses geeignet, die chemische Aggressivität
von Schwefelsäure kann als Grund dafür angesehen werden, dass dieser Stoff in der Praxis
bisher nicht eingesetzt wurde. Einige Forschergruppen befassen sich aktuell mit diesem
Arbeitsstoff.

Es ist denkbar, dass ein Verdampfer, in dem sich Wasser von 0 °C befindet, mit einem
Behälter verbunden wird, in dem sich konzentrierte Schwefelsäure befindet.

Die Löslichkeit von Wasserdampf in flüssiger Schwefelsäure basiert auf der Eigenschaft, dass Schwefelsäure mit Wassermolekülen in flüssiger Lösung Hydrate bildet. Diese chemische Reaktion ist extrem schnell und verläuft exotherm. Das Vermischen von
Schwefelsäure mit Wasser, z. B. in einem Reagenzglas, setzt sehr schnell Wärme frei, die
zur Bildung von Dampfblasen führt. Das Gemisch wird hierdurch leicht explosionsartig
versprüht. Konzentrierte Schwefelsäure führt zu sehr schmerzhaften Ätzverletzungen. Die
Reaktion ist als wirklich gefährlich einzustufen.

Das praktische Fehlen von Wasser in flüssiger Phase senkt den Partialdruck von Wasserdampf in der räumlichen Nähe der Schwefelsäureoberfläche auf den Wert null. In
der Folge setzt ein Diffusionsstrom von Wasserdampf in Richtung der Oberfläche ein.
In Abb. 7.1 ist ein Verdampfer schematisch dargestellt, der an einen Absorber angeschlossen ist. Der Massenstrom, der sich zwischen den beiden Apparaten einstellt, hängt
lediglich von der erreichbaren Druckdifferenz ab. Große Strömungsquerschnitte, kurze
Diffusionswege und große Oberflächen der Schwefelsäure tragen zu einer Steigerung des
Massenstroms bei. Da die Hydratisierungsreaktion exotherm, also unter Wärmefreiset-
zung verläuft, müssen derartige Absorber extern gekühlt werden.

Abb. 7.2 Einfacher Absorptionsprozess mit Separation

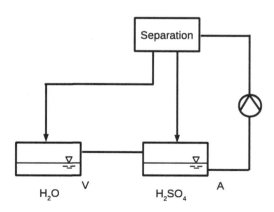

Abb. 7.3 Einfachster Absorptionskälteprozess

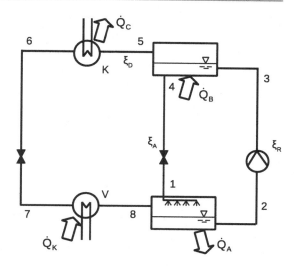

Die in Abb. 7.1 dargestellte Anordnung ist selbstverständlich nicht für den Dauerbetrieb geeignet, da der Verdampfer an Wasser verarmt und die Flüssigkeit im Absorber durch das bereits absorbierte Wasser immer weiter verdünnt wird, weshalb der Vorgang stetig erlahmt und einem Gleichgewichtszustand zustrebt. Bereits verdünnte Lösung ist daher stetig zu entfernen und durch frische Schwefelsäure zu ersetzen.

Als Quelle für frische Schwefelsäure ist eine Schwefelsäureaufbereitung (vgl. Abb. 7.2) zweckmäßig. Die Separation dient der Trennung des Absorptionsmittels Schwefelsäure und des Kältemittels Wasser. Das Kältemittel wird in den Verdampfer zurückgeführt, das Absorptionsmittel in den Absorber. Die Trennung von Schwefelsäure und Wasser erfolgt durch Wärmezufuhr auf höherem Temperaturniveau. Der Vorgang kann als Destillation aufgefasst werden. In der Literatur wird häufig der veraltete Begriff „Austreiber" verwendet. Der Prozess wird ähnlich der Kaltdampfkompressionsanlagen in einen Hochdruckteil und einen Niederdruckteil eingeteilt. Der einfachste Absorptionsprozess ist in Abb. 7.3 dargestellt. Der dargestellte Prozess weist aber noch eine Reihe von Unzulänglichkeiten hinsichtlich der Temperaturen und Drücke auf.

7.2 Arbeitsstoffe

Als Arbeitsstoffe der Absorptionskälteanlagen werden immer Stoffpaare, seltener auch ternäre Gemische eingesetzt. Beide Stoffe besitzen unterschiedliche Dampfdrücke. Die Komponente mit dem höheren Dampfdruck wird als Kältemittel bezeichnet, der andere Stoff als das Absorptionsmittel.

In der Vergangenheit wurden zahlreiche Arbeitsstoffpaare in Hinblick auf Eignung in Kälteprozessen untersucht. Eine Übersicht gibt Tab. 7.1. Zukünftige Anwendungen im

Tab. 7.1 Untersuchte Arbeitsstoffpaare für Absorptionskälteanlagen

Paar	Verwendung	Quelle
$H_2O/LiBr$	Klimaanlagen	[Cub84]
NH_3/H_2O	Klima- und Kälteanlagen	[Cub84]; [Nie49]; [Bos37]
$H_2O/NaOH$	–	[Nie49]
H_2O/KOH	–	[Nie49]
H_2O/H_2SO_4	(historisch) –	[Nie49]
CH_3NH_2/H_2O	–	[Nie49]
$CH_3OH/LiBr$	–	[Cub84]
$CH_3OH/(LiBr-ZnBr_2)$	–	[Cub84]

Zusammenhang mit Hochtemperaturwärmepumpen werden neue Arbeitsstoffpaare zum Vorschein bringen. Denkbar sind hier Stoffe, die in der chemischen Verfahrenstechnik als selektive Lösungsmittel etwa zur Extraktivdestillation verwendet werden.

Die Anforderungen an die Arbeitsstoffpaare stimmen in einigen Punkten mit denen für die Kaltdampfkompressionsverfahren überein. Dies überrascht nicht, da das Kältemittel praktisch den gleichen Zustandsänderungen unterworfen wird. Verflüssigung, isenthalpe Drosselung in das Nassdampfgebiet und anschließende Verdampfung sind trotz aller Unterschiede der Prozesse doch gemeinsame Merkmale. Aus diesem Grund sollte die Lage des kritischen Punktes und die Erstarrungsgrenze außerhalb des Temperaturbereichs des Prozesses liegen. Weitere Anforderungen sind:

- Druckbereich: Die auftretenden Drücke sollten nicht im Vakuumbereich liegen, da dies große Strömungsquerschnitte insbesondere auch in den Wärmeübertragern erfordert.
- Erstarrungsgrenzen: In allen Temperaturbereichen, die in einer Anlage auftreten, sollten die Arbeitsstoffe flüssig bzw. gasförmig vorliegen. Dies schränkt z. B. die Verwendung des Kältemittels H_2O ein auf den Temperaturbereich oberhalb von 0 °C. Aber auch die Absorptionsmittel können erstarren. Beispielsweise tritt beim Arbeitsstoffpaar $H_2O/LiBr$ bei den sog. armen Lösungen die Bildung von Hydraten auf. Die „arme Lösung" ist arm an Kältemittel und entsprechend reich an Absorptionsmittel. Bekannt sind das Monohydrat $LiBr \cdot H_2O$ sowie das Dihydrat $LiBr \cdot 2H_2O$ (vgl. [Cub84], S. 44). Diese treten beispielsweise in Betriebsstillständen auf und sorgen dadurch für Störungen beim Anfahren einer Anlage.
- Viskosität: Die Viskosität speziell der Absorptionsstoffe muss niedrig sein, um die Pumpfähigkeit sicherzustellen.
- Mischbarkeit: Das Absorptionsmittel sollte in der Lage sein das Kältemittel zu lösen. Bei diesem Vorgang sollte es nicht zur Bildung zweier Phasen kommen, da diese dann aufgrund von Dichteunterschieden Stoffakkumulation in Anlagenteilen hervorrufen. Der Stoffübergang ist dadurch erschwert.

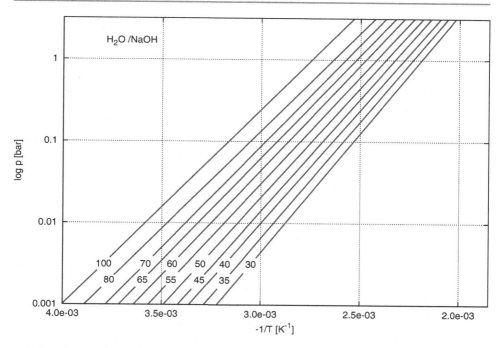

Abb. 7.4 Dampfdruckverhalten des Arbeitsstoffpaars Wasser/NaOH. Daten berechnet nach Daten von Niebergall [Nie49]

- Trennbarkeit: Kältemittel und Absorptionsmittel sollten durch ein thermisches Trennverfahren (Destillation, Rektifikation) trennbar sein. Dies setzt voraus, dass bei der Zufuhr von Wärme ein Dampf gebildet wird, dessen Zusammensetzung von der der Lösung abweicht. Insbesondere sollte der Dampf reich an Kältemittel sein. Im Fall des Arbeitsstoffpaares $H_2O/LiBr$ ist diese Forderung sehr gut erfüllt: der Dampf besteht ausschließlich aus Wasserdampf. Beim Arbeitsstoffpaar NH_3/H_2O hingegen tritt bei der Stofftrennung mit dem Kältemittel ein erheblicher Anteil an Absorptionsmittel (Wasser) aus. Es ist daher das apparativ aufwändigere Trennverfahren der Rektifikation anzuwenden. Eine Übersicht über thermische Trennverfahren wird von z. B. Sattler [Sat88] gegeben.

Das Dampfdruckverhalten des Arbeitsstoffpaars Wasser/Natronlauge ist in Abb. 7.4 dargestellt. Zu beachten ist, dass ein einfaches Stoffmodell gewählt wurde. Dies bewirkt, dass die Gleichgewichtsfunktionen in diesem Koordinatensystem etwas vereinfacht als Geraden erscheinen. Für konkrete Auslegungen wird empfohlen, diese mit genaueren Stoffdatenfunktionen vorzunehmen. Ein maßstäbliches $\log p, -1/T$-Diagramm für das Arbeitsstoffpaar $H_2O/LiBr$ befindet sich in Kap. 11 (vgl. Abb. 11.14).

7.3 Absorptionskälteprozess

7.3.1 Verfahrenschaltung

Die Funktionsweise und Bilanzierung eines Absorptionsverfahrens sei anhand der Abb. 7.5 dargestellt.

In den Verdampfer tritt – in Übereinstimmung mit der Situation im Kaltdampfkompressionsverfahren - Kältemittel im Nassdampfzustand ein und verdampft unter Aufnahme der Kühllast. Der dabei entstehende Dampf (Strom 8) gelangt in den sog. Absorber. In diesem befindet sich ein flüssiges Gemisch aus Absorptionsmittel und dem Kältemittel. Das Kältemittel tritt über die Phasengrenzfläche von der Gasphase in die flüssige Phase über und wird von der flüssigen Phase aufgenommen. Durch den Lösungsvorgang wird ständig Kältemittel aus der Gasphase entfernt, was dazu führt, dass der Druck im Absorber und damit auch im Verdampfer auf niedrigem Niveau gehalten werden kann. Der Lösungsvorgang im Absorber ist durch Freiwerden der Absorptionsenthalpie gekennzeichnet. Bei dem Absorptionsvorgang handelt es sich um eine Art Phasenumwandlung, die der Kondensation sehr ähnlich ist. Die Absorptionsenthalpie besitzt damit eine Größe, die in etwa der Größe der Kondensatonsenthalpie entspricht. Die Kondensationsenthalpie muss durch einen Wärmeübertrager abgeführt werden. Niedrige Temperaturen im Absorber sind eine Voraussetzung für einen niedrigen Druck im Absorber und Verdampfer.

Das Eintreten des Dampfstroms (8) in den Absorber führt zur Erhöhung der Kältemittelkonzentration. Aus diesem Grund muss dem Absorber ständig ein an Kältemittel armer Strom (1) zugeführt werden. Ein kältemittelreicher Strom (2) wird dem Absorber entzogen und einer Regeneration zugeführt. Die Umkehrung der Absorption wird auch als Desorption bezeichnet. Der Begriff wurde aber in der kältetechnischen Literatur nicht eingeführt. Der Regenerationsprozess verläuft unter höherem Druck als der Absorptionsprozess.

Abb. 7.5 Schema des Absorptionsprozesses

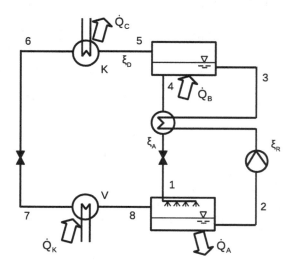

Zur Erreichung eines höheren Druckniveaus wird eine Pumpe verwendet. Im Desorber wird Wärme zugeführt. Es entsteht ein Dampf, der vollständig oder zumindest vorwiegend das leichter flüchtige Kältemittel enthält. Dieser Dampf wird in Übereinstimmung mit dem Kompressionskälteverfahren in einem Verflüssiger unter Wärmeabfuhr kondensiert. Im Zustand siedender Flüssigkeit gelangt das Kältemittel in ein Drosselorgan und anschließend – das Kältemittel befindet sich jetzt im Nassdampfzustand – in den Verdampfer, in dem es unter Aufnahme der Kühllast verdampft. Durch das Einleiten des Dampfes in den Absorber wird der Kreislauf geschlossen.

Bei der Prozessgestaltung gem. Abb. 7.3 tritt noch ein zu behebender Nachteil auf, der den Energiebedarf des Verfahrens betrifft. Im Desorber wird die Löslichkeit des Absorptionsmittels für das Kältemittel durch Anheben der Temperatur gesenkt. Hierzu ist die Zufuhr von Hilfsenergie in Form von Wärme erforderlich. Die Flüssigkeit im Desorber befindet sich demzufolge auf höherem Temperaturniveau. Im Absorber hingegen sind niedrige Temperaturen günstig, da hierdurch der Partialdruck des Kältemittels gesenkt wird. Die Flüssigkeit im Absorber befindet sich demnach auf niedrigem Temperaturniveau. Aus diesem Grund ist es sinnvoll, in das Verfahren einen zusätzlichen Wärmeübertrager zu integrieren, der die vom Absorber ablaufende Flüssigkeit kühlt und die in den Absorber eintretende Flüssigkeit vorwärmt. Dieser Wärmeübertrager ist in Abb. 7.5 dargestellt. Er trägt wesentlich zur Verkleinerung des im Absorber abzuführenden Wärmestroms bei und senkt die im Desorber zuzuführende Hilfsenergie.

7.3.2 Bilanzen

Der Prozess ist durch eine Reihe von Prozessbedingungen bestimmt. Neben der Wahl des Stoffsystems sind dies

- Verdampferdruck: Bei gegebener Konzentration ξ_D liegt damit auch die Verdampfertemperatur fest.
- Heiztemperatur: Die Temperatur ϑ_4 der Heizquelle bestimmt die Desorption im Austreiber.
- Kühlwassertemperatur: Die Kühlwassertemperatur im Verflüssiger bestimmt den Druck im Verflüssiger und damit auch im Desorber.
- Desorptionsbedingungen: Druck und Temperatur im Desorber bestimmen die Konzentration ξ_4 der Lösung im Ablauf aus dem Desorber

Eine Beschreibung erfolgt zunächst in einem $\log p, 1/T$-Diagramm entsprechend Abb. 7.4. Der Prozess ist durch zwei Druckniveaus und drei unterschiedlichen Werten der Konzentration (ξ_D, ξ_A, ξ_R) eindeutig festgelegt. Der grundsätzliche Prozessverlauf in diesem Diagramm ist in Abb. 7.6 dargestellt.

Durch die Linien gleicher Konzentration sind in diesem Diagrammtyp die Zustandspunkte 1 und 4 sowie die Zustandspunkte 2 und 3 miteinander verknüpft. Im idealisierten

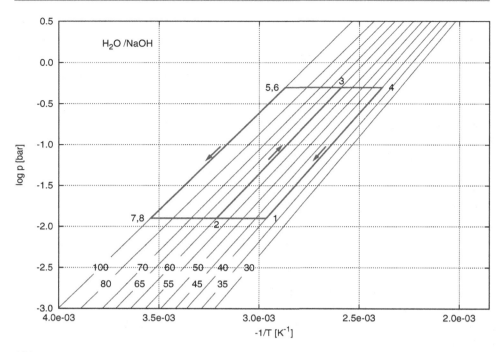

Abb. 7.6 Schematische Darstellung des Absorptionskälteprozesses in $\log p$, $1/T$-Koordinaten

Prozess unterscheiden sich die Drücke und Temperaturen der Zustandspunkte 5 und 6 nicht voneinander, ebenso herrscht unmittelbar hinter dem Expansionsventil (7) der gleiche Druck wie am Verdampferaustritt (8). Die Konzentrationen der Zustandspunkte in der Kältemitteldampfleitung (5, 6, 7 und 8) stimmen jeweils überein.

Neben den Gleichgewichtsbedingungen sind im stationären Prozess die einzelnen Zustandspunkte zusätzlich auch über den Enthalpiehaushalt miteinander verknüpft. Hierzu werden für die beteiligten Apparate jeweils die Massen- und Enthalpiebilanzen formuliert:

Absorber:

$$\dot{m}_1 + \dot{m}_8 - \dot{m}_2 = 0$$
$$\dot{m}_1 h_1 + \dot{m}_8 h_8 - \dot{m}_2 h_2 - \dot{Q}_A = 0 \tag{7.1}$$

Als Prozessparameter wird das sog. Lösungsverhältnis ψ definiert:

$$\psi := \frac{\dot{m}_2}{\dot{m}_8}. \tag{7.2}$$

Mit diesem Parameter kann die sog. bezogene Absorberwärme angegeben werden. Als Bezugsgröße dient der in den Absorber eintretende bzw. aus dem Verdampfer austretende Kältemittelmassenstrom.

$$\frac{\dot{Q}_A}{\dot{m}_8} = \frac{\dot{m}_1}{\dot{m}_8} \cdot h_1 + h_8 - \psi h_2 \tag{7.3}$$

Aus der Gesamtbilanz am Absorber $\dot{m}_1 = \dot{m}_2 - \dot{m}_8$ folgt

$$\frac{\dot{m}_1}{\dot{m}_8} = \psi - 1 \tag{7.4}$$

Mit diesem Zusammenhang kann Gl. 7.3 geschrieben werden als

$$\frac{\dot{Q}_A}{\dot{m}_8} = h_8 - h_1 + \psi \cdot (h_1 - h_2) \tag{7.5}$$

Die bezogene Heizwärme kann in ähnlicher Weise aus den Bilanzen am Austreiber gewonnen werden. Es gilt:

$$\dot{m}_3 - \dot{m}_4 - \dot{m}_5 = 0$$
$$\dot{m}_3 h_3 - \dot{m}_4 h_4 - \dot{m}_5 h_5 + \dot{Q}_B = 0 \tag{7.6}$$

Mit den Identitäten $\dot{m}_3 = \dot{m}_2$, $\dot{m}_4 = \dot{m}_1$ und $\dot{m}_5 = \dot{m}_8$ läßt sich die Enthapiebilanz schreiben als

$$\dot{m}_2 h_3 - \dot{m}_1 h_4 - \dot{m}_8 h_5 + \dot{Q}_B = 0 \tag{7.7}$$

Es folgt für die bezogene Heizwärme

$$\frac{\dot{Q}_B}{\dot{m}_8} = \frac{\dot{m}_1}{\dot{m}_8} h_4 + h_5 - \frac{\dot{m}_2}{\dot{m}_8} h_3$$
$$= h_5 - h_4 + \psi \cdot (h_4 - h_3) \tag{7.8}$$

Die Enthalpiebilanz des Verflüssigers liefert

$$\frac{\dot{Q}_C}{\dot{m}_8} = h_5 - h_6 \tag{7.9}$$

die Bilanz des Verdampfers entsprechend

$$\frac{\dot{Q}_V}{\dot{m}_8} = h_8 - h_7 \tag{7.10}$$

Für den Wärmeübertrager lassen sich verschiedene Enthalpiebilanzen formulieren. Der im Wärmeübertrager übertragene Wärmestrom sei mit $\dot{Q}_X$ bezeichnet. Unter Berücksichtigung der Ströme 4 und 1 folgt

$$\frac{\dot{Q}_X}{\dot{m}_8} = \frac{\dot{m}_4}{\dot{m}_8} h_4 - \frac{\dot{m}_1}{\dot{m}_8} h_1 = \frac{\dot{m}_1}{\dot{m}_8} (h_4 - h_1) = (\psi - 1)(h_4 - h_1) \tag{7.11}$$

Unter Berücksichtigung der Ströme 2 und 3 folgt auch

$$\frac{\dot{Q}_X}{\dot{m}_8} = \frac{\dot{m}_2}{\dot{m}_8} (h_3 - h_2) = \psi (h_3 - h_2) \tag{7.12}$$

Damit lassen sich alle beteiligten bezogenen Wärmeströme durch die spezifischen Enthalpien der beteiligten Stoffströme und durch das Lösungsverhältnis ψ ausdrücken. Das Lösungsverhältnis steht in einem unmittelbaren Zusammenhang zur stofflichen Zusammensetzung der beteiligten Stoffströme. Dieser Zusammenhang kann aus einer Komponentenbilanz des Kältemittels am Absorber hergestellt werden. Es gilt:

$$\xi_R \dot{m}_2 = \xi_A \dot{m}_1 + \xi_D \dot{m}_8 \tag{7.13}$$

$$\dot{m}_2 = \dot{m}_1 + \dot{m}_8 \tag{7.14}$$

Kombination der Gesamtbilanz und der Komponentenbilanz sowie Division durch den Massenstrom 8 liefert

$$\xi_R \psi = \xi_A(\psi - 1) + \xi_D \tag{7.15}$$

Das Lösungsverhältnis kann damit durch die drei verschiedenen Konzentrationen der Stoffströme angegeben werden.

$$\psi = \frac{\xi_D - \xi_A}{\xi_R - \xi_A} \qquad \text{bzw.} \qquad \psi - 1 = \frac{\xi_D - \xi_R}{\xi_R - \xi_A} \tag{7.16}$$

Die Festlegung der Druckniveaus und die Festlegung der Stoffkonzentrationen legt damit eindeutig die Massenstromverhältnisse fest. Eine vollständige Beschreibung erfordert allerdings noch die Zuordnung der spezifischen Enthalpien zu den einzelnen Zuständen unter Verwendung von Zustandsgleichungen bzw. Zustandsdiagrammen. Sofern diese spezifischen Enthalpien bestimmbar sind ist auch eine quantitative Bewertung des Prozesses möglich, da die beteiligten bezogenen Wärmen durch die Enthalpien und das Lösungsverhältnis festgelegt sind.

Bei Absorptionsprozessen tritt anstelle der Leistungsziffer ein Wärmeverhältnis. Die Leistungsziffer wird als Verhältnis zwischen Nutzen und Aufwand berechnet. Diese Definition kann auch hier verwendet werden. Bei einer Absorptionskälteanlage ist der Nutzwärmestrom die im Verdampfer aufgenommene Kühllast. Bei Absorptionswärmepumpen tritt an diese Stelle die im Verflüssiger abgegebene Wärme. Der Aufwand ist der im Austreiber eingesetze Heizwärmestrom. Das Wärmeverhältnis ε_K der Absorptionskälteanlage beträgt

$$\varepsilon_K = \frac{\dot{Q}_V}{\dot{Q}_B} = \frac{h_8 - h_7}{(h_5 - h_4) + \psi(h_4 - h_3)} \tag{7.17}$$

das Wärmeverhältnis der Absorptionswärmepumpe beträgt

$$\varepsilon_W = \frac{\dot{Q}_C}{\dot{Q}_B} = \frac{h_5 - h_6}{(h_5 - h_4) + \psi(h_4 - h_3)} \tag{7.18}$$

Für die Ermittlung der Daten für die spezifischen Enthalpien stehen für die meist gebräuchlichen Arbeitsstoffpaare $H_2O/LiBr$ und NH_3/H_2O sog. h, ξ-Diagramme zur Verfügung. Für das Arbeitsstoffpaar NH_3/H_2O gehen diese Diagramme auf Arbeiten von

Bošnjaković [Bos37] zurück. Das Stoffpaar Wasser/LiBr ist in den Kältemaschinenregeln [Kae81] beschrieben (vgl. Abb. 11.13). Neuere Arbeiten von Kretzschmar (vgl. [Kre13]) liefern Daten höherer Genauigkeit. Für übrige Arbeitsstoffpaare sind die erforderlichen Daten in der Literatur nicht mitgeteilt.

7.3.3 Auslegung

Bei der Auslegung eines Prozesses nach dem Absorptionskälteverfahren sind alle Prozessgrößen zu ermitteln. Ein gültiger Satz von Prozessvariablen ist dadurch gekennzeichnet, dass alle Randbedingungen erfüllt sind, alle Bilanzgleichungen (Massen- und Enthalpiebilanzen), alle stofflichen Gleichgewichte sowie alle Wärmeübergangsbedingungen berücksichtigt sind. Die nichttriviale Aufgabe, diesen Forderungen und Bedingungen gerecht zu werden kann sicherlich durch mehrere Methoden gelöst werden. Eine der möglichen Methoden wurde erstmals von Bošnjaković (vgl. [Bos37], S. 176 ff) beschrieben. Hierzu wird ein ebenfalls von Bošnjaković entwickeltes h, ξ-Diagramm verwendet. Dieses besitzt gegenüber dem bereits vorgestellten $log\,p, -1/T$-Diagramm den Vorteil, dass die während des Prozesses übertragenen bezogenen Wärmeströme als Strecken darstellbar sind. Es handelt sich um ein graphisches Auslegungsverfahren.

Die Auslegung eines Prozesses entsprechend Abb. 7.5 soll anhand eines idealisierten Beispiels eines Absorptionsprozess mit dem Arbeitsstoffpaar $H_2O/LiBr$ demonstriert und erläutert werden. Einzelheiten der Vorgehensweise gehen auf Arbeiten von Hampel ([Ham74], S. 49) zurück.

Zu den sinnvollen Randbedingungen eines Prozesses zählen die Heizmitteltemperatur im Austreiber und die Kühlwassertemperatur in Absorber und Verflüssiger. Unter der Annahme idealisierter Bedingungen bestimmt die Heizmitteltemperatur die Temperatur der aus dem Austreiber ablaufenden Ströme. Entsprechend guten Wärmeaustausch mit dem Kühlwasser angenommen, tritt der Strom 2 mit der Kühlwassertemperatur aus dem Absorber aus.

Der Wärmeübertrager (Temperaturwechsler), der zur Vorkühlung des in den Absorber eintretenden Stroms 1 dient, soll ferner der vereinfachenden Annahme genügen, dass die Temperatur der an Kältemittel verarmten Lösung vor dem Eintritt in den Absorber identisch ist mit der Temperatur des aus dem Absorber austretenden Stroms 2.

Als weitere Randbedingung ist der Druck des Kältemitteldampfes im Verflüssiger zu wählen. Der Druck ist hinreichend hoch zu wählen, dass bei der Temperatur des Kühlwassers das Kältemittel kondensiert werden kann.

Im aktuellen Beispiel wurden folgende Randbedingungen gewählt:

- Heizmitteltemperatur $100\,°C$
- Verflüssigerdruck $p_{HD} = 0{,}2\,bar$
- Kühlwassertemperatur $40\,°C$
- Verdampfertemperatur $10\,°C$

Der Zustandspunkt 4 des Prozesses ist durch den Schnittpunkt der Isothermen der Heizmitteltemperatur und der p_{HD}-Isobaren gekennzeichnet. Im Austreiber herrscht im idealisierten Fall der gleiche Druck wie im Verflüssiger. Im realen Fall ist der Druck im Austreiber geringfügig höher als im Verflüssiger. Ein geringer Druckunterschied ist erforderlich zur Überwindung der Strömungsdruckverluste in diesem Anlagenabschnitt.

Die Ablauftemperatur des Stroms entspricht der Heizmitteltemperatur. Durch den Schnittpunkt der Isobaren und der Isothermen ist die Zusammensetzung ξ_A des Stoffgemisches festgelegt.

Der Zustandspunkt 1 ist durch die identische Zusammensetzung der Lösung gekennzeichnet: $\xi_4 = \xi_1 = \xi_A$. Der Strom 1 besitzt darüber hinaus die Kühlwassertemperatur.

Zustandspunkt 2 entsteht aus dem Zustandspunkt 1, in dem bei gleicher Temperatur Kältemitteldampf (H_2O) aufgenommen wird. Mit diesem Vorgang steigt die Konzentration des Kältemittels in der Lösung bis auf den Wert ξ_2 an. Sofern sich im Absorber ein chemisches Gleichgewicht einstellen kann, ist der Druck im Zustand 2 identisch mit dem Gleichgewichtsdruck. Im Diagramm läßt sich dieser anhand der Isobaren durch den Punkt 2 feststellen. Im konkreten Beispiel wird ein Druck $p_2 = p_1 = p_8 = p_{ND} = 0,02\,\text{bar}$ abgelesen. Der Zustandspunkt 2 ergibt sich aus dem Schnittpunkt der Isothermen $\vartheta = \vartheta_1$ und der p_{ND}-Isobaren. Durch diese Schnittbildung wird auch die Konzentration der reichen Lösung $\xi_2 = \xi_R$ festgelegt. Eine Überprüfung der Bedingung

$$\xi_R - \xi_A > 0$$

stellt eine Plausibiltätsprüfung dar. Diese Größe wird auch als Entgasungsbreite bezeichnet. Bei Anlagen mit dem Arbeitsstoff $H_2O/LiBr$ sind nach Plank (vgl. [Ham74], S. 45) Entgasungsbreiten im Bereich von 4 % bis 6 % üblich.

Der Zustandspunkt 3 läßt sich dadurch ermitteln, dass ausgehend vom Zustandspunkt 2 bei gleicher Zusammensetzung Wärme zugeführt wird. Dies führt zur Anhebung der spez. Enthalpie. Der Zustandspunkt 3 ist ferner dadurch gekennzeichnet, dass der Druck dem p_{HD}-Niveau entspricht. Die Zustandspunkte 3 und 4 liegen dementsprechend auf einer gemeinsamen Isobaren.

Der Zustand 5 repräsentiert den Kältemitteldampf unmittelbar nach Austritt aus dem Austreiber. Die genaue Lage und die genaue Konstruktion des Zustandspunktes hängt von der Ausführung des Austreibers ab. Im konkreten Beispiel wird davon ausgegangen, dass der austretende Dampf sich im Gleichgewicht befindet mit der in den Austreiber eintretenden reichen Lösung (Zustandspunkt 3). Die Zustandspunkte 3 und 5 liegen damit auf einer gemeinsamen Gleichgewichtslinie, die als Nassdampfisotherme bezeichnet wird. Zur Konstruktion wird die Linie $\xi = \xi_3$ mit einer in der oberen Diagrammhälfte eingezeichneten Hilfslinie zum Schnitt gebracht. Jedem Druck im Austreiber ist eine separate Hilfslinie zugeordnet. Dieser Schnittpunkt wird horizontal nach rechts projiziert. Im Fall des Stoffsystems $H_2O/LiBr$ besteht der Kältemitteldampf aus reinem Wasserdampf, was zu einer Vereinfachung des Diagramms gegenüber anderen Stoffsystemen führt.[1] Die Dampfkonzentration ist demnach unabhängig von sonstigen Bedingungen stets $\xi_D = 1$. Entsprechend befindet sich der Zustandspunkt 5 am rechten Diagramm-Rand. Die Verbindungslinie ist in Abb. 7.7 dargestellt. Da das Diagramm aber im Intervall $500 < h < 2500\,\text{kJ/kg}$ unterbrochen ist, erscheint die Nassdampfisotherme in Form zweier Linienfragmente gleicher Steigung.

Im Verflüssiger wird dem Dampf (Zustand 5) Enthalpie entzogen. Im vorliegenden Beispiel erfolgt die Abkühlung bis zur Kühlwassertemperatur. Der Zustandspunkt 6 ergibt sich aus dem Schnittpunkt der Linie mit $\xi = \xi_D$ und der Isothermen. Der Druck im Verflüssiger ist offenbar - wie bei den Kaltdampfkompressionsanlagen mit mechanischen Verdichter auch - durch die Kühlwassertemperatur begrenzt. Der Wert der spezifischen Enthalpie dieses Zustands kann vereinfacht auch durch

$$h_6 = c_{p,W} \cdot \vartheta_6$$

abgeschätzt werden. Die Zustandspunkte 6 und 7 überdecken sich im h, ξ-Diagramm, da durch die Drosselung weder die Enthalpie noch die Zusammensetzung geändert werden. Zustandspunkt 7 ist allerdings ein Zustand, der im Nassdampfgebiet liegt. Eine Ablesung des Dampfanteils ist in diesem Diagramm nicht ohne weiteres möglich.

Im Verdampfer wird die Kühllast aufgenommen. Der Zustandspunkt 8 befindet sich folglich auf hohem Niveau der spezifischen Enthalpie im oberen Diagrammteil. Durch die Zufuhr der Kühllast ändert sich aber die Zusammensetzung des Dampfes nicht. Zur genauen Bestimmung des Zustandspunktes 8 ist Temperaturniveau im Verdampfer festzulegen. Es handelt sich dabei um eine zusätzliche Randbedingung. Das Kältemittel tritt mit der Kühlwassertemperatur in die Drossel ein. Bei der Druckminderung auf Verdampferdruckniveau kommt es zu einer Temperaturabsenkung. Im Falle des Stoffsystems $H_2O/LiBr$ ist die Verdampfertemperatur auf den Wertebereich oberhalb $0\,°C$ beschränkt. Bei tieferen Temperaturen als $0\,°C$ würde der Kältemitteldampf zu Eiskristallen kristallisieren, was aus betriebstechnischer Sicht eine Beschränkung darstellt. Bei Wahl der Verdampfertemperatur liegt auch der Verdampferdruck fest, was zur Auswahl einer Hilfslinie führt und den Punkt 8 direkt konstruieren läßt. Der Punkt 8 ist aber auch durch eine einfache Abschätzung direkt anzugeben. Hierzu ist die spezifische Enthalpie von Sattdampf bei Verdampfertemperatur zu berechnen:

$$h''(\vartheta_8) = \Delta h_v|_{0\,°C} + c_{p,D} \cdot \vartheta_8 = 2500 + 1{,}86 \cdot \vartheta_8 \ [\text{kJ/kg}]$$

Damit liegen alle Zustandspunkte des Prozesses hinsichtlich der Zustandsgrößen Druck, Temperatur, Zusammensetzung und spez. Enthalpie fest. Hiermit lassen sich die Bilanzgleichungen auswerten und damit alle Stoff- und Energieströme berechnen.

---

[1] Das h, ξ-Diagramm z. B. des Stoffsystems NH_3/H_2O weist im oberen Diagrammteil neben den Hilfslinien noch Taulinien auf. Dabei handelt es sich um Linien konstanten Drucks, mit deren Hilfe die Zusammensetzung des Kältemitteldampfes beschrieben wird. Der Dampf in diesem Stoffsystem besteht überwiegend aus Ammoniak, es sind aber auch nennenswerte Wasseranteile vorhanden. Das Stoffsystem wird quantitativ von Bošnjaković beschrieben.

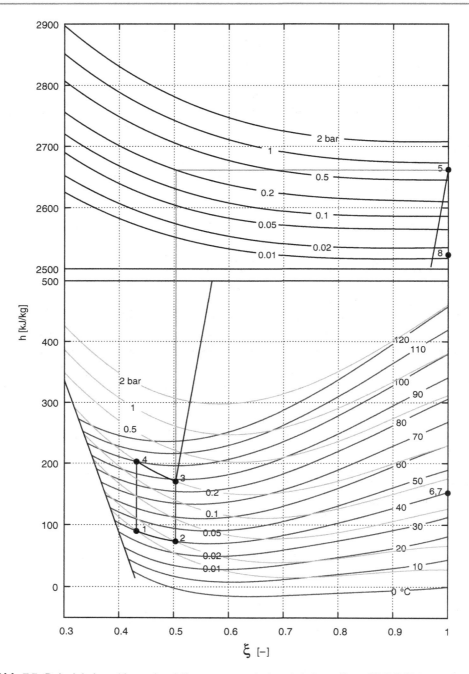

Abb. 7.7 Beispiel eines Absorptionskälteprozesses mit dem Arbeitsstoffpaar H_2O/LiBr

Literatur

[Bos37]   Bošnjaković, Fr.;
            Technische Thermodynamik.
            1937. (2. Teil) Verlag von Theodor Steinkopff, Dresden und Leipzig.
            in: Pfützner, H.; (Hrsg.)
            Wärmelehre und Wärmewirtschaft in Einzeldarstellungen.
            Band XII Technische Thermodynamik II. Teil.

[Cub84]   Cube, L.; Steimle, F.;
            Wärmepumpen. Grundlagen und Praxis.
            2. Auflage 1984. VDI-Verlag GmbH, Düsseldorf.

[Ham74]   Hampel, A.;
            Grundlagen der Kälteerzeugung.
            1974. Verlag C. F. Müller, Karlsruhe.

[Kae81]   Kältemaschinenregeln.
            7. Auflage 1981. Verlag C. F. Müller, Karlsruhe.

[Kre13]   Kretzschmar, H.-J.; Stöcker, I.;
            Zittaus's Fluid Property Calculator.
            2013. http://thermodynamik.hszg.de.

[Nie49]   Niebergall, W.;
            Arbeitsstoffpaare für Absorptions-Kälteanlagen und Absorptions-Kühlschränke.
            1949. Verlag f. Fachliteratur Rich. Markewitz, Mühlhausen/Thüringen.

[Sat88]   Sattler, K.;
            Thermische Trennverfahren. Grundlagen, Auslegung, Apparate.
            1988. VCH-Verlagsgesellschaft, Weinheim.

Kälteträger

Kälteträger werden immer dann eingesetzt, wenn eine örtliche oder zeitliche Trennung zwischen Kälteerzeugung und „Kälteverbrauch" erforderlich ist. In diesen Fällen kommen Kälteträger zum Einsatz. Die verschiedenen Stoffklassen von Kälteträgern und deren wesentlichen Eigenschaften werden vorgestellt. Hierzu zählt neben den thermodynamischen Eigenschaften z. B. auch das Viskositätsverhalten. Ziel des Abschnittes ist es, ein Kälteträgersystem dimensionieren zu können.

8.1 Kältetransport

Häufig ist es erforderlich, Kälte zu transportieren. Hierzu wird ein Stoffkreislauf aufgebaut, der zwischen einer Kälteanlage und dem zu kühlenden Gut zirkuliert. Im einfachsten Fall strömt in diesem Kreislauf Luft, die im Verdampfer der Kälteanlage abgekühlt wird um anschließend zum Kühlgut zu strömen, um dort die Kühllast aufzunehmen. Luft ist allerdings ein nicht besonders günstiger Kälteträger, da Dichte und spezifische Wärmekapazität gering sind. Um eine gegebene Kühllast zu transportieren sind vergleichsweise große Massenströme und daher auch große Volumenströme erforderlich, was auf große Strömungsquerschnitte führt. Ein Transport über größere Entfernungen ist anwendungstechnisch daher meist nicht möglich.

Diese Art der Kälteverteilung besitzt aber noch weitere Nachteile, die im Zusammenhang mit der Sicherheitstechnik stehen. Im Falle von Leckagen dürfen die Kältemittel je nach Risikopotential nicht in den zu kühlenden Raum austreten können, da hierdurch direkte Gefahren entstehen würden. Dies ist insbesondere wichtig im Zusammenhang mit Reizstoffen (z. B. R717), brennbaren Kältemitteln (R290, etc.) oder physiologisch wirksamen Stoffen (z. B. E170 Dimethylether). Das Risikopotential ist zwar in einschlägigen Normen beschrieben (vgl. DIN EN 378-1, Tabellen hierzu siehe auch [Her07]). Im Sinne einer erweiterten Produkthaftung und der Verantwortlichkeit für die Sicherheit von Maschinen ist es stets erforderlich, auch unbekannte Gefährdungen auszuschließen. Aus

© Springer-Verlag Berlin Heidelberg 2016
J. Dohmann, *Thermodynamik der Kälteanlagen und Wärmepumpen*,
DOI 10.1007/978-3-662-49110-2_8

diesem Grund sind häufig zwischen einer Kälteanlage und dem zu kühlenden Gut Zwischenkreise geschaltet, in denen ein Kälteträger strömt. Bei richtiger Schaltung ist im Falle eines Lecks im Kälteprozess der Gesamtprozess als sicher anzusehen.

Gleiche Überlegungen gelten auch im Zusammenhang mit dem Betrieb von Wärmepumpen. Hier sind konsequente sicherheitstechnische Überlegungen auf der wärmeabgebenden Seite erforderlich. Auch hier kann die Verwendung eines Wärmeträgerfluids sinnvoll sein, um zu verhindern, dass das Arbeitsmedium des Kälteprozesses im Fall von Leckagen in gefährdete Bereiche gelangt. Es ist zu beachten, dass die Verflüssiger bei den gängigen Prozessen über hohe Druckstufen verfügen.

Die Möglichkeit, den Druck in den Versorgungsleitungen durch Verwendung eines Wärmeträgerfluids senken zu können wird in praktischen Anwendungen genutzt. Ebenfalls wird auch der Montage- und Wartungsaufwand bei Anlagenveränderungen wesentlich verringert.

Nachteilig ist in der Regel aber, dass die Verwendung eines Zwischenkreises auch mindestens einen zusätzlichen Wärmeübergang erfordert. Dies macht einen zusätzlichen Wärmeübertrager erforderlich. Zudem wird für diesen Wärmeübergang immer auch eine Temperturdifferenz erforderlich, was mit einer Verringerung der Leistungsziffer ε_W (COP) verbunden ist.

Die Verwendung von Kälteträgern ist nicht nur von Nachteilen begleitet. Sinnvoll sind Anwendungen, in denen unter Verwendung von Kälteträgern eine Speicherung vorgenommen wird. Ebenso ist es sinnvoll, Kälteträgersysteme zu verwenden, wenn mehrere Kälteverbraucher von einer Kälteanlage versorgt werden sollen. Die Überwindung größerer Distanzen gibt ebenfalls Grund zur Anwendung.

8.2 Stoffklassen

Wasser und Luft sind sehr weit verbreitete Kälte- bzw. Wärmeträger. Wasser besitzt die günstige Eigenschaft einer hohen Dichte und einer hohen spezifischen Wärmekapazität. Der Gefrierpunkt von Wasser von 0 °C schränkt die Verwendung sehr stark ein. Eine Verwendung ist aber z. B. in raumlufttechnischen Anlagen möglich, wenn der Temperaturbereich einen gewissen Sicherheitsabstand zum Gefrierpunkt besitzt. Anlagen, die Wasser mit der Spreizung 6 °C/3 °C bereitstellen werden häufig als Kaltwassersätze bezeichnet. Kaltwassersätze produzieren Wasser z. B. der Temperatur 3 °C. Dieses Wasser wird vom Verbraucher mit der Temperatur 6 °C zurückgeschickt. Die Bezeichnungen Vorlauf und Rücklauf sind leider nicht eindeutig. Die Temperaturspreizung ist ein kennzeichnendes Merkmal und eine wichtige Auslegungsgröße, z. B. für auftretende Massenströme oder für die Größe der Wärmeübertrager.

Als Kälteträger kommen verschiedene Stoffklassen zum Einsatz:

- Wasser
- Kältemittel mit Phasenwechsel

- Kohlenwasserstoffe (ohne Phasenwechsel)
- Wässrige Lösungen anorganischer Stoffe
- Wässrige Lösungen organischer Stoffe

8.2.1 Wasser

Wasser verfügt zwar über hervorragende wärmetechnische Eigenschaften. Leider ist Wasser als korrosiv einzustufen. Eine Verwendung ist möglich, wenn einige Vorkehrungen getroffen werden. Der Zutritt von Luft, speziell aber von Sauerstoff und Kohlenstoffdioxid, ist streng zu vermeiden. Die Konzentration gelöster Salze im Wasser ist auf möglichst niedrige Werte einzustellen. Hierzu bietet sich die Verwendung von Ionenaustauschern an, die zur Entsalzung von Wasser eingesetzt werden. Dem Wasser sind Korrosionsinhibitoren zuzusetzen. Eigenschaften des Wassers sind regelmäßig chemisch analytisch zu untersuchen. Es empfiehlt sich eine sorgfältige Kontrolle des pH-Wertes, der auf leicht basische Werte einzustellen ist. Hierzu sind geeignete Puffersysteme zu verwenden. Die Wahl der Werkstoffe ist auf diesen Kälteträger abzustimmen. Bei der Verwendung von Kunststoffen ist zu beachten, dass diese für gasförmige Stoffe zum Teil permeabel sind. Die Verwendung von Wasser ist bei Beachtung der anerkannten Regeln der Technik unproblematisch.

8.2.2 Kältemittel

Kältemittel vollziehen beim Wärmeübergang Phasenwechsel. Dies sorgt für hervorragende Wärmeübertragungsbedingungen. Es ist denkbar, Kältemittel sogar ohne Verwendung von Pumpen in Kreisläufen einzusetzen. Hierzu kann der Dichteunterschied zwischen einem einphasigen flüssigen Kältemittel und einem zweiphasigen Flüssigkeits-Dampf-Gemisch ausgenutzt werden. Derartige Anordnungen sind als Naturumlaufverdampfer oder auch als sog. Heatpipe im Einsatz.

Der Einsatz von Kältemitteln als Kälteträger kann sinnvoll sein, wenn im Kälteprozess ein Kältemittel eingesetzt wird, das aus Sicherheitsgründen aber nicht mit dem Kühlgut in Kontakt gebracht werden soll, andererseits aber auf positive Eigenschaften (z. B. günstige Leistungsziffer) nicht verzichtet werden soll.

8.2.3 Kohlenwasserstoffe

Die Verwendung von Kohlenwasserstoffen (z. B. verschiedene Alkohole oder n-Paraffine) besitzt verschiedene Nachteile. Zum einen sind die spezifischen Wärmekapazitäten (z. B. Benzin: $c_p = 2{,}2 \, \mathrm{kJ/kg\,K}$ (vgl. [VDI], Dd11)) im Vergleich zu Wasser niedrig, was größere Umwälzmengen erforderlich macht. Ungünstig ist das Verhalten, mit Luft zündfähige

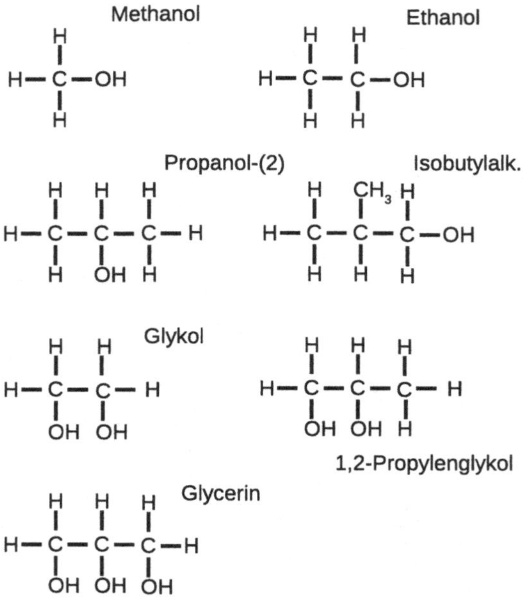

Abb. 8.1 Bezeichnungen einiger organischer Kälteträger

Methanol

Ethanol

Propanol-(2)

Isobutylalk.

Glykol

1,2-Propylenglykol

Glycerin

Gemische zu bilden. Dies bedeutet, dass eine Verwendung nur in geschlossenen Systemen ohne Luftzutritt möglich ist. Da diese Flüssigkeiten aber ebenfalls die Dichte mit der Temperatur ändern, ist ein Volumenausgleich vorzusehen.

Technische Kohlenwasserstoffe (z. B. Mineralöl-Kraftstoffe, Pflanzenöle) besitzen im molekularen Aufbau Doppelbindungen. Damit neigen diese Substanzen dazu, Polymerisationen auszuführen. Es kommt damit langfristig zur Bildung langkettiger Kohlenwasserstoffe, die in Rohrleitungen z. B. schlammartige Ablagerungen hervorrufen können. Alkohole zeigen die Eigenschaft, mit Bestandteilen der Luft chemische Reaktionen einzugehen. Die Reaktionsprodukte (z. B. organische Säuren) können an Werkstoffen Korrosion hervorrufen. Bei gleichzeitiger Verwendung von Inhibitoren sind diese Stoffe (Bezeichnungen siehe Abb. 8.1) gut einsetzbar und konkurrieren hinsichtlich der Wirtschaftlichkeit mit den verdünnten wässrigen Lösungen. Grundsätzlich ist bei der Verwendung von Kohlenwasserstoffen als Kälteträger zu überdenken, warum ein Kälteträger überhaupt eingesetzt werden soll oder ob nicht der direkten Verwendung von Kältemitteln der Vorzug zu geben ist.

Neben den genannten Nachteilen sind auch einige Vorteile zu nennen. Dazu zählt der Temperaturbereich, in dem diese Stoffe eingesetzt werden können, der nach unten nur durch die dynamische Viskosität η beschränkt wird. Diese Größe spielt neben der spezifischen Wärmekapazität und der Dichte eine Rolle bei der Auslegung des Rohrleitungsnetzes einschließlich der Förderpumpen und Armaturen. In Abb. 8.2 ist die Temperaturabhängigkeit der Viskosität dargestellt (Daten: [Sch09], S. 162; sowie [VDI]).

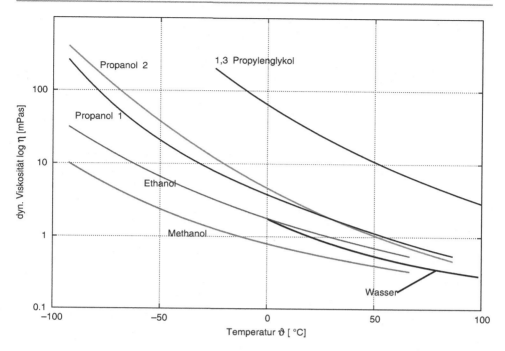

Abb. 8.2 Dynamische Viskosität in Abhängigkeit von der Temperatur für einige organische Kälteträger (Reinstoffe) (Daten: [Sch09])

8.2.4 Wässrige Lösungen anorganischer Salze

Wässrige Lösungen organischer Salze werden auch als Kühlsolen bezeichnet. Als Salze kommen insbesondere Natriumchlorid NaCl, Calciumchlorid $CaCl_2$, Magnesiumchlorid $MgCl_2$ und Kaliumcarbonat K_2CO_3 zum Einsatz. Bei der Herstellung der Lösungen ist darauf zu achten, dass das Wasser über eine hohe Qualität verfügt. Auch hier ist der Einsatz von Korrosionsinhibitoren etwa zur pH-Wert-Stabilisierung erforderlich.

Die Wirkung der anorganischen Salze auf durch die Erniedrigung des Schmelzpunktes zurückzuführen. Für das Stoffsystem $NaCl/H_2O$ ist das Phasendiagramm in Abb. 8.3 dargestellt.

Im $\vartheta - \xi$-Diagramm sind zusammenhängende Wertepaare von Zusammensetzung und Schmelztemperatur dargestellt. Die linke Grenzkurve wurde durch den Ansatz

$$\vartheta(\xi) = a_1 \cdot \xi + a_2 \cdot \xi^2 \qquad (8.1)$$

mit $a_1 = -51{,}3426\,°C$ und $a_2 = -176{,}042\,°C$ approximiert. Die Zusammensetzung ist als Massenanteil ξ des Salzes in der Mischung angegeben. Mit zunehmendem Salzanteil nimmt die Schmelztemperatur ab. Wird eine Salzlösung mit gegebenem Salzanteil (z. B. mit 12 % Salz und 5 °C, Zustandspunkt 1) abgekühlt, so beginnt bei einer Temperatur von

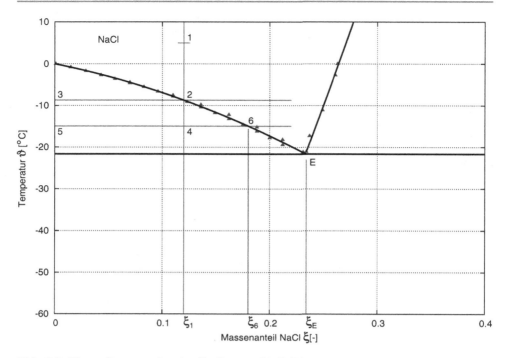

Abb. 8.3 Phasendiagramm für das Stoffsystem NaCl/Wasser (Daten: [VDI], Dd13; [Moe69], S. 202 f)

ca. −9 °C (Zustandspunkt 2) der Erstarrungsvorgang: das erste Ausscheiden von Kristallen wird beobachtet. Diese Kristalle bestehen ausschließlich aus der Komponente Wasser. Im weiteren Abkühlungsverlauf entstehen weitere Wassereiskristalle. Entsprechend nimmt die Konzentration der verbleibenden Lösung zu. Bei einer Temperatur von ca. −15 °C erreicht der Massenanteil des Salzes in der verbleibenden Lösung bereits den Wert 18 % (Zustand 6). Dieser Vorgang setzt sich mit weiterer Abkühlung fort, bis die verbleibende Lösung die sog. eutektische Konzentration (Zustandspunkt E-Eutektikum) erreicht hat. Bei weiterer Abkühlung tritt keine weitere Konzentrationsänderung auf sondern es scheiden sich sowohl Eis- als auch Salzkristalle aus.

Ein ähnliches Verhalten zeigt auch eine Mischung aus $CaCl_2$/Wasser. Bei diesem System tritt die Besonderheit auf, dass die eutektische Temperatur den sehr tiefen Wert von −55 °C erreicht (vgl. Abb. 8.4). Diese Sole ist damit für Anwendungen im tieferen Temperaturbereich geeignet. Beim Einsatz ist jedoch zu beachten, dass Ca-Kationen mit zahlreichen Anionen schwer- bzw. praktisch unlösliche Salze bildet. Das zugehörige Anion Cl^- sorgt bei einigen metallischen Werkstoffen, darunter auch austenitischen Edelstählen, zu sog. Lochfraß. Die Calciumchlorid-Solen sind daher besonders sorgfältig zu präparieren und zu überwachen.

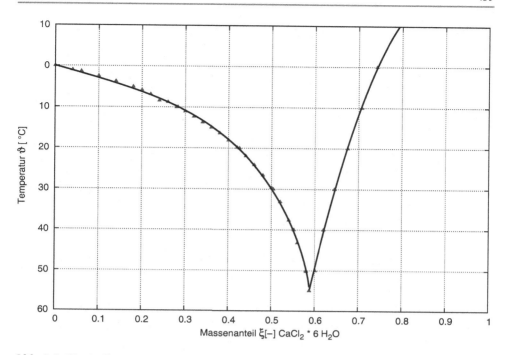

Abb. 8.4 Phasendiagramm für das Stoffsystem $CaCl_2$/Wasser (Daten: vgl. [Bac54])

Diese grundsätzliche Eigenschaft gelöster Stoffe wird technisch zur sog. Gefrierkonzentration (z. B. von Fruchtsäften) ausgenutzt. Ob das bei dem Vorgang gebildete Eis tatsächlich frei von den gelösten Stoffen ist, hängt dabei von der Geschwindigkeit der Eisbildung ab. Bei hohen Abkühlgeschwindigkeiten können Lösungseinschlüsse im Eis auftreten, die für einen Restgehalt gelöster Stoffe im Eis sorgen.

Lösungen mit der eutektischen Konzentration weisen das interessante Verhalten auf, dass diese sich zunächst bis zur eutektischen Temperatur abkühlen lassen ohne eine Entmischung oder Konzentrationsänderungen aufzuweisen. Während dieses Abkühlvorgangs ist nur wenig Wärme abzuführen, da keine Phasenumwandlung auftritt. Die eutektische Lösung kühlt analog zu einer einfachen Flüssigkeit ab. Bei Erreichen der eutektischen Temperatur tritt eine Phasenumwandlung bei gleichbleibender Temperatur auf. Makroskopisch kann das Verhalten eines Eutektikums nicht von einem einfachen Stoff unterschieden werden.

Eutektika wurden früher auch als sog. Kryohydrate bezeichnet, da sie fälschlich für bei tiefen Temperaturen stabile Verbindungen von Stoffen mit Wasser gehalten wurden. Derartige Hydrate sind zwar bekannt, weisen aber ein abweichendes Stoffverhalten auf. Die Bezeichnung Kryohydrat sollte daher nicht weiter verwendet werden. In Tab. 8.1 sind Daten einiger Eutektika zusammengestellt.

Tab. 8.1 Stoffdaten einiger Eutektika (wässrige Lösungen)

Stoff	Formel	M [g/mol]	ξ_E [%]	ϑ_E [°C]	Δh_E [kJ/kg]	Quelle
Ammoniumchlorid	NH$_4$Cl	53,45	19	−16	309	[Nae83], S. 120
Natriumchlorid	NaCl	58,44	23,1	−21,2	236	[Cub97], S. 294
		58,44	22,4	−21,2		[Moe69], S. 209
Kaliumchlorid	KCl	74,55	19,7	−11,1	301	[Bre54], S. 260
Magnesiumchlorid	MgCl$_2$	95,21	20,6	−33,6		[Cub97], S. 294
Magnesiumsulfat	MgSO$_4$	120,37	19,0	−3,9	244	[Ham74], S. 116
Calciumchlorid	CaCl$_2$	110,98	29,9	−55,0	213	[Cub97], S. 294
	CaCl$_2$				150	[Bos37], S. 90
Kaliumcarbonat	K$_2$CO$_3$	99,10	39,5	−36,5		[Cub97], S. 294

Schmelzenthalpien Δh_E nach [Bre54]

Es besteht die Möglichkeit, Kältespeicher unter Verwendung eutektischer Solen aufzubauen. Je nach Wahl der Materialpaarung des gelösten Stoffes und des Lösungsmittels (meist Wasser) treten dabei individuelle Temperaturen auf.

Die Gefrierpunktserniedrigung steht mit der Menge des in einem Lösungsmittel gelösten Stoffs in Beziehung. Zur Beschreibung wird die sog Molalität b [mol/kg] definiert:

$$b := \frac{n_S}{m_L} \tag{8.2}$$

mit n_S Stoffmenge des Salzes und m_L Masse des Lösungsmittels. Die Molalität kann durch die Massenanteile des gelösten Salzes angegeben werden:

$$b := \frac{1}{M} \frac{\xi}{1-\xi} \tag{8.3}$$

Die Gefrierpunktserniedrigung $\Delta\vartheta$ ist der Änderung der Molalität Δb proportional:

$$\Delta\vartheta = -E \cdot \Delta b \tag{8.4}$$

Die enthaltene Konstante E ist die sog. kryoskopische Konstante des Lösungsmittels. Für das Lösungsmittel Wasser besitzt diese den Wert (vgl. [Ayl99], S. 142; auch [Lue00], S. 793)

$$E = 1,853 \frac{\text{K} \cdot \text{kg}}{\text{mol}}$$

Im Grenzfall unendlicher Verdünnung gilt

$$\Delta b = \frac{z}{M} \Delta\xi \tag{8.5}$$

Der enthaltene Parameter z wird bei Salzen eingeführt, da Salze beim Lösen in Wasser dissoziieren. Im Fall des Stoffs NaCl ist zu erwarten, dass $1 \leq z \leq 2$: bei vollständiger

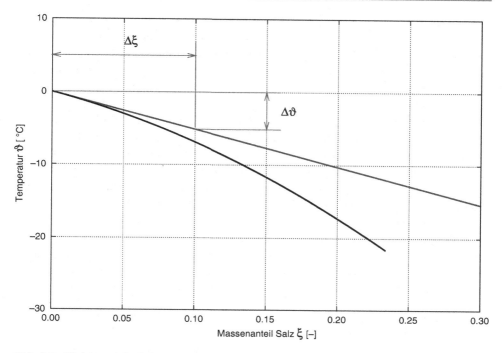

Abb. 8.5 Gleichgewichtslinie des Stoffsystems NaCl/Wasser mit eingezeichneter Anfangstangente

Dissoziation liegen zwei mol Ionen je mol NaCl vor. Kombination dieser Gleichungen liefert

$$\Delta\vartheta = -\frac{z \cdot E}{M}\Delta\xi \qquad (8.6)$$

Die enthaltenen Differenzen können als Differentiale der Sättigungsgrenzlinie interpretiert werden.

Nach Grenzübergang kann der Differentialquotient $\Delta\vartheta / \Delta\xi$ als Steigung der Anfangstangente verstanden werden. Die Tangentensteigung kann direkt aus der Approximation der Grenzkurve gem. Gl. 8.1 berechnet werden. Offenbar gilt:

$$\frac{\Delta\vartheta}{\Delta\xi}\bigg|_{\xi=0} = a_1 = -\frac{z \cdot E}{M} \qquad (8.7)$$

Die Molmasse des Salzes ist bekannt. Daher kann der Dissoziationsparameter z aus den Daten berechnet werden. Es gilt

$$\begin{aligned}
z &= -\frac{a_1 \cdot M}{E} \\
&= -\frac{-51{,}3426 \cdot 58{,}442 \cdot 10^{-3}}{1{,}853} = 1{,}61
\end{aligned} \qquad (8.8)$$

Die Stoffmenge 1 mol NaCl dissoziiert in 1,61 mol Ionen. Durch diese Materialeigenschaft des Salzes ist der Verlauf der Grenzkurve im Phasendiagramm festgelegt.

Dieser grundlegende Zusammenhang liefert die Erkenntnis, warum offenbar gut dissoziierende Stoffe gute Basisstoffe zur Herstellung von Kühlsolen darstellen. Ferner wird klar, dass Stoffe, die mehrere Ionen beim Lösen bilden, vorteilhaft sind. Aus diesem Grund sind sehr häufig Stoffe wie $CaCl_2$ oder K_2CO_3 im Einsatz.

Problematisch bei den Kühlsolen auf Calcium-Basis ist, dass Calcium-Ionen mit Kohlenstoffdioxid aus der Luft Carbonate bilden, die in Wasser unlöslich sind. Aus diesem Grund kann eine Sole an Calcium durch Bildung calciumhaltiger Schlämme verarmen. Ferner wirkt sich der Zugang zur Luft ungünstig auf den pH-Wert aus. Piatti [Pia68] berichtet, dass im Lauf der Zeit der pH-Wert in den sauren Bereich sinkt und aus diesem Grund die korrosive Wirkung der Sole im Laufe der Zeit zunimmt. Solesysteme sind daher kontinuierlich zu überwachen.

Die bei der Phasenumwandlung einer eutektischen Mischung auftretenden Phasenänderungsenthalpie kann experimentell ermittelt werden. Eine einfache Abschätzung gelingt aber auch aus der Berechnung der an der Umwandlung beteiligten Wassereisphase. Die Kristallistationsenthalpie des Eises ist auch in Anwesenheit von Salzen in einer anderen

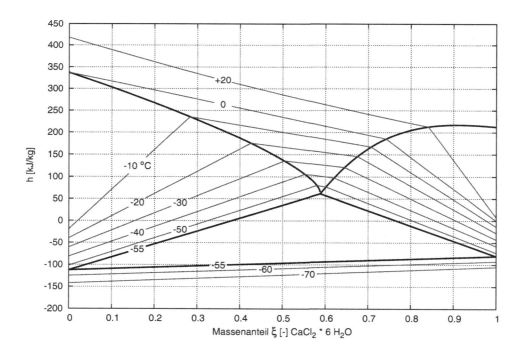

Abb. 8.6 h, ξ-Diagramm des Stoffsystems $CaCl_2$/Wasser. Diagramm berechnet nach Daten von Bošnjaković (vgl. [Bac54], S. 45; sowie [Bos37], S. 90)

Phase unverändert. Die Kristallisationsenthalpie der Salze kann in einem ersten Schritt vernachlässigt werden. Auf diese Art liegt ein einfaches Schätzmodell vor.

Für das System $CaCl_2$/Wasser liegt eine Beschreibung des kalorischen Verhaltens in Form eines h, ξ-Diagramms vor. Mit diesem Diagramm können Abkühl- und Erstarrungsvorgänge, aber auch das Verhalten beim Mischen von Stoffen dieses Systems beschrieben werden. Das Diagramm ist in Abb. 8.6 dargestellt.

8.2.5 Wässrige Lösungen organischer Stoffe

Alkohole Klassische Frostschutzmittel sind ein- und mehrwertige Alkohole. Diese können als Reinstoffe eingesetzt werden. Wesentlich verbreiteter ist die Verwendung als wässrige Lösung. Gegen die Verwendung von Methanol spricht die vorhandene Toxizität. Ethanol ist aus fiskalischen Gründen als teurer Stoff anzusehen. Beide Alkohole besitzen wegen der Brennbarkeit ein erhöhtes Gefährdungspotential. Bei Verwendung in geschlossenen Systemen empfiehlt sich die Zugabe eines Warnduftstoffs, z. B. in Form eines Esters mit einer organischen Säure. Einfache Alkohole zeigen in Rohrleitungsnetzen Korrosivität. Propanol und Isopropanol lassen sich gut als Kälteträger einsetzen.

Verbreitet ist die Verwendung von Mehrfachalkoholen, von denen das Glykol (Ethylenglykol, Ethandiol-1,2) unter verschiedenen Handelsnamen (Antifrogen N, Glythermin NF, Tyfocor, Glysantin, etc.) angeboten wird.

Die Nomenklatur dieser Substanzklasse ist zwar eindeutig geregelt. Systematische Namen, Trivialnamen und veraltete Trivialnamen werden aber – auch von den Herstellern – synonym verwendet. Die Substanz Ethandiol-1,2 wird auch als Ethylenglykol oder auch als Monoethylenglykol bezeichnet. Der Stoff wird auch gelegentlich einfach als Glykol bezeichnet. Dieser Begriff steht aber auch als Oberbegriff für die Stoffklasse der Mehrfachalkohole. Zusätzlich existieren noch zahlreiche Handelsnamen. Die Handelsprodukte unterscheiden sich von den Reinstoffen durch Additive.

Die Handelsprodukte verfügen bereits über Additive, die eine Langzeitverwendung ermöglichen. Nachteilig an Glykol ist die Gesundheitsgefahr für den Menschen. Glykole sollten nicht verschluckt werden. Auch ist prinzipiell bei längerem Hautkontakt eine Aufnahme durch die Haut denkbar. Günstiger ist die Verwendung von 1,2-Propylenglykol (Propandiol-1,2), von dem keine besonderen Gefahren ausgehen. Dieser Stoff wird unter den Handelsnamen Antifrogen-L oder auch Tyfocor-L sowie unter weiteren Handelsnamen angeboten. Daneben existiert noch der Zweifachalkohol 1,3-Propylenglykol, der weder korrosiv noch toxisch ist. Dieser Stoff wird aber selten eingesetzt, da er keine Vorteile gegenüber dem Propandiol-1,2 besitzt.

Glycerin als dreifach-Alkohol ist nicht als Kälteträger geeignet. Es handelt sich zwar um einen Stoff, der zuweilen als Additiv der Lebensmittelherstellung eingesetzt wird. jedoch nimmt die Viskosität mit fallenden Temperaturen sehr stark zu. Bei tiefen Temperaturen ist die Pumpfähigkeit nicht mehr gegeben.

Organische Salze Interessante Kälteträger entstehen durch Vermischen von Wasser mit sog. organischen Salzen. Zu nennen sind die Stoffe Kaliumformiat (HCOOK) (Formiate sind Salze der Ameisensäure) und Kaliumacetat (CH_3COOK) (Acetate sind Salze der Essigsäure), die als Kälteträger bis −50 °C einsetzbar sind. Kaliumformiat und auch -acetat sind als Lebensmittelzusatzstoff zugelassen. Der Formiatanteil führt zum Kürzel F bzw. KF, das einigen Handelsnamen angehängt ist (z. B. Antifrogen KF, Tyfoxit-F). Eine Verwendung des Kälteträgers im Umfeld einer Lebensmittelverarbeitung ist sinnvoll. Technische Vorsichtsmaßnahmen sind aber dennoch erforderlich, da den Handelsprodukten ebenfalls Additive (z. B. Farbstoffe) zugesetzt sind bzw. sein können. Die Stoffdaten dieser Materialien sind z. B. in der einschlägigen Literatur mitgeteilt (vgl. [VDI]; [Her07]; [Per84]). Als sehr aufschlussreich zu empfehlen sind die Datenblätter der Hersteller. Eigenschaften einiger Kälteträger sind in Tab. 11.16 angegeben.

8.2.6 Zweiphasen-Kälteträger

Bei der Abkühlung einer wässrigen Lösung eines organischen Stoffs entstehen Kristalle aus reinem Eis. Je nach der apparativen Gestaltung dieser Abkühlung besteht die Möglichkeit, mikroskopisch kleine Eiskristalle zu erzeugen, die in der verbleibenden Lösung suspendiert sind. Denkbar ist, die Eiskristalle auf der Innenseite eines zylindrischen Verdampfers zu erzeugen und durch ein Krälwerk kontinuierlich von der Oberfläche abzuschaben. Die organischen Additive besitzen dabei grenzflächenaktive Eigenschaften, die das Zusammenwachsen bereits in der Suspension enthaltener Kristalle verhindern.

Der Vorteil dieses Kälteträgers ist darin zu sehen, dass durch eine Rohrleitung bei gegebenem Volumenstrom eine größere Kälteleistung übertragen werden kann. Die Konzentration der Eisphase in der Suspension kann bis zu 55 % betragen. (vgl. [Cub97], S. 299). Dieser spezielle Kälteträger ist in der Literatur unter dem geschützten Begriff „Binäreis" bekannt.

8.3 Kriterien zur Anlagenauslegung

Bei der Auslegung eines Kälteträgersystems mit einem „Frostschutzmittel" ist sehr sorgfältig zu beachten, dass die Stoffeigenschaften stark von der Temperatur und der Konzentration abhängig sind. Dies sei am Beispiel des Ethylenglykols erläutert.

Bei der Festlegung der Konzentration der Glykolsole ist die minimale Temperatur im System festzulegen. In Abb. 8.7 ist die kinematische Viskosität von Glykol/Wasserlösungen unterschiedlicher Konzentrationen dargestellt. Das Diagramm wurde berechnet nach Daten des Herstellers Tyfo für den Kälteträger Tyfocor®. Die Konzentration ist als Volumenanteil des Glykols in der Mischung angegeben. Die Kurvenschar ist durch eine Grenzlinie abgeschnitten, die den Beginn der Erstarrung anzeigt, die durch Eisflockenbildung eingeleitet wird. Bei weiterer Senkung der Temperatur bildet sich zunächst

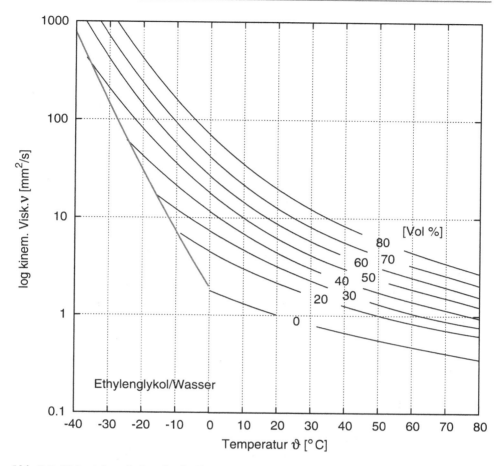

Abb. 8.7 Viskositätsverhalten des Stoffsystems Ethylenglykol/Wasser. Eingezeichnet ist ferner die Temperatureinsatzgrenze

ein Eisbrei, dann eine kompakte Eismasse, die schließlich eine Sprengwirkung z. B. auf Rohrleitungen ausübt. Es ist empfehlenswert, nach Festlegung der minimalen Systemtemperatur aus der Grenzkurve die jeweilige minimale Konzentration zu ermitteln. Diese sollte wegen der Gefahr des Einfrierens der Anlage nicht unterschritten werden. Eine Erhöhung der Konzentration über diese Grenzkonzentration hinaus sollte nur erfolgen, wenn besondere Gründe vorhanden sind. Eine Erhöhung der Konzentration des Frostschutzmittels führt zu erhöhten Kosten. Abb. 8.7 ist aber auch zu entnehmen, dass die kinematische Viskosität des Fluids mit der Konzentration stark, d. h. um einige Zehnerpotenzen ansteigt. Dies führt zu erhöhten Strömungsdruckverlusten in der Anlage, die bei der Pumpenauswahl und Rohrleitungsdimensionierung zu berücksichtigen sind. Eine Erhöhung der Viskosität wirkt sich aber auch sehr ungünstig auf den Wärmeübergang aus. Die in einem Wärmeübertrager erreichbaren Wärmeübergangskoeffizienten sinken mit steigender Viskosität stark ab. Dies ist bei der Dimensionierung der Wärmeübertrager zu berücksichtigen.

Bei einer beabsichtigten Senkung der Konzentration der Kälteträgerfluide sollte immer auch berücksichtigt werden, dass gleichzeitig auch die Konzentration der Korrosionsinhibitoren gesenkt wird. Aus diesem Grund geben alle Hersteller Mindestkonzentrationen ihrer Produkte an.

Bei der Gestaltung der Anlagen sollte ein Zugang der Kälteträger zur Atmosphäre vermieden werden. An kalten Oberflächen kondensiert Wasser aus der Umgebungsluft aus. Dies gilt leider auch für freie Flüssigkeitsspiegel der Kälteträger. In der Folge kommt es zu einer Konzentrationssenkung. In zur Atmosphäre hin offenen Anlagen sollte daher die Konzentration der Fluide regelmäßig kontrolliert werden. Dies kann z. B. unter Verwendung eines Aräometers oder eines Refraktometers erfolgen.

Aräometer werden auch als Spindeln bezeichnet. Es handelt sich um Schwimmergeräte zur Messung der Dichte. Der Zusammenhang von Dichte und Konzentration wird von den Herstellern mitgeteilt. Refraktometers sind Geräte zur Messung des Brechungsindexes des Lichtes bei einer bestimmten Temperatur. Daten des sog. $n_{D.20}$ in Abhängigkeit der Zusammensetzung werden von einzelnen Herstellern mitgeteilt, lassen sich aber auch durch eine eigene Verdünnungsreihe problemlos ermitteln.

8.4 Übungsaufgaben

8.4.1 Aufgaben

Aufgabe 8.1 Volumenausdehnung
In einem Fernwärmesystem wird Wasser als Wärmeträgerfluid eingesetzt. Der Hauptstrang des Fernwärmenetzes besteht aus zwei Leitungen der Länge $L = 500\,\text{m}$, DN 200. Im Stillstand verfügt das System über einen Druck von 2 bar und eine Temperatur von 10 °C (Temperatur des Erdreichs). Im Betrieb beträgt der Druck 2 bar und die Temperatur 110 °C. Berechnen Sie die auftretende Volumenänderung des Wassers. Stoffdaten: Dichte von Wasser im Sättigungszustand: 10 °C: 999,65 kg/m³, 110 °C: 950,95 kg/m³. (Quelle: [VDI], Dba 3).

Aufgabe 8.2 Eissuspension
In einer Rohrleitung ($d = 60\,\text{mm}$) strömt Eisbrei einem Kälteverbraucher zu. Vorlauf: $c_1 = 1\,\text{m/s}$, Temperatur $\vartheta_1 = -10\,°\text{C}$, Rücklauf: $\vartheta_2 = 0\,°\text{C}$, Kein Eisanteil vorhanden.

Stoffdaten:

Flüssigkeit			
Dichte	ϱ	1000	kg/m^3
spez. Wärmekapazität	$c_{p,W}$	4,0	kJ/(kg K)
Eis			
Volumenanteil	ϕ	0,25	–
Dichte	ϱ_E	917	kg/m^3
spez. Schmelzenthalpie	Δh_E	333	kJ/kg
spez. Wärmekapazität	$c_{p,E}$	2,23	kJ/(kg K)

Stoffdaten: vgl. [Dre92], S. 363; [VDI], Ded11

Berechnen Sie die Größe des Kälteverbrauchers, der mit dieser Leitung versorgt werden kann. Vergleichen Sie mit einer einphasig durchströmten Leitung unter Annahme eines anderen Kälteträgers (z. B. Ethylenglykol).

Aufgabe 8.3 Eutektische Phasenumwandlung in System CaCl$_2$/Wasser
In einer Salzlösung (1 kg, $\vartheta = -55\,°C$, frei von Kristallen) befinden sich 299 g CaCl$_2$. Es handelt sich dabei um eine eutektische Mischung. Durch Entzug der Wärme Q_{12} erstarrt die Mischung vollständig, in dem zum einen Kristalle aus sog. Hexahydrat CaCl$_2 \cdot 6\,H_2O$ ausfallen, zum anderen aber auch Eiskristalle entstehen. Berechnen Sie die Masse des kristallinen Hexahydrats und die Masse des entstehenden Eises. Schätzen Sie die Phasenänderungsenthalpie ab und vergleichen Sie die Werte mit denen aus Tab. 8.1.

8.4.2 Lösungen

Lösung 8.1 Volumenausdehnung
Bei 10 °C (Zustand 1) beträgt das Volumen der Leistung

$$V_1 = L \cdot \frac{\pi}{4} d_i^2 = 1000 \cdot \frac{\pi}{4} 0{,}2^2 = 31{,}42\,\mathrm{m}^3 \tag{8.9}$$

Die Masse des eingeschlossenen Wassers beträgt

$$m = \varrho_1 \cdot V_1 = 999{,}65 \cdot 31{,}42 = 31.405\,\mathrm{kg} \tag{8.10}$$

Nach der Erwärmung nimmt das Wasser ein Volumen

$$V_2 = \frac{m}{\varrho_2} = \frac{31.405}{950,95} = 33,02 \, \text{m}^3 \tag{8.11}$$

ein. Unter Vernachlässigung der thermischen Längendehnung[1] des Stahlrohres muss das Differenzvolumen

$$\Delta V = V_2 - V_1 = 33,02 - 31,42 = 1,6 \, \text{m}^3 \tag{8.12}$$

vom Ausdehnungsgefäß aufgenommen werden.

Lösung 8.2 Eissuspension
Durch die Rohrleitung fließt ein Volumenstrom

$$\dot{V} = A \cdot c = \frac{\pi}{4}d^2 \cdot c = \frac{\pi}{4}0,06^2 \cdot 1 = 2,827 \cdot 10^{-3} \, \text{m}^3/\text{s} \tag{8.13}$$

Der Massenstrom der Eiskomponente (E) beträgt

$$\dot{m}_E = \varrho_E \phi \dot{V} = 917 \cdot 0,25 \cdot 2,827 \cdot 10^{-3} = 0,648 \, \text{kg/s} \tag{8.14}$$

und der der Flüssigkeit (W)

$$\dot{m}_W = \varrho_W(1 - \phi)\dot{V} = 1000 \cdot (1 - 0,25) \cdot 2,827 \cdot 10^{-3} = 2,12 \, \text{kg/s} \tag{8.15}$$

Zur Berechnung der spezifischen Enthalpien wird der Nullpunkt der Enthalpieskala bei 0 °C festgesetzt. Bei einer Unterkühlung von $\Delta \vartheta_1 = -10\,°\text{C}$ beträgt die spezifische Enthalpie des Eises

$$h_E(-10) = 0 - \Delta h_E - c_{p,E} \Delta \vartheta_1 = 0 - 333,3 - 2,23 \cdot 10 = -355,7 \, \text{kJ/kg} \tag{8.16}$$

die spezifische Enthalpie der Flüssigkeit

$$h_W(-10) = 0 - c_{p,W} \Delta \vartheta_1 = 0 - 4,0 \cdot 10 = -40 \, \text{kJ/kg} \tag{8.17}$$

Sei der Eintritt mit 1 und der Austritt mit 2 bezeichnet, so gilt die Enthalpiebilanz

$$\begin{aligned}
\dot{Q} &= \dot{H}_2 - \dot{H}_1 \\
&= 0 - (\dot{m}_E \cdot h_E + \dot{m}_W \cdot h_W) \\
&= 0,648 \cdot 255,7 + 2,12 \cdot 40 = 315,3 \, \text{kW}
\end{aligned} \tag{8.18}$$

---

[1] Tatsächlich dehnt sich Stahl bei der Erwärmung um 100 K um etwa 0,13 % in alle drei Raumrichtungen aus, sofern nicht diese Ausdehnung durch mechanische Einspannung behindert wird.

Lösung 8.3 Eutektische Phasenumwandlung in System $CaCl_2$/Wasser

Die Molmassen des Chlorids und des Hexahydrats betragen

$$M(CaCl_2) = 40 + 2 \cdot 35{,}453 = 110{,}9\,g/mol \tag{8.19}$$

$$M(CaCl_2) \cdot 6\,H_2O = 40 + 2 \cdot 35{,}453 + 6 \cdot 18 = 218{,}9\,g/mol \tag{8.20}$$

Aus 299 g $CaCl_2$ bilden sich 590,2 g Hexahydrat, dabei werden 291,2 g Wasser gebunden. Es verbleiben 409,2 g Eis. Für eine Schätzung der Phasenumwandlungsenthalpie bedarf es einer Annahme. Eine einfachste Annahme unterstellt, dass nur die Eisbildung zur Phasenumwandlung beiträgt. In diesem Fall beträgt die Wärme

$$Q = m_E \cdot \Delta h_E = 0{,}4092 \cdot 333{,}4 = 136{,}4\,kJ \tag{8.21}$$

Ein in der Literatur angegebener Zahlenwert liefert $\Delta h = 213\,kJ/kg$. Der geschätzte Wert ist damit offenbar zu niedrig, was den Schluss zuläßt, dass die Annahme unzulässig ist.

Eine andere Annahme unterstellt, dass die gesamte Wassermenge (0,701 kg) erstarrt:

$$Q = m_W \cdot \Delta h_E = 0{,}701 \cdot 333{,}4 = 233\,kJ \tag{8.22}$$

Dieser Wert ist höher als der in der Literatur angegeben Wert. Beide Schätzungen grenzen den wahren Wert ein. Offenbar ist das verwendete Schätzverfahren zu grob. Im konkreten Anwendungsfall sind Ergebisse thermodynamischer Messungen erforderlich.

Literatur

[Ayl99]   Aylward, G. H.; Findlay, T. J. V.;
           Datensammlung Chemie in SI-Einheiten.
           3. Auflage 1999. Wiley-VCH.

[Bac54]   Bäckström, M.; Emblik, E.;
           Kältetechnik.
           1954. G. Braun, Karlsruhe.

[Bre54]   Brehm, H. H.;
           Kältetechnik.
           2. Auflage 1954. Schweizer Druck- und Verlagshaus Zürich.

[Bos37]   Bošnjaković, Fr.;
           Technische Thermodynamik.
           1937. (2. Teil) Verlag von Theodor Steinkopff, Dresden und Leipzig.
           in: Pfützner, H.; (Hrsg.)
           Wärmelehre und Wärmewirtschaft in Einzeldarstellungen.
           Band XII Technische Thermodynamik II. Teil.

[Cub97]   Cube, H. L. v.; Steimle, F.; Lotz, H.; Kunis, J. (Hrsg.);
           Lehrbuch der Kältetechnik.
           4. Auflage 1997. C. F. Müller Verlag Heidelberg.

[Dre92]   Drees, H.; Zwicker, A.; Neumann, L.;
           Kühlanlagen.
           15. Auflage 1992. Verlag Technik GmbH, Berlin, München.

[Ham74]   Hampel, A.;
           Grundlagen der Kälteerzeugung.
           1974. Verlag C. F. Müller, Karlsruhe.

[Her07]   Herr, H.;
           Tabellenbuch Wärme – Kälte – Klima.
           4. Auflage 2007. Verlag Europa-Lehrmittel, Haan.

[Lue00]   Lüdecke, C.; Lüdecke, D.;
           Thermodynamik : physikalisch-chemische Grundlagen der thermischen Verfahrenstech-
           nik.
           2000. Springer Verlag.

[Moe69]   Mörsel, H.;
           Taschenbuch Kälteanlagen.
           3. Auflage 1969. VEB Verlag Technik, Berlin.

[Nae83]   Näser, K.-H.;
           Physikalische Chemie für Techniker und Ingenieure.
           16. Aufl. 1983. VEB Deutscher Verlag für Grundstoffindustrie, Leipzig.

[Per84]   Perry, R. H.; Green, D. W.;
           Chemical Engineers Handbook.
           6th Edition 1984. McGraw-Hill.

[Pia68]   Piatti, L.;
           Kühlflüssigkeiten und Kälteträger.
           1968. Verlag Sauerländer Aarau und Frankfurt am Main.

[Sch09]   Schädlich, S. (Hrsg.);
           Kälte-Wärme-Klima-Taschenbuch 2010.
           2009. C. F. Müller Verlag, Hüthig GmbH, Heidelberg.

[VDI]   VDI-Wärmeatlas.
           10. Auflage 2006. Springer Verlag.

Verdunstungskühlung

Luft verfügt über ein gewisses Aufnahmevermögen für den Stoff Wasser. Im Kontakt zwischen flüssigem Wasser und Luft kann es zu einer Verdampfung von Wasser kommen. Dieser Vorgang wird als Verdunstung bezeichnet, die hierbei häufig auftretende Senkung der Temperatur als Verdunstungskühlung. In der Technik wird diese Art der Kälteerzeugung z. B. in Kühltürmen oder Rückkühlwerken eingesetzt. Im vorliegenden Kapitel werden die thermodynamischen Grundlagen zum Verständnis der beteiligten Vorgänge vorgestellt. Die für die Dimensionierung derartiger Anlagen wichtigen thermodynamischen Bilanzgleichungen werden bereitgestellt.

9.1 Bedeutung

Kälteanlagen nehmen Kühllast und Antriebsleistung auf und geben diese als „Abwärme" an die Umgebung ab. Bei der großen Mehrzahl von Anlagen erfolgt dies mittels luftgekühlter Verflüssiger. Die dabei auftretenden Wärmeübergangskoeffizienten sind gering, weshalb vergleichsweise große Wärmeübertragerflächen erforderlich sind. Ferner ist zur Wärmeübertragung eine Temperaturdifferenz erforderlich. Die Verflüssigertemperaturen liegen daher stets oberhalb der Umgebungstemperatur.

Alternativ hierzu können wassergekühlte Verflüssiger verwendet werden. Die Bereitstellung von Kühlwasser stößt aber auf die Schwierigkeit, dass meist kein natürliches Kühlwasser in ausreichender Menge bzw. zu akzeptablem Preis zur Verfügung steht. Die Entnahme von Wasser aus Fließgewässern und die anschließende erneute Einleitung erfordert eine amtliche Genehmigung. Da warmes Wasser eine verringerte Löslichkeit für Sauerstoff aufweist, wird diese Genehmigung aus Gründen des Gewässerschutzes in der Regel verwehrt.

Abhilfe schaffen sog. Rückkühlwerke, die auch unter der Bezeichnung Kühltürme im Einsatz sind. Diese besitzen den zusätzlichen Vorteil, dass durch die auftretende Verdunstung die Temperatur des Kühlwassers unterhalb der Umgebungstemperatur liegt. Dies

© Springer-Verlag Berlin Heidelberg 2016
J. Dohmann, *Thermodynamik der Kälteanlagen und Wärmepumpen*,
DOI 10.1007/978-3-662-49110-2_9

senkt den Druck in einem Verflüssiger und wirkt sich positiv auf die Leistungsziffer des Kälteprozesses aus. Es sind allerdings zusätzliche technische Aufwendungen zu treffen.

Umgebungsluft wird in einen Kühlturm geleitet. Im Inneren des Kühlturms befinden sich z. B. Düsen, mit denen Wasser zu feinen Tropfen zerstäubt wird. Diese fallen aus einiger Höhe dem Luftstrom entgegen. Die Oberfläche aller Tropfen steht dabei in einem Kontakt zur durchgeleiteten Luft und stellt eine Wärme- und Stoffaustauschfläche dar. An dieser Phasengrenzfläche kommt es zu Ausgleichsvorgängen, bei denen sich die Luft- und Wassertemperaturen ändern. Im Falle der Abfuhr von Wärme aus einer kältetechnischen Anlage wird die Luft gegenüber den Eintrittsbedingungen erwärmt. Das zuvor zerstäubte Wasser sinkt zu Boden und wird in einem Sammelbecken, das auch als Kühlturmtasse bezeichnet wird, aufgefangen und mittels Pumpen den Düsen zugeführt. In diesem Pumpenkreislauf kann sich ein Wärmeübertrager befinden, der den von einer Kälteanlage abzuführenden Wärmestrom aufnimmt. Alternativ dazu kann auch Kühlwasser aus der Kühlturmtasse entnommen werden und zu einem externen Wärmeübertrager geführt werden. Erwärmtes Kühlwasser wird dann wieder in die Kühlturmtasse geleitet.

Der geometrische Aufbau kann aber auch stark von dem eines Kühlturms abweichen. In raumlufttechnischen Anlagen beispielsweise werden Systeme eingesetzt, in denen Luft zunächst erwärmt wird und anschließend in Kontakt mit freien Wasseroberflächen kommt. Hierdurch wird die Erwärmung teilweise zurückgenommen und die Luft gleichzeitig befeuchtet. Mit einem solchen System läßt sich die Feuchte der Raumluft einstellen.

Bei einer Systematisierung derartiger Systeme lassen sich folgende Merkmale unterscheiden:

- Art der Hilfsenergie: Zum Aufbau der Phasengrenzfläche ist stets der Eintrag von Hilfsenergie erforderlich. Dies kann die Leistung von Pumpen oder Ventilatoren sein. In einem Kühlturm wird Pumpenleistung zum Heben des Wassers und zur Zerstäubung benötigt. Gleichzeitig wird Ventilatorleistung benötigt, um die Luft durch den Apparat zu transportieren.
- Aufteilung der Phasen: Es wird unterschieden zwischen einer kontinuierlichen Phase und einer dispersen Phase. Bei der Zerstäubung von Wasser in Luft ist die Wasserphase die disperse Phase, die Luft die kontinuierliche. Bei der Einleitung von Luft in eine sog. Blasensäule ist die Luft die disperse Phase und Wasser die kontinuierliche Phase.
- Art der Kontaktfläche: In Kühltürmen bilden die Tropfenoberflächen die Kontaktflächen. Eine technische Alternative hierzu bilden sog. Füllkörperpackungen. Bei der Benetzung von Oberflächen bilden sich auf der Oberfläche Biofilme, von denen prinzipiell eine Gesundheitsgefährdung ausgehen kann. Pathogene Keime können in Form von Aerosolen leicht verbreitet werden! Die Zerstäubung von Wasser und die anschließende Benetzung der Füllkörper wird z. B. in Gaswäschen eingesetzt.
- Phasentrennung: Kühltürme können mit Tropfenabscheidern ausgestattet sein. Das Ziel ist, die disperse Phase von der kontinuierlichen Phase zu trennen.

Der Effekt der Verdunstungskühlung basiert im Wesentlichen darauf, dass die durch einen Kühlturm geleitete Luft bei Temperaturen unterhalb der Siedetemperatur von Wasser Wasserdampf aufnimmt und infolge dessen die Wasserbeladung der Luft zunimmt. Wasser geht kontinuierlich von der flüssigen Phase in die Gasphase über. Hierfür wird Phasenumwandlungsenergie in Form der Verdampfungsenthalpie benötigt. Diese stammt zum einen aus der Abkühlung des Wassers und zum anderen aus der Abkühlung der Luft.

9.2 Verdunstung

Die Verdunstung von Wasser kann anhand der Funktionsweise eines Assmann-Psychrometers erläutert werden (vgl. [Hah00], S. 307). Dabei handelt es sich um ein Messgerät zur Messung der Feuchte von Luft. Der Aufbau besteht aus einer Verdunstungsstrecke, in der ein intensiver Kontakt von Luft mit flüssigem Wasser hergestellt wird. Kennzeichen der Verdunstungsstrecke ist ferner, dass keine Wärme mit der Umgebung ausgetauscht wird. Es handelt sich also um eine adiabate Verdunstungsstrecke. Zur Messung dienen zwei Thermometer, die die Temperatur am Eintritt und am Austritt der Verdunstungsstrecke messen. Durch die Verdunstung kühlt sich die Luft von einem Wert ϑ_1 auf den Wert ϑ_2 ab. Eine derartige Verdunstungsstrecke ist in Abb. 9.1 dargestellt.

Das System ist durch zwei Bilanzgleichungen gekennzeichnet, und zwar eine Massenbilanz für die Komponente Wasser (w). Bei der Bilanzierung wird von der h_{1+x}-Notation Gebrauch gemacht. Alle spezifischen Größen beziehen sich auf den Massenstrom der Komponente „trockene Luft" (L).

$$\dot{m}_L \cdot x_1 + \dot{m}_w = \dot{m}_L \cdot x_2 \qquad (9.1)$$

und eine Enthalpiebilanz:

$$\dot{m}_L \cdot h_1 + \dot{m}_w \cdot h_w = \dot{m}_L \cdot h_2 \qquad (9.2)$$

mit

$$h_1(\vartheta_1, x_1) = c_{p,L} \cdot \vartheta_1 + x_1(\Delta h_v + c_{p,D}\vartheta_1) \qquad (9.3)$$

$$h_2(\vartheta_2, x_2) = c_{p,L} \cdot \vartheta_2 + x_2(\Delta h_v + c_{p,D}\vartheta_2) \qquad (9.4)$$

$$h_w(\vartheta_w) = c_{p,w} \cdot \vartheta_w \qquad (9.5)$$

Abb. 9.1 Schematische Darstellung eines Verdunstungsvorgangs

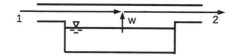

Umstellung von Gl. 9.1 liefert

$$\frac{\dot{m}_w}{\dot{m}_L} = x_2 - x_1 \tag{9.6}$$

und in Kombination mit Gl. 9.2

$$h_2 - h_1 = c_{p,w} \cdot \vartheta_w \cdot (x_2 - x_1) \tag{9.7}$$

Hieraus ergibt sich ein wichtiger Zusammenhang (vgl. [Els88], S. 217 bzw. [Wag97], S. 31) zwischen der Enthalpieänderung und der Änderung der Wasserbeladung, die jeweils bei dem Verdunstungsvorgang aufgetreten sind.

$$\frac{h_2 - h_1}{x_2 - x_1} = c_{p,w} \cdot \vartheta_w \tag{9.8}$$

Beide Änderungen sind offenbar miteinander gekoppelt und stehen mit dem Zustand des verdampfenden Wassers in Beziehung. Im Falle eines Assmann-Psychrometers tritt noch eine weitere Bedingung in Erscheinung, nämlich dass die Temperaturen der austretenden Luft und die des verdunstenden Wassers identisch sind ($\vartheta_2 = \vartheta_w$). Dadurch wird erhalten:

$$\frac{h_2 - h_1}{x_2 - x_1} = c_{p,w} \cdot \vartheta_2 \tag{9.9}$$

Aus Gl. 3.25 können die Gleichungen der Isothermen durch Differentiation angegeben werden. Für das Gebiet ungesättigter Luftzustände folgt

$$\frac{\partial h}{\partial x} = \Delta h_v + c_{p,D} \cdot \vartheta \tag{9.10}$$

und für die Isotherme im Zweiphasenzustand

$$\frac{\partial h}{\partial x} = c_{p,W} \cdot \vartheta \tag{9.11}$$

Die Isotherme im Zweiphasengebiet wird als Nebelisotherme bezeichnet. Der Quotient gem Gl. 9.9 ist identisch mit der Steigung der sog. Nebelisothermen durch den Zustandspunkt 2. Dies bedeutet, dass sich bei einer einfachen Verdunstung die Zustandspunkte der Luft auf einer Geraden befinden mit der gleichen Steigung wie die der Nebelisotherme durch den Zustandspunkt 2.

Die Verwendung eines Assmannpsychrometers, das letztlich aus einer einfachen Verdunstungsstrecke besteht, gestattet aus der Messung der Temperaturen im Ein- und Austritt einen Rückschluss auf den Zustandspunkt 1.

Zur Auswertung der Messung mit dem Assmann-Psychrometer wird zunächst mittels einer empirischen Dampfdruckgleichung, z. B. der Antoine-Gl. oder der Wagnergleichung (siehe Gl. 3.18 und Gl. 3.19) der Sättigungsdampfdruck bei Austrittstemperatur bestimmt:

$$p_s(\vartheta_2) = p_{\mathrm{tr}} \exp\left\{ \mathrm{A} - \frac{\mathrm{B}}{\vartheta_2 + T_{\mathrm{ref}} - \mathrm{C}} \right\} \tag{9.12}$$

Mittels der Feuchtebeladung

$$x_s(\vartheta_2) := \frac{R_L}{R_D} \frac{p_s(\vartheta_2)}{p_{\mathrm{ges}} - p_s(\vartheta_2)} \tag{9.13}$$

wird die zugehörige spezifische Enthalpie $h_s(\vartheta_2)$ bestimmt:

$$h_s(\vartheta_2) = c_{p,L}\vartheta_2 + x_s(\vartheta_2) \cdot \left(\Delta h_v + c_{p,D}\vartheta_2 \right) \tag{9.14}$$

Gl. 9.9 kann nach der zu messenden Feuchtebeladung x_1 aufgelöst werden:

$$x_1 = \frac{h_2 - c_{p,L}\vartheta_1 - x_2 c_{p,W}\vartheta_2}{\Delta h_v + c_{p,D}\vartheta_1 - c_{p,W}\vartheta_2} \tag{9.15}$$

woraus der Dampfdruck im Zustandspunkt 1 bestimmt werden kann.

$$p_{D,1} = \frac{x_1}{\frac{R_L}{R_D} + x_1} \cdot p_{\mathrm{ges}} \tag{9.16}$$

Nach Bestimmung des Sättigungsdrucks bei der Temperatur ϑ_1 kann die relative Feuchte angegeben werden

$$\varphi_1 = \frac{p_{D,1}}{p_s(\vartheta_1)} \tag{9.17}$$

womit alle relevanten Daten des Zustandes der eintretenden Luft bestimmt sind.

9.3 Kühlturm

Bei dem Betrieb von Kühltürmen (siehe Abb. 9.2) besteht das Interesse, den Zusammenhang zwischen den Größen der zugeführten Luftmenge $\dot{m}_L$, dem übertragenen Wärmestrom $\dot{Q}$, der zuzuführenden Wassermenge $\dot{m}_3$ und der Betriebstemperatur ϑ_2 zu kennen. Dabei sind neben dem Zustand der eintretenden Luft auch die sog. Abschlämmung $\dot{m}_4$ und sonstige Leistungseinträge P zu berücksichtigen, z. B. Leistungseinträge von Pumpen, Ventilatoren, Rührwerken und ggfs. auch von chemischen Reaktionen. Die Abschlämmung ist zwingend erforderlich, da sich ansonsten gelöste Salze im Kühlturm anreichern würden, was zu Funktionsstörungen führt. Die allgemeine Enthalpiebilanz lautet

$$\dot{H}_1 - \dot{H}_2 + \dot{H}_3 - \dot{H}_4 + P + \dot{Q} = 0 \tag{9.18}$$

Abb. 9.2 Schematische Darstellung eines Kühlturms

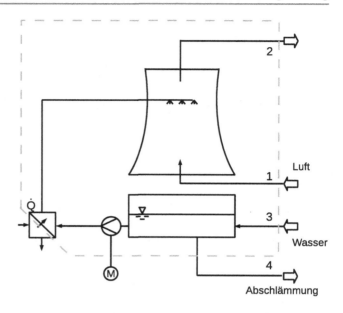

Darin bedeutet P die Summe aller Antriebsleistungen im System. Unter Einführung spezifischer Enthalpien geht die Enthalpiebilanz über in

$$\dot{m}_L(h_1 - h_2) + \dot{m}_3 h_3 - \dot{m}_4 h_4 + P + \dot{Q} = 0 \tag{9.19}$$

mit

$$h_1 = c_{p,L}\vartheta_1 + x_1\left(\Delta h_v + c_{p,D}\vartheta_1\right) \tag{9.20}$$

$$h_2 = c_{p,L}\vartheta_2 + x_2\left(\Delta h_v + c_{p,D}\vartheta_2\right) \tag{9.21}$$

$$h_3 = c_{p,W}\vartheta_3 \tag{9.22}$$

$$h_4 = c_{p,W}\vartheta_4 \tag{9.23}$$

Die Luft tritt mit der Betriebstemperatur ϑ_2 des Kühlturms aus. Bei optimal konstruiertem Kühlturm erreicht die Luft den Gleichgewichtszustand, d. h. auch die Beladung am Austritt hängt von der Temperatur ϑ_2 ab:

$$x_2 = x_s(\vartheta_2) = \frac{R_L}{R_D} \cdot \frac{p_s(\vartheta_2)}{p_{\text{ges}} - p_s(\vartheta_2)} \tag{9.24}$$

$$h_2 = h_s(\vartheta_2) = x_s(\vartheta_2)\left(\Delta h_v + c_{p,D}\vartheta_2\right) \tag{9.25}$$

Der Massenstrom des verdunstenden Wassers $\dot{m}_V$ ist die Differenz aus Zulauf und Abschlämmung:

$$\dot{m}_V = \dot{m}_3 - \dot{m}_4 \tag{9.26}$$

woraus folgt

$$\dot{m}_3 = \dot{m}_V + \dot{m}_4 \tag{9.27}$$

Dieses verdunstende Wasser wird vom Luftstrom aufgenommen:

$$\dot{m}_V = (x_2 - x_1) \cdot \dot{m}_L \tag{9.28}$$

In der Enthalpiebilanz Gl. 9.19 ist es sinnvoll, den Term $\dot{m}_3 h_3 - \dot{m}_4 h_4$ durch die verdunstende Wassermenge und die Abschlämmung auszudrücken. Unter Berücksichtigung von Gl. 9.27 geht die Enthalpiebilanz über in

$$\dot{m}_L(h_1 - h_2) + \dot{m}_V h_3 + \dot{m}_4(h_3 - h_4) + P + \dot{Q} = 0 \tag{9.29}$$

bzw. nach Division durch $\dot{m}_L$ und Umsortieren in

$$\frac{P + \dot{Q}}{\dot{m}_L} + \frac{\dot{m}_4}{\dot{m}_L}(h_3 - h_4) + \frac{\dot{m}_V}{\dot{m}_L}h_3 + (h_1 - h_2) = 0 \tag{9.30}$$

Wegen Gl. 9.28 und der Randbedingung, dass auch die Temperatur der Abschlämmung mit der Betriebstemperatur des Wäschers übereinstimmt ($\vartheta_4 = \vartheta_2$) vereinfacht sich die Enthalpiebilanz erneut. Alle Terme in ihrer Gesamtheit lassen sich als Funktion der Betriebstemperatur $F(\vartheta_2)$ auffassen.

$$F(\vartheta_2) := \frac{P + \dot{Q}}{\dot{m}_L} + \frac{\dot{m}_4}{\dot{m}_L} c_{p,W} \cdot (\vartheta_3 - \vartheta_2) + (x_2 - x_1)c_{p,W}\vartheta_3 + (h_1 - h_2) = 0 \quad (9.31)$$

Zu jeder Temperatur ϑ_2 nimmt die Funktion $F(\vartheta_2)$ einen bestimmten Wert an. Lediglich am Betriebspunkt des Kühlturms besitzt die Funktion den Wert null. Die Lösung des Problems reduziert sich auf das Auffinden einer Nullstelle. Leider entzieht sich diese Nullstellensuche wegen der implizit enthaltenen Dampfdruckfunktion einer analytischen Lösung, so dass Methoden der numerischen Mathematik angeraten sind. Bereits einfache Tabellenkalkulationsprogramme verfügen über eine sog. Zielwertsuche. Alternativ können auch Mathematikprogramme (Scilab, Matlab, Mathematica, Maple, etc.) eingesetzt werden. Ebenfalls ist die Anwendung z. B. des Bisektionsverfahrens unter Verwendung einer höheren Programmsprache (z. B. C++) sinnvoll.

Das Problem kann auch näherungsweise behandelt werden. Der Term $(x_2 - x_1)c_{p,W}\vartheta_3$ kann gegenüber den anderen Termen vernachlässigt werden, wenn gilt: $x_2 \approx x_1$. Das trifft z. B. zu, wenn die Betriebstemperatur und die Lufteintrittstemperatur nicht zu stark unterschiedlich sind oder aber die Temperatur des zulaufenden Wassers nicht zu hoch ist. In diesem Fall wird die Näherung gefunden

$$\frac{P + \dot{Q}}{\dot{m}_L} \approx h_2 - h_1 \tag{9.32}$$

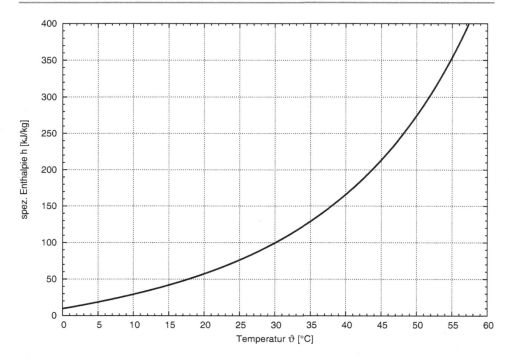

Abb. 9.3 Spezifische Enthalpie gesättigter feuchter Luft in Abhängigkeit von der Temperatur

Da die spezifische Enthalpie am Austritt die spezifische Enthalpie h_S im Sättigungszustand bei Austrittstemperatur ist

$$h_2 = h_s(\vartheta_2) = h_1 + \frac{P + \dot{Q}}{\dot{m}_L} \tag{9.33}$$

Die vereinfachte Enthalpiebilanz stellt den Zusammenhang her zwischen Luftmenge, Zustand der Luft im Eintritt, Kühlwassertemperatur und Leistungseintrag. Die Funktion $h_s(\vartheta)$ kann unter Zuhilfenahme einer Dampfdruckkurve berechnet werden. Die Funktion ist in Abb. 9.3 dargestellt. Zahlenwerte befinden sich auch in Kap. 11 (vgl. Tab. 11.17). Es sei darauf hingewiesen, dass für den Fall bekannter Temperaturen die Bilanzgleichung Gl. 9.31 auch explizit gelöst werden kann.

Abb. 9.4 zeigt ein Verfahresschema eines Kühlturms. Die wesentliche Baugruppe besteht aus dem Turm, der über einer Kühlturmtasse angeordnet ist. Wasser wird aus der Kühlturmtasse mit einer leistungsstarken Förderpumpe einem Zerstäubersystem zugeführt. Hierdurch wird das zerstäubte Wasser mit der Umgebungsluft in Kontakt gebracht.

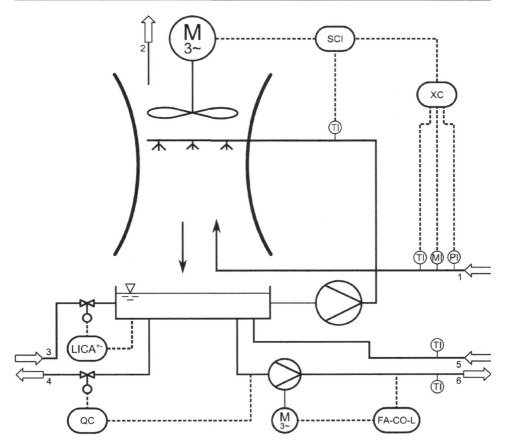

Abb. 9.4 R+I-Schema eines Kühlturms

Die Umgebungsluft wird mittels eines Ventilators durch den Kühlturm gefördert. Hierdurch wird die natürliche Auftriebsströmung unterstützt.

In der dargestellten Schaltung wird mittels eines Prozessrechners aus den Daten der Umgebungsluft (Druck, Temperatur, Feuchte) die Kühlgrenztemperatur berechnet und mit der erreichten Kühlwassertemperatur verglichen. Dies erlaubt, die Drehzahl des Ventilators optimal zu regeln. Diese Strategie sorgt für Energieeinsparungen beim Lüfterbetrieb sowie für minimale Lärm- und Tröpfchenemissionen des Kühlturms. Die Kühlturmtasse ist ferner mit einem Regelkreis zur Begrenzung der Salzkonzentrationen des Kühlwassers (Absalzung) ausgestattet.

9.4 Übungsaufgaben

9.4.1 Aufgaben

Aufgabe 9.1 Rückkühler
Einem kleinen Nasskühlturm wird ein Luftstrom (Strom 1) mit folgenden Daten zugeführt: Temperatur $\vartheta_1 = 10\,°C$, relative Feuchte $\varphi_1 = 0,60$, Massenstrom $\dot{m}_{L,1} = 2\,kg/s$. Die Luft verlässt den Kühlturm (Strom 2) im gesättigten Zustand mit der Temperatur $\vartheta_2 = 14,0\,°C$. Das Zusatzwasser (Strom 3) fliesst mit einer Temperatur von ebenfalls $10\,°C$ zu. Die Abschlämmung (Strom 4) soll vernachlässigt werden. Der Gesamtdruck beträgt 1,0 bar. Berechnen Sie den Wärmestrom, der von diesem Kühlturm abgeführt wird.

Aufgabe 9.2 Abschlämmung
In einem Kühlturm verdampfen/verdunsten je Stunde etwa 50 kg Wasser (Strom V). Das Zusatzwasser (Strom 3) enthält eine Chloridkonzentration in Höhe von 40 mg/kg. Zur Vermeidung von Spannungs-Riß-Korrosion im Kühlwassersystem ist der Chloridgehalt auf 200 mg/kg durch Abflutung (Strom 4) zu begrenzen. Berechnen Sie den Massenstrom des Zusatzwassers und den Massenstrom der Abschlämmung.

9.4.2 Lösungen

Lösung 9.1 Rückkühler
Zur Bestimmung der Beladungen der Stoffströme (1) und (2) müssen zunächst die Sättigungspartialdrücke ermittelt werden. Die erfolgt z. B. unter Verwendung von Tab. 11.17 oder unter Anwendung der Antoinegleichung. Ermittelt werden $p_s(10\,°C) = 1227\,Pa$, $p_s(14\,°C) = 1597\,Pa$. Die Beladung des eintretenden Stroms beträgt damit

$$x_1 = 0,622 \cdot \frac{\varphi_1 \, p_s(10)}{p_{\text{ges}} - \varphi_1 \, p_s(10)} = 0,622 \cdot \frac{0,6 \cdot 1227}{1,0 \cdot 10^5 - 0,6 \cdot 1227} = 4,61 \cdot 10^{-3} \quad (9.34)$$

und die Beladung des austretenden Stroms

$$x_2 = 0,622 \cdot \frac{p_s(14)}{p_{\text{ges}} - p_s(14)} = 0,622 \cdot \frac{1597}{1,0 \cdot 10^5 - 1597} = 10,1 \cdot 10^{-3} \quad (9.35)$$

Damit kann die Menge des verdunstenden Wassers berechnet werden zu

$$\begin{aligned}
\dot{m}_3 &= (x_2 - x_1) \cdot \dot{m}_{L,1} \\
&= (10,1 \cdot 10^{-3} - 4,61 \cdot 10^{-3}) \cdot 2,0 = 0,01098\,kg/s
\end{aligned} \quad (9.36)$$

Die spezifischen Enthalpien der einzelnen Ströme betragen

$$
\begin{aligned}
h_1 &= c_{p,L}\vartheta_1 + x_1(\Delta h_V + c_{p,D}\vartheta_1) \\
&= 1{,}005 \cdot 10 + 4{,}61 \cdot 10^{-3}(2500 + 1{,}86 \cdot 10) = 21{,}66\,\mathrm{kJ/kg}
\end{aligned}
\tag{9.37}
$$

$$
\begin{aligned}
h_2 &= c_{p,L}\vartheta_2 + x_2(\Delta h_V + c_{p,D}\vartheta_2) \\
&= 1{,}005 \cdot 14 + 10{,}1 \cdot 10^{-3}(2500 + 1{,}86 \cdot 14) = 39{,}58\,\mathrm{kJ/kg}
\end{aligned}
\tag{9.38}
$$

$$
h_3 = c_{p,W} \cdot \vartheta_3 = 4{,}19 \cdot 10 = 41{,}9\,\mathrm{kJ/kg}
\tag{9.39}
$$

Der eingebrachte Wärmestrom folgt aus der Enthalpiebilanz

$$
\begin{aligned}
\dot{Q} &= \dot{H}_2 - \dot{H}_1 - \dot{H}_3 \\
&= \dot{m}_{L,1} \cdot (h_2 - h_1) - \dot{m}_3 \cdot h_3 \\
&= 2{,}0 \cdot (39{,}58 - 21{,}66) - 0{,}01098 \cdot 41{,}9 \\
&= 35{,}4\,\mathrm{kW}
\end{aligned}
\tag{9.40}
$$

Lösung 9.2 Abschlämmung

Als Bilanzraum wird die Kühlturmtasse festgelegt. Zur Verfügung steht die Gesamtmassenbilanz

$$
\dot{m}_3 = \dot{m}_4 + \dot{m}_V
\tag{9.41}
$$

sowie die Bilanz der Chloridfracht unter Berücksichtigung der Massenanteile ξ_3 und ξ_4 für die Kompente Chlorid:

$$
\xi_3 \cdot \dot{m}_3 = \xi_4 \cdot \dot{m}_4
\tag{9.42}
$$

Hierbei wird unterstellt, dass aus dem Kühlurm keine Tröpfchen emittiert werden, die Chlorid enthalten könnten. Es folgt

$$
\dot{m}_3 = \frac{\xi_4}{\xi_3} \cdot \dot{m}_4
\tag{9.43}
$$

Einsetzen und Auflösen liefert

$$
\begin{aligned}
\dot{m}_4 &= \left(\frac{\xi_4}{\xi_3} - 1\right)^{-1} \cdot m_V \\
&= \left(\frac{200}{40} - 1\right)^{-1} 50 \\
&= 0{,}25 \cdot 50 \\
&= 12{,}5\,\mathrm{kg/h}
\end{aligned}
\tag{9.44}
$$

Der Massenstrom des Zusatzwassers $\dot{m}_3$ beträgt damit

$$\dot{m}_3 = \dot{m}_4 + \dot{m}_V = 12{,}5 + 50 = 62{,}5 \, \text{kg/h} \tag{9.45}$$

In heißen Ländern der Erde, in denen Wasserknappheit herrscht, treten häufig hohe Salz-konzentration im Zulauf auf, was wiederum hohe Abflutungen erfordert. In diesem Fall sind Nasskühltürme teure Betriebsanlagen.

Literatur

[Els88]   Elsner, N.;
            Grundlagen der Technischen Thermodynamik.
            7. Auflage 1988. Akademieverlag Berlin.

[Hah00]   Hahne, E.;
            Technische Thermodynamik.
            3. Auflage, 2000, Oldenbourg Verlag, München Wien.

[Wag97]   Wagner, W.;
            Lufttechnische Anlagen.
            1997. Vogel Verlag, Würzburg.

Speicher

Für die zeitliche Trennung der Kälteerzeugung und -verwendung kommen Kältespeicher in Form von „Solespeichern" oder Eisspeichern zum Einsatz. Im vorliegenden Kapitel werden die wesentlichen Merkmale dieser Speicher vorgestellt. Dabei wird die Dynamik des Ladens von Eisspeichern ebenso behandelt wie die Bewertung unvermeidbarer Speicherverluste. Zusätzlich wird eine Verwendung von Kältespeichern im Zusammenhang mit der Speicherung elektrischer Energie nach dem in Vergessenheit geratenen Lynger-Prozess vorgestellt.

10.1 Motivation

Speicher tragen dazu bei, die Nutzung einer Energie und die Aufwendung einer Energie zeitlich zu trennen. Im Zusammenhang mit Kälteanlagen und Wärmepumpen treten zahlreiche Varianten von Speichersystemen auf. Für die Verwendung von Speichern können mehrere Gründe auftreten. Diese werden anhand einiger Beispiele erläutert:

Fernwärmespeicher Fernwärmenetze werden aufgebaut, um die Vorteile der Energieversorgung auf Basis der Kraft-Wärme-Kopplung nutzen zu können. Zu diesen Vorteilen zählt z. B. die effiziente Ausnutzung von Primärenergie. Da dem elektrischen Netz die Eigenschaft fehlt, elektrische Energie speichern zu können, werden KWK-Versorgungssysteme mittels Wärmespeichern ausbalanciert. Ein Wärmespeicher erhöht ferner die Versorgungssicherheit mit Wärme, falls Wärmeerzeuger z. B. zu Revisionszwecken abgeschaltet werden müssen. Fernwärmespeicher speichern den Wärmeträger auf dem Temperaturniveau des Netz-Vorlaufs.

Solar-Wärmespeicher Bedingt durch das zeitlich veränderliche Angebot an nutzbarer Solarstrahlung besteht im Zusammenhang mit solarthermischen Anlagen der Bedarf, solare Energie zu speichern. Hierbei werden Unterscheidungen getroffen hinsichtlich der

J. Dohmann, *Thermodynamik der Kälteanlagen und Wärmepumpen*,
DOI 10.1007/978-3-662-49110-2_10

zeitlichen Dauer zwischen Be- und Entladung eines Speichers. Techniken zum Ausgleich im Bereich der Tageszeitschwankungen sind Stand der Technik. Schwieriger und technisch aufwendiger ist der Ausgleich zwischen den Jahreszeiten.

Eisspeicher Eisspeicher werden zum Betrieb raumlufttechnischer Anlagen verwendet. Diese verfügen über sog. Kaltwassersätze. Es handelt sich dabei um Anlagen zur Rückkühlung von Wasser von typisch $+6\,°C$ auf $+3\,°C$, mit dem z. B. Produktionsräume oder Maschinen gekühlt werden. Der Vorteil gegenüber einer Direktkühlung kann darin bestehen, dass der Bezug elektrischer Energie zeitlich von der Verwendung der Kälte entkoppelt wird. Dies wird vor allem dazu ausgenutzt, eine Aufnahmekapazität für preisgünstige elektrische Energie bereitstellen zu können oder auf Angebote elektrischer Energie (Windkraft, Photovoltaik) reagieren zu können. Ferner werden derartige Anlagen verwendet, um elektrische Lastspitzen durch Abschalten der Kälteanlagen zu kappen.

Interessant ist auch die Verwendung der Kraft-Wärme-Kälte-Kopplung unter Verwendung thermischer Kälteanlagen. Dies eignet sich z. B. im Sommerbetrieb, wenn Kälte benötigt wird. Statt des Betriebs einer elektrisch betriebenen Kälteanlage – dies würde einen Stromverbraucher darstellen – kann ein mit Gas betriebener Motor betrieben werden, der einen Generator antreibt. Die Abwärme dieses Motors, speziell die der heißen Abgase wird in einer Absorptionskälteanlage zur Erzeugung von Kälte eingesetzt. Die Bereitstellung von Kälte ist in dem einen Fall mit einem Stromverbrauch verbunden, im anderen Fall mit einer Stromerzeugung. Auch hier hilft ein Eisspeicher, Stromerzeugung und Kälteverwendung zeitlich zu entkoppeln. Dies ist günstig, da die Stromerzeugung einer flinkeren Dynamik folgt als der Kältebedarf. Derartige Anlagen können mit einem Eisspeicher „strombedarfsorientiert" gefahren werden.

Kraftspeicher Elektrische Energie läßt sich mittels thermischer Speicher indirekt speichern. Dies ist möglich durch ein von Lynger (vgl. [Bac54], S. 25) vorgeschlagenes System. Der Lynger-Prozess wird ausführlich diskutiert.

Die Gründe für die Verwendung von Speichern können sehr unterschiedlich sein. Zu nennen ist die

- Versorgungssicherheit: Die Durchführung von Wartungen, das Auftreten von unerwarteten Störungen schränken in der Regel die Versorgungssicherheit ein. Dies kann durch die Integration von Speichern im Versorgungsnetz aufgefangen werden. Beispiele hierfür sind z. B. Fernwärmespeicher (7-Tage-Puffer) oder auch Kältespeicher im Zusammenhang mit der Kühlung hochverfügbarer Serverräume.
- Zeitliche Variabilität der Preise: Der Strompreis unterliegt einer zeitlichen Variabilität. In früheren Jahren wurde durch Einführung von Hoch- und Niedrigtarifphasen eine Vergleichmäßigung der Last erreicht. Die sog. Liberalisierung der Strommärkte ermöglicht den freien Handel zu Tagesspotpreisen.

- Anlagenkapazität: Sofern Versorgungseinrichtungen keine Dauerlast leisten müssen ist die Schaffung von Speichern sinnvoll, die mit kleineren und damit billigeren Anlagen ausgestattet werden können.
- Zeitliche Verfügbarkeit der Energie: Die zeitliche Verfügbarkeit von Energie spielt bei solaren und geothermischen Anwendungen eine große Rolle. Ferner kann ein sog. stromgeführter Betrieb von KWK-Anlagen sinnvoll sein, der zwingend eine Speicherung von Wärme in einem Speicher erfordert. Geothermische Wärmepumpenanlagen können mit einer solaren Wärmenachführung ausgestattet sein. Auch dies stellt im eigentlichen Sinn einen Speicher dar.

10.2 Speicherkonzepte

10.2.1 Solarwärmespeicher

Abb. 10.1 stellt ein Konzept dar zur Speicherung von solarer Wärme. Zentrales Bauteil ist der Speicher. Dieser kann als isolierter Behälter mit einer Wasserfüllung ausgeführt sein. Ebenso kommen aber auch massive Bauteile eines Gebäudes in Frage. Bei geeigneten geologischen Bedingungen kann auch das Erdreich einer geothermischen Anlage solar erwärmt werden. Eine interessante Alternative stellen sog. Aquifere dar. Dabei handelt es sich um natürliche oder künstliche wasserführende geologische Schichten. Allerdings dürfen in dem Tiefenwasser keine Strömungen auftreten.

Die solarthermischen Kollektoren sind in einem frostgeschützten Kreislauf eingebunden, der Wärme über einen Wärmeübertrager an das Speichermedium abgibt. Das Spei-

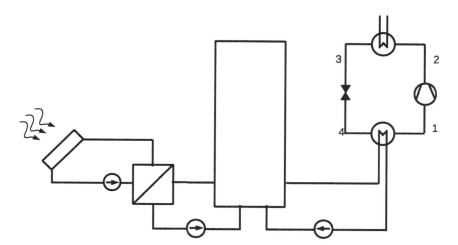

Abb. 10.1 Konzept zur Speicherung solarer Wärme. Die Beladung des thermischen Speichers erfolgt durch eine solarthermische Anlage, die Entladung mittels einer Wärmepumpe

chermedium fließt dem Speicher zu. Über eine Wärmepumpe wird der Speicher bei Bedarf entladen. Es sind zahlreiche Schaltungsalternativen bekannt.

10.2.2 Solespeicher

Solespeicher kommen zum Einsatz, wenn sowohl der Zeitpunkt als auch der Ort zur Verwendung von Kälte getrennt werden soll vom Zeitpunkt bzw. Ort der Kälteerzeugung. Dies kann z. B. sinnvoll sein, wenn zur Erzeugung der Kälte regenerative Energien verwendet werden. Bei der Verwendung photovoltaisch erzeugter elektrischer Energie können Kälteanlagen bei Sonnenschein betrieben werden. Tagsüber versorgen Kälteanlagen die zu kühlenden Verbraucher. Gleichzeitig aber muss ein Kältespeicher geladen werden, der die Versorgung in den dunklen Tagstunden übernimmt. Ein anderer Grund zum Betrieb derartiger Speicher ist gegeben durch eine Bereitstellung von Primärenergie mit unterschiedlichen, zeitabhängigen Preisen. In der Vergangenheit war diese Situation durch die Bereitstellung von Strom zu Tag- bzw. Nachttarifen gegeben. In Zukunft werden Smart-Grids möglicherweise neben der Energie auch den zugehörigen aktuellen Preis übertragen.

Wichtige Kenngröße für die Dimensionierung der Speichervolumens ist die sog. Verweilzeit τ_V. Die ist definiert als das Verhältnis zwischen Speichervolumen V und dem Volumenstrom $\dot{V}$ des Kälteträgers.

$$\tau_V = \frac{V}{\dot{V}} \tag{10.1}$$

Wird als Volumenstrom des Kälteträgers der Volumenstrom während des Ausspeicherns eingesetzt, so repräsentiert diese Verweilzeit die maximale Betriebsdauer eines Ausspeichervorgangs. Eine andere Maßzahl ist die Wartezeit zwischen zwei Ausspeichervorgängen, die auch als Haltezeit bezeichnet werden kann. Die Isolierung des Speicherbehälters muss so gut sein, dass es während dieser Wartezeit nicht zu nennenswerten Erwärmungen des Speicherinhalts kommt. Der Gütegrad der Isolierung wird durch die sog. Speicherzeitkonstante bestimmt (vgl. Gl. 10.28). Das praktische Verhalten des Speichers ist somit durch drei verschiedene Zeitmaße gegeben: der Verweilzeit, der Haltezeit und der Speicherzeitkonstanten.

Abb. 10.2 stellt ein Konzept eines Kältenetzes dar, in dem ein Kälteträger eingesetzt wird. Das Kälteträgernetz ist dabei logisch in die Abschnitte A bis E gegliedert. Abschnitt A stellt die Kältebereitstellung mittels einer Kälteanlage dar. Abschnitt B umfasst einen Speicher, der je nach Stellung der Ventile in verschiedenen Betriebsmodi betrieben werden kann. Abschnitt C wird als Sicherheitsgruppe bezeichnet. Diese Baugruppe verfügt typischerweise über einen Membranausdehnungsbehälter. Je nach Temperatur des Kälteträgers ändert sich dessen Dichte. Die dabei auftretenden Volumenänderungen werden durch eine Membran in dem Behälter ausgeglichen, so dass die Volumenänderung keine

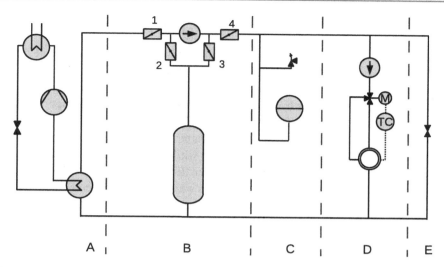

Abb. 10.2 Schaltung eines Solespeichers

abnorme Druckänderung nach sich zieht. Ferner ist ein Druckbegrenzerventil vorzusehen. Die Baugruppe D stellt den eigentlichen Kälteverbraucher dar, der unabhängig vom Zustand des Netzes über eine eigene Temperaturregelung verfügt. Die Baugruppe E wird durch ein einfaches Ventil repräsentiert, das die Aufgabe eines Netzabschlusses übernimmt. Dieses Ventil ist nur bei Wartungsarbeiten geöffnet.

Als mögliche Betriebsmodi lassen sich der reine Ausspeicherbetrieb, der reine Einspeicherbetrieb, der reine Kühlbetrieb und ein Mischbetrieb realisieren. Tab. 10.1 gibt eine Übersicht über die jeweils erforderlichen Ventilstellungen.

Die Auswahl eines Betriebsmodus erfolgt im genannten Beispiel nach Verfügbarkeit der Primärenergie. Die Steuerung der Ventilstellung erfolgt vorzugsweise durch einen sog. Zustandsautomaten. Bei der Dimensionierung von Kälteanlagen ist zu beachten, dass eine Einspeicherung simultan zum Kühlbetrieb leistungsstärkere Kälteanlagen erfordert. Dies stellt erhöhte Anforderungen an die Teillastfähigkeit der Anlagen. Häufig werden daher in einem solchen Fall zwei Kälteanlagen eingesetzt, was den zusätzlichen Vorteil einer Redundanz mit sich bringt und die Versorgungssicherheit erhöht.

Tab. 10.1 Ventilstellungen

	Reines Ausspeichern	Reines Einspeichern	Reiner Kühlbetrieb	Mischbetrieb
Ventil auf	2,4	1,3	1,4	4
Ventil zu	1,3	2,4	2,3	3
Zwischenlage	–	–	–	1,2

vgl. [Dol83], S. 238

10.2.3 Eisspeicher

Prinzip Abb. 10.3 stellt einen Eisspeicher dar. Meist handelt es sich dabei um Rohrbündelwärmeübertrager, bei denen auf der Innenseite der Rohre das verdampfende Kältemittel strömt. Alternativ kann auf der Innenseite auch ein Kälteträgermedium eingesetzt werden. Auf der Außenseite befindet sich Wasser von $0\,°C$. Bei laufender Kälteanlage wächst auf der Außenseite der Rohre eine Eisschicht auf. Der Vorgang der Eisbildung wird unterbrochen, wenn die Eisschichten zweier benachbarter Rohre so stark angewachsen sind, bis der Wasserdurchfluss durch das Eis behindert wird. Bei der Speicherentladung strömt Wasser z. B. der Temperatur $+6\,°C$ in den Eisspeicher hinein und mit $0\,°C$ aus. In einem Dreiwegeventil kann dann durch Zumischung des wärmeren Wassers eine Solltemperatur eingestellt werden. Wasser mit der Solltemperatur z. B. von $+3\,°C$ wird dann den Kälteverbrauchern zugeführt.

Eisspeicher können große Abmessungen einnehmen. Sie werden gebaut bis zur Größe bis $1000\,t$ Eismasse. Als Medium wird häufig einfaches Wasser verwendet. Es sind aber auch Anwendungen bekannt, bei denen dem Wasser ein Additiv zugesetzt ist, das zur Bildung einer Eis-Wasser-Suspension führt. Dabei handelt es sich um eine Mischung aus flüssigem Wasser und kleinen Eisnadeln. Die Mischung selbst besitzt eine breiige Konsistenz und bleibt pumpfähig.

Dynamik von Eisspeichern Der Zusammenhang zwischen den Medientemperaturen und der Geschwindigkeit der Eisbildung betrifft die Wirtschaftlichkeit von Eisspeichern. Tiefe Temperaturen sorgen für schnelle Eisbildung, allerdings sind bei tiefen Temperaturen niedrige Leistungsziffern der Kälteanlagen zu erwarten.

Der Vorgang der Eisbildung ist stets ein instationärer Vorgang. Es handelt sich um ein Wärmeleitungsproblem, bei dem zusätzlich eine Phasenänderung des Fluids auftritt. In

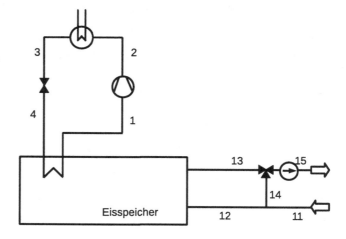

Abb. 10.3 Konzept eines Eisspeichers. Der Kälteanlagenteil kann auch als Wärmepumpe eingesetzt werden

der Literatur wird das Problem auch als Stefan-Problem bezeichnet.[1] Es wird dadurch charakterisiert, dass Wärmeströme zum einen infolge einer instationären Wärmeleitung auftreten, zum anderen aber auch Wärmeströme auftreten, die mit den Phasenumwandlungsenthalpien direkt verbunden sind.

Die Bildung einer Eisschicht soll anhand einer ebenen, dünnwandigen Schicht aus Metall (z. B. Stahl) erörtert werden. Dieses Stahlblech möge zwei Medien voneinander trennen. Ein kalter Stoffstrom einer Kühlsole wird von der Wand von Wasser getrennt, das bereits mit Erstarrungstemperatur vorliegt. Betrachtet wird eine ebene Eisschicht der Fläche A und der Mächtigkeit s. Letztere nimmt im Verlauf des Prozesses zu. Das Wachstum erfolgt eindimensional entlang der Ortskoordinate x. Auf der Außenseite der Platte befinde sich eine Kühlsole, die in der Nähe der Wand eine thermische Grenzschicht ausbildet. Diese stellt ebenso wie die Wand selbst einen Transportwiderstand für den Wärmestrom dar. Einen weiteren Transportwiderstand stellt die bereits gebildete Eisschicht selbst dar.

Während einer kurzen Zeitspanne $\mathrm{d}t$ möge sich auf der Stahlplatte bzw. auf einer bereits gebildeten Eisschicht ein Volumenelement $\mathrm{d}V$ abscheiden, das zum Wachstum der Eisschicht um einen Betrag $\mathrm{d}s$ beiträgt. Da die Dichte ϱ_E des Eises bekannt ist kann die Masse dieses Elementes angegeben werden.

$$\mathrm{d}m = \varrho_E A \, \mathrm{d}s \qquad (10.2)$$

Je Masseneinheit des erstarrten Eises wird die spezifische Erstarrungsenthalpie Δh_E frei. Die Erstarrungsenthalpie für Wasser beträgt etwa $\Delta h_E = 333{,}4 \, \mathrm{kJ/kg}$. Die frei werdende Wärme beträgt

$$\mathrm{d}Q = \Delta h_E \, \mathrm{d}m \qquad (10.3)$$

bzw. unter Verwendung von Gl. 10.2 auch

$$\mathrm{d}Q = \Delta h_E \, \varrho_E \, A \, \mathrm{d}s \qquad (10.4)$$

Zeitliches Ableiten liefert

$$\frac{\mathrm{d}Q}{\mathrm{d}t} = \Delta h_E \, \varrho_E \, A \, \frac{\mathrm{d}s}{\mathrm{d}t} \qquad (10.5)$$

Der Differentialquotient $\mathrm{d}s/\mathrm{d}t$ stellt dabei die Wachstumsgeschwindigkeit der Eisfront dar. Die Wachstumsgeschwindigkeit der Schicht bestimmt den in der Phasengrenze frei werdenden Wärmestrom bzw. die Wärmestromdichte $\dot{q}$. Die Phasengrenze zwischen dem erstarrenden Wasser und dem bereits erstarrten Eis wirkt als flächige Wärmequelle, deren Intensität durch die Wärmestromdichte angegeben werden kann. Die Kombination der gefundenen Beziehungen liefert den Zusammenhang zwischen der Wärmestromdichte und

---

[1] Abhandlungen mit unterschiedlicher Methodik und Tiefe hierzu finden sich z. B. bei Baehr [Bae98], Grigull und Sandner [Gri79] sowie Eckert [Eck66].

Abb. 10.4 Bilanzraum eines
ebenen Eisspeichers

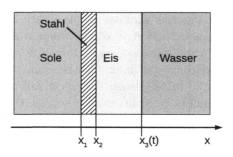

der Geschwindigkeit der Front:

$$\dot{q} = \Delta h_E \, \varrho_E \, \frac{\mathrm{d}s}{\mathrm{d}t} \tag{10.6}$$

Offenbar ist die Wärmestromdichte der Wachstumsgeschwindigkeit proportional. Lediglich zwei Stoffgrößen treten in dem Ausdruck auf.

Unter der Randbedingung, dass der Erstarrungsvorgang hinreichend langsam abläuft, kann unterstellt werden, dass die Temperatur auf der freien Oberfläche des Eises der Erstarrungstemperatur 0 °C entspricht.[2] In diesem Fall scheidet ein Wärmetransport von der Phasengrenze in Richtung des freien Wassers aus, da die Phasengrenzflächentemperatur mit der Wassertemperatur identisch ist. Der Wärmestrom ist damit eindeutig in Richtung der kalten Wand gerichtet.

Abb. 10.4 zeigt die Geometrie des Bilanzraumes. Zwischen den Positionen x_1 und x_2 befindet sich eine Stahlplatte der Dicke $s_S = x_2 - x_1$, auf deren Oberfläche eine Eisschicht der Dicke $s = x_3 - x_2$ ruht. Den Positionen x_1, x_2, x_3 werden die Temperaturen ϑ_1, ϑ_2, ϑ_3 zugeordnet. Die Temperatur der Sole wird mit ϑ_F, die des Wassers mit ϑ_W bezeichnet. Abb. 10.5 zeigt für einen bestimmten Zeitpunkt das Temperaturprofil in der Umgebung einer Eisspeicherwand. Wenn die Eisschicht zu einem späteren Zeitpunkt dicker ist, ist der Temperaturgradient in dieser Schicht kleiner und damit auch der aktuell transportierte Wärmestrom.

Die Wärmestromdichte in der thermischen Grenzschicht beträgt

$$\dot{q} = \alpha \cdot (\vartheta_1 - \vartheta_F) \tag{10.7}$$

α ist der Wärmeübergangskoeffizient, der vom Strömungszustand und von den Stoffeigenschaften der Sole abhängt. In der Stahlschicht tritt ein vergleichsweise kleiner Transportwiderstand durch Wärmeleitung auf:

$$\dot{q} = \lambda_S \frac{\vartheta_2 - \vartheta_1}{s_S} \tag{10.8}$$

---

[2] Im Laborexperiment treten speziell mit dieser Bedingung experimentelle Probleme auf. Die Bildung von Kristallen setzt Kristallisationskeime voraus. Speziell in sauberen Apparaturen fehlen diese Keime, was zu einer Unterkühlung der Flüssigkeit führt. Wasser gefriert bei Temperaturen unterhalb von 0 °C. In technischen Einrichtungen einfacher Eisspeicher tritt das Problem nicht auf.

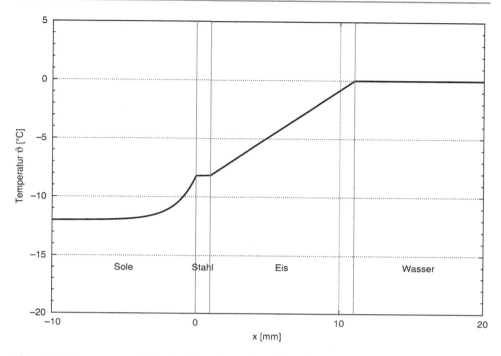

Abb. 10.5 Temperaturprofil in der Umgebung einer Eisspeicherwand. Die aktuelle Schichtdicke des Eises beträgt 10 mm. In der Stahl- und der Eisschicht herrscht ein lineares Temperaturprofil

In der Eisschicht hingegen tritt ein wegen der niedrigeren Wärmeleitfähigkeit von Eis ein größerer Widerstand auf. Die unterschiedlichen Größe der Transportwiderstände basiert auf den unterschiedlichen Werten der Wärmeleitfähigkeiten der beteiligten Materialien, die wie folgt angegeben werden können: Stahl: $\lambda_S = 25\,\text{W/m K}$, Eis: $\lambda_E = 2{,}33\,\text{W/m K}$, Wasser: $\lambda_W = 0{,}7\,\text{W/m K}$.

$$\dot{q} = \lambda_E \frac{\vartheta_3 - \vartheta_2}{s} \tag{10.9}$$

Zusammenfassung der Gl. 10.7 bis 10.9 liefert einen Zusammenhang zwischen der Wärmestromdichte und der Temperaturdifferenz der Fluide:

$$\dot{q}\left(\frac{1}{\alpha} + \frac{s_S}{\lambda_S} + \frac{s}{\lambda_E}\right) = \vartheta_W - \vartheta_F \tag{10.10}$$

bzw.

$$\dot{q} = \left(\frac{1}{\alpha} + \frac{s_S}{\lambda_S} + \frac{s}{\lambda_E}\right)^{-1} \cdot (\vartheta_W - \vartheta_F) \tag{10.11}$$

Die Kombination mit Gl. 10.6 liefert die Wachstumsgeschwindigkeit der Eisfront

$$\frac{\text{d}s}{\text{d}t} = \frac{1}{\Delta h_E \cdot \varrho_E}\left(\frac{1}{\alpha} + \frac{s_S}{\lambda_S} + \frac{s}{\lambda_E}\right)^{-1} \cdot (\vartheta_W - \vartheta_F) \tag{10.12}$$

Umstellung und Multiplikation mit der Wärmeleitfähigkeit des Eises führt zu einer Differentialgleichung

$$\frac{ds}{dt}\left(\frac{\lambda_E}{\alpha} + \frac{\lambda_E}{\lambda_S} \cdot s_S + s\right) = \frac{\lambda_E}{\Delta h_{E\varrho E}} \cdot (\vartheta_W - \vartheta_F) \tag{10.13}$$

Nach der Trennung der Variablen handelt es sich um eine Differentialgleichung der Form

$$B\,ds + s\,ds = C\,dt \tag{10.14}$$

mit

$$B = \frac{\lambda_E}{\alpha} + \frac{\lambda_E}{\lambda_S} \cdot s_S$$

und

$$C = \frac{\lambda_E}{\Delta h_{E\varrho E}} \cdot (\vartheta_W - \vartheta_F)$$

Die direkte Integration

$$B\int\limits_1^2 ds + \int\limits_1^2 s\,ds = C\int\limits_1^2 dt \tag{10.15}$$

liefert

$$B(s_2 - s_1) + \frac{1}{2}(s_2^2 - s_1^2) = C(t_2 - t_1) \tag{10.16}$$

Es sei angenommen, dass zu einem Zeitpunkt $t_1 = 0$ die Schichtdicke den Wert $s_1 = 0$ besitzt. Dies führt zu der vereinfachten Form

$$Bs + \frac{1}{2}s^2 = Ct \tag{10.17}$$

Dabei handelt es sich um eine quadratische Gleichung mit der Lösung

$$s(t) = -B + \sqrt{B^2 + 2Ct} \tag{10.18}$$

Nach Rückeinsetzen der problemspezifischen Konstanten B und C folgt:

$$s(t) = -\left(\frac{\lambda_E}{\alpha} + \frac{\lambda_E}{\lambda_s}s_S\right) + \sqrt{\left(\frac{\lambda_E}{\alpha} + \frac{\lambda_E}{\lambda_s}s_S\right)^2 + \frac{2 \cdot \lambda_E}{\Delta h_{E\varrho E}} \cdot (\vartheta_W - \vartheta_F) \cdot t} \tag{10.19}$$

Die zeitliche Entwicklung der Eisschichtdicke ist in Abb. 10.6 dargestellt. Die Wachstumsraten sind bei geringen Schichtdicken höher als bei dickeren Eisschichten. Eine Senkung der Soletemperatur führt erwartungsgemäß zu schneller wachsenden Eisschichten.

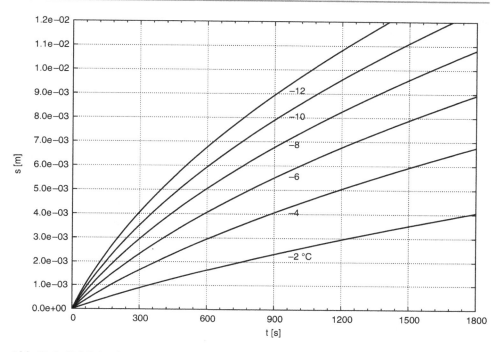

Abb. 10.6 Zeitliches Wachstum der Eisschicht in einem ebenen Eisspeicher. Parameter ist die Temperatur der Sole ϑ_F

Diese grundsätzlichen Zusammenhänge können verwendet werden, um einen Eisspeicher an die Betriebsbedingungen anzupassen. Die maximale Schichtdicke ist konstruktiv begrenzt. Es ist sinnvoll, die Soletemperatur bzw. Verdampfertemperatur an die Bedingung anzupassen, zu welchem Zeitpunkt diese Schichtdicke erreicht werden soll. Dies trägt effektiv zur Einsparung von Energie und damit auch zur Einsparung von Betriebskosten eines Speichers bei.

Ein Sonderfall wird erhalten, wenn der Wärmeübergangskoeffizient α sehr groß wird z. B. bei der Direktverdampfung von Kältemitteln. Für den Fall $\alpha \rightarrow \infty$ und $\lambda_S \rightarrow \infty$ bzw. $s_S \rightarrow 0$ wird $B = 0$ erhalten. Gl. 10.19 geht damit in eine vereinfachte Form über:

$$s(t) = \sqrt{\frac{2 \cdot \lambda_E}{\Delta h_{E \varrho E}} \cdot (\vartheta_W - \vartheta_F) \cdot t} \qquad (10.20)$$

Für Eisspeicher mit nicht planaren sondern Zylindergeometrien gelten die gefundenen Abhängigkeiten ebenfalls, allerdings ist es nicht möglich, hierfür geschlossene Lösungen für die Wachstumsgeschwindigkeit zu erhalten. In diesem Fall ist die Verwendung numerischer Rechenverfahren sinnvoll.

10.2.4 Kraftspeicher

Abb. 10.7 stellt eine Möglichkeit dar, elektrische Energie thermisch zu speichern und bei der Entladung wieder in Form elektrischer Energie zurückzugewinnen. Das Konzept beinhaltet zwei große Speicher (D $= 15{-}40\,$m, H $= 10\,$m), die auf unterschiedlichen Temperaturniveaus gehalten werden. Der Niedertemperaturspeicher (NT) wird z. B. bei $-20\,°$C betrieben, der Hochtemperaturspeicher z. B. bei $80\,°$C.

Beim Betrieb eines Speichers ist zwischen der Beladungsphase und der Entladungsphase zu unterscheiden. Die Beladung erfolgt durch den Betrieb einer Wärmepumpe Die Kühllast stammt aus der Abkühlung des NT-Speichers. Dargestellt ist eine Wärmepumpe nach dem Kaltdampfkompressionsverfahren. Das NT-Reservoir ist im günstigen Fall mit einem Stoff gefüllt, das im interessierenden Temperaturbereich eine Phasenänderung vollzieht. Lynger selbst schlägt die Verwendung eutektischer Mischungen[3] vor. Bei Betrieb der Wärmepumpe nimmt das Kältemittel die Kühllast $\dot{Q}_{14,11}$ auf. Die von der Wärmepumpe abgegebene Wärme wird zur Beheizung des HT-Reservoirs verwendet.

Bei der Entladung des Speichers fördert ein Pumpe flüssiges Kältemittel zum HD-Wärmeübertrager. Das Arbeitsmedium nimmt in diesem Apparat Wärme auf und ver-

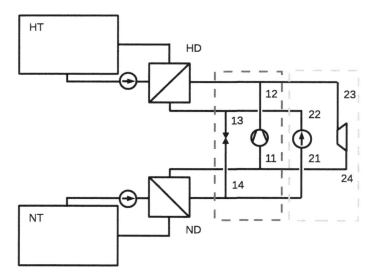

Abb. 10.7 Kraftspeicher nach dem Lyngerverfahren

---

[3] Bäckström (vgl. [Bac54]) verwendet die Bezeichnung Kryohydrat als Synonym für eutektische Mischungen.

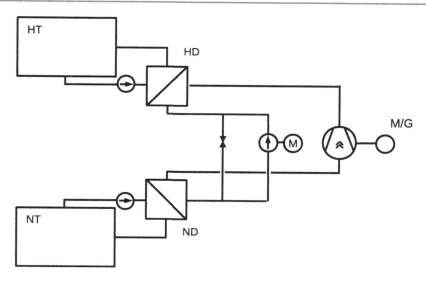

Abb. 10.8 Kraftspeicher nach dem Lyngerverfahren. Diese Variante kommt mit einer einzigen Maschine aus

dampft. Der Frischdampf liegt als Sattdampf vor und wird in einer Expansionsmaschine entspannt. Der der Expansionsmaschine nachgeschaltete ND-Wärmeübertrager fungiert in dieser Betriebsweise als Kondensator. Die Kondensationswärme wird vom NT-Speicher aufgenommen. Während der Entladungsphase entspricht der Prozessverlauf dem Clausius-Rankine-Prozess.

Apparativ läßt sich der Prozess noch stark vereinfachen. Abb. 10.8 weist nur eine Hauptmaschine aus, die als Schraubenmaschine eingezeichnet ist. Während des Beladens des Speichers (Wärmepumpenbetrieb) wird die Schraube durch eine Drehstromasynchronmaschine angetrieben. Der HD-Wärmeübertrager gibt als Verflüssiger die Wärme an das Hchtemperaturreservoir ab. In diesem Betriebszustand wird das Expansionsventil durchströmt und der ND-Wärmeübertrager arbeitet als Verdampfer.

Während des Entladevorgangs arbeitet die Schraube als Schraubenmotor. Da Sattdampf in die Schraube eintritt erfolgt die Expansion ins das Nassdampfgebiet. Die Asynchronmaschine arbeitet in dieser Entladephase als Generator. Der Prozess erfordert allerdings den Einsatz einer Speisepumpe, deren Leistungsaufnahme aber vernachlässigbar ist.

Das Lynger-Verfahren erfordert große Speicher. Dies stellte in der Vergangenheit ein Hemmnis dar, das Verfahren einzusetzen. Vor dem Gesichtspunkt zukünftig großer Überschüsse an Windstrom und der Anforderung, fossile Energieträger einzusparen, stellen Lynger-Speicher eine realistische Speichermöglichkeit dar.

10.3 Speicherverluste

Es treten verschiedene Verlustquellen auf. Bei thermischen Speichern tritt eine Wechselwirkung des Speichers mit seiner Umgebung auf. Warmspeicher kühlen aus, Kaltspeicher erwärmen sich. Speicher zählen damit zu den instationären Systemen. Das zeitliche Verhalten eines einfachen Warmspeichers kann durch eine Enthalpiebilanz bestimmt werden.

$$\frac{\mathrm{d}H}{\mathrm{d}t} = \dot{Q}_{zu} - \dot{Q}_{ab} \tag{10.21}$$

Im einfachsten Fall wird ein Speicher betrachtet, der weder entladen noch beladen wird. In diesem Fall tritt am Speicher nur einer konvektiver Verlust über die Oberfläche auf:

$$\dot{Q} = k \cdot A(\vartheta - \vartheta_U) \tag{10.22}$$

mit k [W/m²K]: Wärmedurchgangskoeffizient, ϑ: Speichertemperatur, ϑ_U: Umgebungstemperatur, A: Fläche. Die Änderung der Enthalpie H des Speichers wird durch die Temperaturänderung beschrieben:

$$\frac{\mathrm{d}H}{\mathrm{d}t} = m \cdot \overline{c_p}\frac{\mathrm{d}\vartheta}{\mathrm{d}t} \tag{10.23}$$

Die enthaltene spezifische Wärmekapazität ist eine gemittelte Größe zwischen den am Aufbau des Speichers beteiligten Materialien. Die Kombination beider Beziehungen führt auf eine Dgl. zur Bestimmung des Temperatur-Zeit-Verhaltens

$$m \cdot \overline{c_p}\frac{\mathrm{d}\vartheta}{\mathrm{d}t} = -k \cdot A\,(\vartheta - \vartheta_U) \tag{10.24}$$

Die Lösung der inhomogenen Dgl. wird vereinfacht durch Einführung der Übertemperatur

$$\Theta = \vartheta - \vartheta_U \rightarrow \mathrm{d}\Theta = \mathrm{d}\vartheta$$

Die Dgl. geht mit dieser Umformung und der Abkürzung $B := kA/m\overline{c_p}$ über in eine homogene Differentialgleichung

$$\frac{\mathrm{d}\Theta}{\mathrm{d}t} = -B\,\Theta \tag{10.25}$$

Diese Dgl. wird gelöst durch

$$\Theta = \Theta_0 \exp\left\{-Bt\right\} \tag{10.26}$$

Der zeitliche Temperaturverlauf beträgt

$$\vartheta(t) = \vartheta_U + (\vartheta_0 - \vartheta_U)\exp\left\{-\frac{kA}{m\overline{c_p}}t\right\} \tag{10.27}$$

Als Kenngröße kann die sog. Zeitkonstante des Ausgleichsvorgangs τ angesehen werden. Diese entspricht dem Kehrwert der definierten Konstanten B:

$$\tau = \frac{1}{B} = \frac{m \cdot c_p}{k \cdot A} \qquad (10.28)$$

Ebenso kann der Ausgleichsvorgang durch die Angabe der Halbwertszeit charakterisiert werden. Sie beträgt

$$t_{1/2} = \frac{1}{B} \ln(2) = \frac{m \cdot c_p}{k \cdot A} \cdot \ln(2) \qquad (10.29)$$

Die Anwendung dieser Bilanzgleichungen setzt voraus, dass im Inneren des Speichers keine räumlichen Temperaturunterschiede auftreten. Im Fall auftretender Temperaturschichtungen ist eine analytische Beschreibung schwierig. Das Verhalten derartiger Speicher läßt sich, sofern ausreichende Detailinformationen vorliegen, meist nur unter Verwendung numerischer Verfahren lösen.

10.4 Übungsaufgaben

10.4.1 Aufgaben

Aufgabe 10.1 Warmwasserspeicher
Ein zylindrischer Wärmespeicher ($D = 12\,\text{m}$, $H = 12\,\text{m}$) ist aus einem Stahlblech der Dicke ($s = 12\,\text{mm}$, Dichte $\varrho = 7900\,\text{kg/m}^3$, $c_p = 0,47\,\text{kJ/kg K}$) gefertigt. Der Speicher ist zu 95 % mit Wasser gefüllt. Berechnen Sie die Masse und die mittlere spezifische Wärmekapazität.

Aufgabe 10.2 k-Wert
Ein zylindrischer Speicher ($D = 0,6\,\text{m}$) besitzt eine Edelstahlwand ($\lambda_1 = 50\,\text{W/m K}$) der Dicke 6 mm. Die Wärmeübergangskoeffizienten auf der Innenseite α_i und auf der Außenseite sind bekannt. Der Speicher ist mit einer Isolierung der Dicke s und Wärmeleitfähigkeit λ bestückt. Randbedingungen: $s = 200\,\text{mm}$, $\lambda = 0,035\,\text{W/m K}$, $\alpha_i = 500\,\text{W/m}^2\,\text{K}$, $\alpha_a = 20\,\text{W/m}^2\,\text{K}$.
   Berechnen Sie den Wärmedurchgangskoeffizienten unter Berücksichtigung der Theorie des Wärmeübergangs an Zylinderschalen. Verwenden Sie als Bezugsfläche die Innenseite des Behälters. Wie ändert sich das Ergebnis bei Annahme eines ebenen Aufbaus?

Aufgabe 10.3 Halbwertszeit
Berechnen Sie die Halbwertszeit der Abkühlung eines zylindrischen Behälters ($D = H$) mit $\alpha_a = 20\,\text{W/m}^2\,\text{K}$ in Abhängigkeit vom Durchmesser D. Vernachlässigen Sie die Masse der Wand und den Wärmeübergangskoeffizienten auf der Innenseite. Hinweis: Berechnen Sie das Verhältnis Volumen/Oberfläche für Speicher diesen Schlankheitsgrades. Gibt es Wasser-Speicher mit einer Halbwertszeit von 14 Tagen?

Aufgabe 10.4 Eisanteil
Ein Speicher enthält eine Mischung aus einem Eis-Wasser-Gemisch. Die Masse beträgt
5000 kg. Diesem wird Wärme zugeführt. Zu Beginn des Vorgangs besteht der Eisanteil
noch $\xi = 50\,\%$, im Laufe der Wärmezufuhr sinkt dieser Wert auf $\xi = 0\,\%$. Die Enthalpie
dieses Speichers soll in Abhängigkeit vom Eisanteil ξ angegeben werden. Stellen Sie eine
Dgl. auf, die die zeitliche Veränderung des Eisanteils im Speicher beschreibt.

10.4.2 Lösungen

Lösung 10.1 Warmwasserspeicher
Die Oberfläche des Speicherbehälters setzt sich aus der Mantelfläche und zwei Deckelflächen zusammen und beträgt

$$A = \pi DH + 2 \cdot \frac{\pi D^2}{4} = 471\,\mathrm{m^2} \tag{10.30}$$

Für die Masse des Stahls wird erhalten

$$m_\mathrm{S} = A \cdot s \cdot \varrho_\mathrm{S} = 471 \cdot 12 \cdot 10^{-3} \cdot 7900 = 44.670\,\mathrm{kg} \tag{10.31}$$

Die Masse des im Behälter befindlichen Wassers füllt 95 % des Behälters aus:

$$m_\mathrm{W} = \varrho_\mathrm{W} \cdot 0{,}95 \cdot \frac{\pi D^2}{4} H = 1289 \cdot 10^3\,\mathrm{kg} \tag{10.32}$$

Die mittlere spez. Wärmekapazität folgt dem Ansatz

$$m_\mathrm{ges} \cdot \overline{c_p} = m_\mathrm{S} \cdot c_{p,\mathrm{S}} + m_\mathrm{W} \cdot c_{p,\mathrm{W}} \tag{10.33}$$

und ergibt sich zu

$$\overline{c_p} = 4{,}065\,\mathrm{kJ/kg} \tag{10.34}$$

Bei großen Speichern übt die Masse der Behälterwand offenbar nur einen geringen Einfluss auf die mittlere spezifische Wärmekapazität aus.

Lösung 10.2 k-Wert
Die Radien betragen: Innenradius $r_1 = 0{,}3\,\mathrm{m}$, $r_2 = 0{,}306\,\mathrm{m}$, Außenradius $r_3 = 0{,}506\,\mathrm{m}$.
Zur Berechnung des Wärmedurchgangskoeffizienten kommt Gl. 3.58 zur Anwendung. Als
Referenzradius r^* wird der Innenradius r_1 eingesetzt. Damit bezieht sich der ermittelte
Wärmedurchgangskoeffizient auf die innere Oberfläche des Zylindermantels. Einsetzen
der Werte liefert

$$\frac{1}{k^*} = \frac{1}{500} + \frac{0{,}3}{50} \ln \frac{0{,}306}{0{,}3} + \frac{0{,}3}{0{,}35} \ln \frac{0{,}506}{0{,}306} + \frac{0{,}3}{20 \cdot 0{,}506} = 4{,}343 \tag{10.35}$$

Damit ergibt sich der Wärmedurchgangskoeffizient zu

$$k^* = 0{,}2302\,\mathrm{W/m^2\,K} \tag{10.36}$$

Im Fall eines ebenen Wandaufbaus wird der Wärmedurchgangskoeffizient berechnet zu

$$\frac{1}{k} = \frac{1}{\alpha_i} + \frac{s_1}{\lambda_1} + \frac{s_2}{\lambda_2} + \frac{1}{\alpha_a} \tag{10.37}$$

Dies liefert den Zahlenwert

$$k = 0{,}173\,\mathrm{W/m^2\,K} \tag{10.38}$$

Dieser Zahlenwert lässt sich verwenden zur Berechnung des Wärmeverlustes über die Deckelflächen des Zylinders. Der Unterschied zwischen den Wärmedurchgangskoeffizienten ist auf die Krümmung der betrachteten Flächen zurück zu führen und kann in der Regel nicht vernachlässigt werden.

Lösung 10.3 Halbwertszeit
Die Halbwertszeit folgt der Beziehung

$$t_{1/2} = \frac{m c_p}{k A} \ln(2) = \frac{\varrho V c_p}{k A} \ln(2) \tag{10.39}$$

Das Volumen eines zylindrischen Behälters mit $H = D$ beträgt

$$V = \frac{\pi D^2}{4} \cdot H = \frac{\pi}{4} D^3 \tag{10.40}$$

Die Oberfläche beträgt

$$A = \pi D H + 2 \cdot \frac{\pi D^2}{4} = \frac{3}{2} D^2 \tag{10.41}$$

Der Quotient V/A beträgt

$$\frac{V}{A} = \frac{1}{6} D \tag{10.42}$$

Die Halbwertsdauer der Abkühlung beträgt damit

$$t_{1/2} = \frac{10^3 \cdot 4190}{20} \cdot \frac{1}{6} D \ln(2) = 24.202 D \tag{10.43}$$

Ein Behälter mit einer Halbwertsdauer von 14 d würde einen Durchmesser oberhalb von 49 m erfordern. Derartige Behälter sind aber unrealistisch. Die wichtigste Aussage dieses Ergebnisses ist, dass die Halbwertsdauer proportional zum Durchmesser und indirekt proportional zur Wärmedurchgangs- bzw. vom Wärmeübergangskoeffizienten ist:

$$t_{1/2} \sim D$$
$$\sim \frac{1}{k} \tag{10.44}$$

Lösung 10.4 Eisanteil

Der Nullpunkt einer Enthalpiefunktion lässt sich beliebig und individuell festlegen. Für den Eisanteil $\xi = 0$ kann gelten $h(\xi = 0) := 0$. In diesem Fall beträgt die spezifische Enthalpie beim Eisanteil $\xi = 1$: $h(\xi = 1) = -\Delta h_E = -333{,}4\,\text{kJ/kg}$. Die Funktion $h(\xi)$ folgt damit dem Zusammenhang

$$h(\xi) = -\Delta h_E \cdot \xi \tag{10.45}$$

Die Ableitung nach der Zeit lautet formal

$$\frac{dh}{dt} = -\Delta h_E \cdot \frac{d\xi}{dt} \tag{10.46}$$

Die Enthalpiebilanz eines Kältespeichers lautet

$$\frac{dH}{dt} = \dot{Q}_{zu} \tag{10.47}$$

bzw.

$$m\frac{dh}{dt} = \dot{Q}_{zu} \tag{10.48}$$

und nach Einsetzen

$$-m \cdot \Delta h_E \cdot \frac{d\xi}{dt} = \dot{Q}_{zu} \tag{10.49}$$

Trennung der Variablen und direkte Integration liefert unter Berücksichtigung der Randbedingung $t = 0$, $\xi(0) = \xi_0$

$$\xi(t) = \xi_0 - \frac{\dot{Q}_{zu}}{m\Delta h_E} \cdot t \tag{10.50}$$

Darin bedeutet ξ_0 den Eisanteil zu Beginn des Vorgangs. Bei gleichförmiger Wärmezufuhr sinkt der Eisanteil im Speicher linear mit der Zeit. Hieraus folgt die maximale Betriebsdauer des Eisspeichers zu

$$t_{max} = \frac{\xi_0 \cdot m \cdot \Delta h_E}{\dot{Q}_{zu}} \tag{10.51}$$

Je höher der Eisanteil zu Beginn des Ausspeichervorgangs ist, desto länger ist die Betriebsdauer. Auch führen kleine zugeführte Wärmeströme zu längeren Betriebsdauern. Beides erscheint plausibel.

Literatur

[Bac54]   Bäckström, M.; Emblik, E.;
            Kältetechnik.
            1954. G. Braun, Karlsruhe.

[Bae98]   Baehr, H.-D.; Stephan, K.;
            Wärme- und Stoffübertragung.
            3. Auflage 1998. Springer Verlag.

[Dol83]   Doležal, R.;
            Energetische Verfahrenstechnik.
            1983. B. G. Teubner, Stuttgart.

[Eck66]   Eckert, E. R. G.;
            Einführung in den Wärme- und Stoffaustausch.
            3. Auflage, 1966. Springer Verlag.

[Gri79]   Grigull, U.; Sandner, H.;
            Wärmeleitung.
            1979. Springer Verlag.

Stoffdaten

Zur Dimensionierung von Kälteanlagen ist die Kenntnis von Stoffdaten von entscheidender Bedeutung. Im vorliegenden Kapitel werden die thermodynamischen Stoffdaten der aktuell verwendbaren Kältemittel in Form von „Zustandstafeln im Sättigungszustand", also in Form von Dampftafeln mitgeteilt. Ergänzend hierzu werden maßstäbliche $\log p, h$-Diagramme dieser Kältemittel zur Verfügung gestellt. Die frei wählbaren Bezugsnullpunkte für die spezifische Enthalpie h und die spezifische Entropie s wurden einheitlich festgelegt, so dass Dampftafeln und Diagramme parallel zu einander nutzbar sind. Bei der Auswahl der Kältemittel wurden neben dem Kältemittel R134a, das aktuell die größte Verbreitung besitzt, einige der potentiellen Ersatzstoffe (z. B. HFO-1234yf, R717, R744, R290) berücksichtigt. Ferner sind Daten zu Kältemitteln für den Einsatz in Hochtemperaturwärmepumpen (Pentan, Neopentan) in der Zusammenstellung enthalten.

Die Stoffdatensammlung wurde ergänzt durch Tabellen zum Dampfdruckverhalten zahlreicher Stoffe (Antoine-Koeffizienten, Normalsiedepunkte) sowie durch Daten zum Thema der feuchten Luft.

Die Stoffdaten werden in Form übersichtlicher Diagramme und Tabellen angegeben. Die Materialien lassen sich beim Erlernen des Stoffs direkt einsetzen oder auch als Hilfsmittel bei der Auslegung von Anlagen.

© Springer-Verlag Berlin Heidelberg 2016
J. Dohmann, *Thermodynamik der Kälteanlagen und Wärmepumpen*,
DOI 10.1007/978-3-662-49110-2_11

Tafeln und Diagramme

Tab. 11.1 Eigenschaften des Kältemittels R1234yf

ϑ [°C]	p [bar]	v' [m³/kg]	v'' [m³/kg]	s' [kJ/kg K]	s'' [kJ/kg K]	h' [kJ/kg]	h'' [kJ/kg]
−50	0,3742	0,0007585	0,42472	0,75735	1,6098	139,63	329,85
−45	0,4862	0,0007661	0,33259	0,78248	1,6060	145,31	333,21
−40	0,6237	0,0007741	0,26354	0,80739	1,6031	151,07	336,58
−35	0,7904	0,0007823	0,21110	0,83208	1,6007	156,90	339,95
−30	0,9906	0,0007908	0,17079	0,85658	1,5990	162,81	343,32
−25	1,2286	0,0007997	0,13945	0,88088	1,5978	168,80	346,69
−20	1,5092	0,0008089	0,11482	0,90501	1,5970	174,87	350,05
−15	1,8372	0,0008185	0,09528	0,92898	1,5967	181,02	353,40
−10	2,2178	0,0008285	0,07962	0,95279	1,5968	187,26	356,72
−5	2,6563	0,0008391	0,06697	0,97646	1,5971	193,59	360,02
0	3,1582	0,0008501	0,05667	1,0000	1,5978	200,00	363,29
5	3,7292	0,0008618	0,04821	1,0234	1,5987	206,50	366,52
10	4,3753	0,0008741	0,04121	1,0467	1,5998	213,10	369,70
15	5,1025	0,0008871	0,03538	1,0699	1,6010	219,80	372,83
20	5,9172	0,0009010	0,03049	1,0931	1,6024	226,60	375,89
25	6,8258	0,0009158	0,02637	1,1162	1,6037	233,50	378,87
30	7,8351	0,0009317	0,02287	1,1392	1,6051	240,51	381,75
35	8,9521	0,0009488	0,01988	1,1622	1,6064	247,64	384,52
40	10,184	0,0009673	0,01732	1,1851	1,6075	254,90	387,17
45	11,538	0,0009875	0,01510	1,2082	1,6085	262,30	389,66
50	13,023	0,0010097	0,01318	1,2312	1,6092	269,85	391,98
55	14,647	0,0010344	0,01150	1,2545	1,6095	277,58	394,08
60	16,419	0,0010623	0,01003	1,2779	1,6093	285,53	395,93
65	18,348	0,0010944	0,00872	1,3017	1,6085	293,72	397,46
70	20,445	0,0011322	0,00756	1,3260	1,6068	302,22	398,57
75	22,723	0,0011781	0,00651	1,3510	1,6038	311,11	399,13
80	25,194	0,0012361	0,00555	1,3770	1,5989	320,54	398,90
85	27,879	0,0013150	0,00464	1,4049	1,5909	330,81	397,40
90	30,803	0,0014408	0,00372	1,4370	1,5762	342,79	393,32

R1234yf (HNO-1234yf, $CF_3CF = CH_2$, 2,3,3,3-Tetrafluorpropen);
Daten: [Lem07]

Tab. 11.2 Eigenschaften des Kältemittels R1234ze

ϑ [°C]	p [bar]	v' [m³/kg]	v'' [m³/kg]	s' [kJ/kg K]	s'' [kJ/kg K]	h' [kJ/kg]	h'' [kJ/kg]
−50	0,2092	0,0007271	0,76762	0,7429	1,6956	136,20	348,81
−45	0,2793	0,0007340	0,58586	0,7704	1,6907	142,42	352,37
−40	0,3675	0,0007410	0,45337	0,7975	1,6865	148,66	355,94
−35	0,4769	0,0007482	0,35533	0,8241	1,6831	154,94	359,51
−30	0,6109	0,0007557	0,28176	0,8503	1,6803	161,25	363,09
−25	0,7736	0,0007634	0,22584	0,8761	1,6782	167,60	366,65
−20	0,9687	0,0007714	0,18282	0,9015	1,6766	173,99	370,20
−15	1,2008	0,0007796	0,14934	0,9266	1,6754	180,42	373,74
−10	1,4744	0,0007882	0,12302	0,9513	1,6747	186,90	377,25
−5	1,7942	0,0007971	0,10212	0,9758	1,6743	193,42	380,73
0	2,1655	0,0008064	0,08537	1,0000	1,6743	200,00	384,18
5	2,5934	0,0008161	0,07183	1,0239	1,6745	206,63	387,59
10	3,0836	0,0008262	0,06079	1,0476	1,6750	213,32	390,96
15	3,6416	0,0008368	0,05173	1,0711	1,6756	220,08	394,27
20	4,2734	0,0008480	0,04423	1,0944	1,6765	226,90	397,53
25	4,9852	0,0008598	0,03799	1,1175	1,6774	233,80	400,72
30	5,7833	0,0008723	0,03276	1,1405	1,6784	240,78	403,83
35	6,6741	0,0008855	0,02835	1,1634	1,6794	247,84	406,87
40	7,6645	0,0008997	0,02461	1,1861	1,6805	255,00	409,80
45	8,7615	0,0009149	0,02142	1,2088	1,6815	262,27	412,63
50	9,9722	0,0009313	0,01868	1,2315	1,6823	269,64	415,33
55	11,304	0,0009491	0,01632	1,2541	1,6830	277,14	417,88
60	12,766	0,0009685	0,01427	1,2768	1,6835	284,78	420,26
65	14,365	0,000990	0,01249	1,2996	1,6836	292,58	422,45
70	16,110	0,001014	0,01092	1,3225	1,6834	300,56	424,40
75	18,011	0,001041	0,00954	1,3456	1,6826	308,74	426,07
80	20,077	0,001072	0,00832	1,3691	1,6811	317,19	427,38
85	22,321	0,001109	0,00722	1,3930	1,6787	325,95	428,25
90	24,755	0,001153	0,00623	1,4177	1,6749	335,12	428,52
95	27,395	0,001209	0,00531	1,4435	1,6691	344,89	427,93
100	30,260	0,001287	0,00444	1,4715	1,6600	355,59	425,95

R1234ze (HNO-1234ze, $CF_3CH = CHF$, 1,3,3,3-Tetrafluorpropen);
Daten: [Lem07]

Tab. 11.3 Eigenschaften des Kältemittels Propylen (R1270)

ϑ [°C]	p [bar]	v' [m³/kg]	v'' [m³/kg]	s' [kJ/kg K]	s'' [kJ/kg K]	h' [kJ/kg]	h'' [kJ/kg]
−60	0,5559	0,0015996	0,73996	0,43959	2,5617	63,19	515,51
−55	0,7151	0,0016152	0,58598	0,48961	2,5387	74,01	521,02
−50	0,9081	0,0016313	0,46947	0,53886	2,5177	84,90	526,49
−45	1,1397	0,0016480	0,38016	0,58738	2,4985	95,89	531,92
−40	1,4147	0,0016652	0,31086	0,63523	2,4810	106,97	537,31
−35	1,7384	0,0016831	0,25648	0,68246	2,4649	118,15	542,64
−30	2,1161	0,0017016	0,21336	0,72914	2,4501	129,45	547,91
−25	2,5534	0,0017209	0,17883	0,77530	2,4365	140,86	553,10
−20	3,0560	0,0017410	0,15092	0,82099	2,4240	152,40	558,21
−15	3,6299	0,0017620	0,12818	0,86626	2,4125	164,08	563,23
−10	4,2812	0,0017839	0,10949	0,91115	2,4018	175,90	568,15
−5	5,0160	0,0018069	0,094018	0,95572	2,3918	187,87	572,95
0	5,8407	0,0018311	0,081119	1,0000	2,3825	200,00	577,63
5	6,7618	0,0018565	0,070292	1,0440	2,3737	212,31	582,17
10	7,7859	0,0018835	0,061146	1,0879	2,3654	224,81	586,55
15	8,9198	0,0019121	0,053373	1,1316	2,3575	237,51	590,75
20	10,170	0,0019426	0,046727	1,1752	2,3498	250,43	594,75
25	11,545	0,0019751	0,041013	1,2188	2,3422	263,59	598,52
30	13,050	0,0020102	0,036075	1,2625	2,3346	277,01	602,01
35	14,695	0,0020481	0,031785	1,3062	2,3268	290,72	605,20
40	16,485	0,0020894	0,028038	1,3502	2,3188	304,75	608,05
45	18,430	0,0021348	0,024748	1,3945	2,3103	319,14	610,52
50	20,538	0,0021851	0,021844	1,4392	2,3013	333,94	612,52
55	22,819	0,0022415	0,019263	1,4846	2,2914	349,22	613,96
60	25,281	0,0023056	0,016955	1,5308	2,2801	365,06	614,69
65	27,937	0,0023802	0,014871	1,5783	2,2670	381,61	614,50
70	30,799	0,0024691	0,012971	1,6274	2,2512	399,06	613,08
75	33,882	0,0025798	0,011211	1,6792	2,2313	417,74	609,94
80	37,202	0,0027269	0,009538	1,7353	2,2048	438,29	604,10
85	40,785	0,0029491	0,007856	1,7997	2,1654	462,22	593,19
90	44,675	0,0034737	0,005766	1,8944	2,0811	497,60	565,40

R1270 (Propylen, C_3H_6, $CH_3-CH=CH_2$, Propen);
Daten: [Lem07]

Tab. 11.4 Stoffdaten von R134a

ϑ [°C]	p [bar]	v' [m³/kg]	v'' [m³/kg]	s' [kJ/kg K]	s'' [kJ/kg K]	h' [kJ/kg]	h'' [kJ/kg]
−50	0,29451	0,0006914	0,60620	0,74101	1,7806	135,67	367,65
−45	0,39117	0,0006983	0,46473	0,76852	1,7720	141,89	370,83
−40	0,51209	0,0007054	0,36108	0,79561	1,7643	148,14	374,00
−35	0,66144	0,0007127	0,28402	0,82230	1,7575	154,44	377,17
−30	0,84378	0,0007203	0,22594	0,84863	1,7515	160,79	380,32
−25	1,0640	0,0007281	0,18162	0,87460	1,7461	167,19	383,45
−20	1,3273	0,0007362	0,14739	0,90025	1,7413	173,64	386,55
−15	1,6394	0,0007447	0,12067	0,92559	1,7371	180,14	389,63
−10	2,0060	0,0007535	0,09959	0,95065	1,7334	186,70	392,66
−5	2,4334	0,0007627	0,082801	0,97544	1,7300	193,32	395,66
0	2,9280	0,0007723	0,069309	1,0000	1,7271	200,00	398,60
5	3,4966	0,0007824	0,058374	1,0243	1,7245	206,75	401,49
10	4,1461	0,0007931	0,049442	1,0485	1,7221	213,58	404,32
15	4,8837	0,0008043	0,042090	1,0724	1,7200	220,48	407,07
20	5,7171	0,0008161	0,035997	1,0962	1,7180	227,47	409,75
25	6,6538	0,0008287	0,030912	1,1199	1,7162	234,55	412,33
30	7,7020	0,0008421	0,026642	1,1435	1,7145	241,72	414,82
35	8,8698	0,0008565	0,023033	1,1670	1,7128	249,01	417,19
40	10,166	0,0008720	0,019966	1,1905	1,7111	256,41	419,43
45	11,599	0,0008889	0,017344	1,2139	1,7092	263,94	421,52
50	13,179	0,0009072	0,015089	1,2375	1,7072	271,62	423,44
55	14,915	0,0009274	0,013140	1,2611	1,7050	279,47	425,15
60	16,818	0,0009498	0,011444	1,2848	1,7024	287,50	426,63
65	18,898	0,0009750	0,009960	1,3088	1,6993	295,76	427,82
70	21,168	0,0010038	0,008653	1,3332	1,6956	304,28	428,65
75	23,641	0,0010372	0,007491	1,3580	1,6909	313,13	429,03
80	26,332	0,0010773	0,006448	1,3836	1,6850	322,39	428,81
85	29,258	0,0011272	0,005499	1,4104	1,6771	332,22	427,76
90	32,442	0,0011936	0,004613	1,4390	1,6662	342,93	425,42
95	35,912	0,0012942	0,003743	1,4715	1,6492	355,25	420,67
100	39,724	0,0015357	0,002681	1,5188	1,6109	373,30	407,68

R134a (CF_3−CHF, 1,1,1,2-Tetrafluorethan);
Daten: [Lem07]

Tab. 11.5 Eigenschaften des Kältemittels R245fa

ϑ [°C]	p [bar]	v' [m³/kg]	v'' [m³/kg]	s' [kJ/kg K]	s'' [kJ/kg K]	h' [kJ/kg]	h'' [kJ/kg]
−30	0,1085	0,00067671	1,3726	0,85465	1,7606	162,48	382,76
−25	0,1460	0,00068226	1,0385	0,87973	1,7570	168,64	386,34
−20	0,1937	0,00068796	0,79638	0,90444	1,7541	174,84	389,94
−15	0,2535	0,0006938	0,61842	0,92880	1,7519	181,07	393,55
−10	0,3277	0,0006998	0,48586	0,95283	1,7502	187,34	397,18
−5	0,4187	0,0007059	0,38587	0,97656	1,7491	193,65	400,82
0	0,5292	0,0007123	0,30955	1,0000	1,7486	200,00	404,47
5	0,6621	0,0007188	0,25067	1,0232	1,7484	206,40	408,12
10	0,8205	0,0007255	0,20477	1,0461	1,7487	212,84	411,79
15	1,0076	0,0007325	0,16863	1,0687	1,7494	219,33	415,45
20	1,2270	0,0007396	0,13992	1,0912	1,7504	225,86	419,12
25	1,4825	0,0007471	0,11692	1,1134	1,7518	232,46	422,78
30	1,7779	0,0007548	0,098334	1,1355	1,7534	239,10	426,43
35	2,1172	0,0007628	0,083206	1,1573	1,7553	245,81	430,08
40	2,5046	0,0007712	0,070801	1,1790	1,7574	252,57	433,71
45	2,9446	0,0007799	0,060559	1,2005	1,7598	259,40	437,33
50	3,4417	0,0007890	0,052047	1,2219	1,7623	266,29	440,93
55	4,0005	0,0007985	0,044929	1,2431	1,7650	273,25	444,50
60	4,6259	0,0008086	0,038942	1,2642	1,7678	280,29	448,04
65	5,3227	0,0008191	0,033877	1,2853	1,7707	287,40	451,54
70	6,096	0,0008303	0,029569	1,3062	1,7736	294,59	455,00
75	6,951	0,0008421	0,025885	1,3270	1,7766	301,87	458,40
80	7,893	0,0008546	0,022721	1,3478	1,7797	309,24	461,75
85	8,928	0,0008680	0,019988	1,3686	1,7827	316,71	465,02
90	10,061	0,0008824	0,017617	1,3893	1,7856	324,28	468,20
95	11,298	0,0008979	0,015551	1,4100	1,7885	331,97	471,29
100	12,646	0,0009147	0,013741	1,4308	1,7912	339,78	474,26
105	14,110	0,0009330	0,012148	1,4516	1,7936	347,74	477,09
110	15,698	0,0009532	0,010739	1,4725	1,7959	355,85	479,74
115	17,417	0,0009756	0,009487	1,4936	1,7977	364,13	482,19
120	19,275	0,0010008	0,008366	1,5148	1,7991	372,62	484,39

R245fa (Pentafluorpropan, $CF_3-CH_2-CHF_2$, 1,1,1,3,3-Pentafluorpropan);
Daten: [Lem07]

Tab. 11.6 Stoffdaten von Propan (R290)

ϑ [°C]	p [bar]	v' [m³/kg]	v'' [m³/kg]	s' [kJ/kg K]	s'' [kJ/kg K]	h' [kJ/kg]	h'' [kJ/kg]
−60	0,4269	0,0016637	0,92250	0,42938	2,5107	60,81	504,44
−55	0,5525	0,0016792	0,72651	0,47992	2,4910	71,73	510,46
−50	0,7057	0,0016952	0,57905	0,52975	2,4734	82,75	516,48
−45	0,8905	0,0017117	0,46663	0,57893	2,4575	93,88	522,49
−40	1,1112	0,0017288	0,37985	0,62751	2,4433	105,12	528,48
−35	1,3723	0,0017465	0,31209	0,67554	2,4306	116,49	534,45
−30	1,6783	0,0017648	0,25861	0,72306	2,4192	127,97	540,38
−25	2,0343	0,0017838	0,21597	0,77012	2,4090	139,60	546,28
−20	2,4452	0,0018036	0,18167	0,81676	2,3999	151,36	552,13
−15	2,9162	0,0018242	0,15382	0,86303	2,3918	163,28	557,93
−10	3,4528	0,0018457	0,13103	0,90897	2,3846	175,35	563,65
−5	4,0604	0,0018682	0,11223	0,95461	2,3781	187,59	569,30
0	4,7446	0,0018918	0,09661	1,0000	2,3724	200,00	574,87
5	5,5112	0,0019166	0,08355	1,0452	2,3672	212,60	580,33
10	6,3660	0,0019428	0,07256	1,0902	2,3626	225,40	585,67
15	7,3151	0,0019704	0,06324	1,1351	2,3583	238,40	590,89
20	8,3646	0,0019998	0,05530	1,1799	2,3544	251,64	595,95
25	9,5207	0,0020310	0,04850	1,2247	2,3507	265,11	600,84
30	10,790	0,0020644	0,04264	1,2695	2,3471	278,83	605,54
35	12,179	0,0021004	0,03757	1,3143	2,3436	292,84	610,01
40	13,694	0,0021392	0,03315	1,3594	2,3399	307,15	614,21
45	15,343	0,0021815	0,02929	1,4046	2,3360	321,79	618,12
50	17,133	0,0022278	0,02589	1,4502	2,3317	336,80	621,66
55	19,072	0,0022791	0,02288	1,4962	2,3268	352,23	624,77
60	21,168	0,0023366	0,02021	1,5429	2,3210	368,14	627,36
65	23,430	0,0024019	0,01781	1,5903	2,3139	384,60	629,29
70	25,868	0,0024776	0,01565	1,6389	2,3052	401,75	630,37
75	28,493	0,0025676	0,01367	1,6891	2,2939	419,76	630,33
80	31,319	0,0026789	0,01185	1,7417	2,2791	438,93	628,73
85	34,361	0,0028252	0,01012	1,7980	2,2586	459,81	624,75
90	37,641	0,0030411	0,00840	1,8616	2,2272	483,71	616,47

R290 (Propan, C_3H_8);
Daten: [Lem07]

Tab. 11.7 Eigenschaften des Kältemittels Isobutan (R600a)

ϑ [°C]	p [bar]	v' [m³/kg]	v'' [m³/kg]	s' [kJ/kg K]	s'' [kJ/kg K]	h' [kJ/kg]	h'' [kJ/kg]
−50	0,16797	0,0015762	1,8792	0,56405	2,3419	91,76	488,49
−45	0,22107	0,0015891	1,4561	0,60976	2,3315	102,09	494,89
−40	0,28702	0,0016022	1,1427	0,65491	2,3227	112,51	501,35
−35	0,36797	0,0016158	0,90737	0,69955	2,3154	123,04	507,85
−30	0,46622	0,0016297	0,72839	0,74369	2,3095	133,68	514,40
−25	0,58427	0,0016440	0,59062	0,78738	2,3048	144,43	520,99
−20	0,72477	0,0016587	0,48339	0,83064	2,3013	155,30	527,61
−15	0,89053	0,0016739	0,39904	0,87351	2,2989	166,29	534,26
−10	1,0845	0,0016895	0,33204	0,91601	2,2975	177,40	540,93
−5	1,3098	0,0017057	0,27833	0,95816	2,2969	188,63	547,63
0	1,5696	0,0017224	0,23491	1,0000	2,2972	200,00	554,34
5	1,8672	0,0017397	0,19952	1,0415	2,2983	211,50	561,06
10	2,2061	0,0017577	0,17044	1,0828	2,3000	223,15	567,78
15	2,5899	0,0017764	0,14640	1,1239	2,3023	234,94	574,50
20	3,0222	0,0017958	0,12637	1,1647	2,3051	246,88	581,21
25	3,5067	0,0018160	0,10958	1,2053	2,3085	258,98	587,90
30	4,0472	0,0018372	0,09542	1,2458	2,3123	271,24	594,57
35	4,6477	0,0018593	0,08341	1,2861	2,3165	283,67	601,21
40	5,3121	0,0018826	0,07317	1,3263	2,3211	296,28	607,80
45	6,0445	0,0019070	0,06440	1,3664	2,3259	309,07	614,34
50	6,8490	0,0019328	0,05683	1,4064	2,3309	322,06	620,82
55	7,7299	0,0019602	0,05029	1,4464	2,3361	335,25	627,22
60	8,6916	0,0019892	0,04459	1,4863	2,3414	348,66	633,53
65	9,7386	0,0020202	0,03962	1,5263	2,3467	362,29	639,72
70	10,875	0,0020534	0,03525	1,5664	2,3520	376,17	645,77
75	12,107	0,0020892	0,03140	1,6065	2,3572	390,31	651,64
80	13,438	0,0021280	0,02799	1,6469	2,3621	404,73	657,31
85	14,874	0,0021704	0,02497	1,6874	2,3667	419,46	662,73
90	16,420	0,0022170	0,02226	1,7283	2,3708	434,54	667,86
95	18,081	0,0022690	0,01983	1,7696	2,3743	450,00	672,62
100	19,865	0,0023275	0,01764	1,8114	2,3769	465,90	676,94

R600a (Isobutan,C_4H_{10},2-Methylpropan);
Daten: [Lem07]

Tab. 11.8 Eigenschaften des Kältemittels R601 (Pentan)

ϑ [°C]	p [bar]	v' [m³/kg]	v'' [m³/kg]	s' [kJ/kg K]	s'' [kJ/kg K]	h' [kJ/kg]	h'' [kJ/kg]
0	0,24448	0,0015507	1,2668	1,0000	2,4088	200,00	584,81
5	0,30554	0,0015622	1,0292	1,0402	2,4108	211,10	592,31
10	0,37835	0,0015739	0,84341	1,0801	2,4136	222,31	599,87
15	0,46447	0,0015859	0,69666	1,1197	2,4171	233,62	607,48
20	0,56558	0,0015982	0,57975	1,1589	2,4214	245,04	615,15
25	0,68345	0,0016109	0,48584	1,1978	2,4264	256,57	622,86
30	0,81993	0,0016239	0,40980	1,2365	2,4320	268,21	630,61
35	0,97699	0,0016372	0,34777	1,2749	2,4381	279,98	638,41
40	1,1567	0,0016510	0,29682	1,3131	2,4448	291,87	646,25
45	1,3611	0,0016652	0,25469	1,3510	2,4519	303,88	654,13
50	1,5925	0,0016798	0,21963	1,3888	2,4595	316,02	662,03
55	1,8532	0,0016949	0,19028	1,4264	2,4676	328,30	669,97
60	2,1454	0,0017106	0,16557	1,4637	2,4760	340,71	677,93
65	2,4717	0,0017268	0,14465	1,5010	2,4847	353,26	685,91
70	2,8346	0,0017436	0,12685	1,5381	2,4937	365,96	693,90
75	3,2365	0,0017611	0,11163	1,5750	2,5031	378,81	701,91
80	3,6801	0,0017793	0,09856	1,6119	2,5126	391,81	709,91
85	4,1682	0,0017983	0,08727	1,6486	2,5224	404,96	717,92
90	4,7034	0,0018181	0,07749	1,6853	2,5324	418,28	725,91
95	5,2885	0,0018389	0,06898	1,7219	2,5425	431,77	733,89
100	5,9265	0,0018607	0,06155	1,7584	2,5527	445,43	741,83
105	6,6203	0,0018837	0,05503	1,7949	2,5630	459,27	749,74
110	7,3729	0,0019079	0,04929	1,8314	2,5734	473,30	757,59
115	8,1874	0,0019335	0,04421	1,8679	2,5837	487,52	765,38
120	9,0671	0,0019608	0,03972	1,9044	2,5940	501,95	773,09
125	10,015	0,0019898	0,03571	1,9409	2,6042	516,60	780,70
130	11,035	0,0020210	0,03214	1,9775	2,6143	531,47	788,19
135	12,131	0,0020544	0,02894	2,0142	2,6242	546,58	795,53
140	13,305	0,0020907	0,02606	2,0511	2,6338	561,95	802,70
145	14,563	0,0021302	0,02346	2,0881	2,6430	577,60	809,65
150	15,908	0,0021735	0,02111	2,1253	2,6518	593,56	816,34

R601 (Pentan, n-Pentan, C_5H_{12});
Daten: [Lem07]

Tab. 11.9 Eigenschaften des Kältemittels R601b (Neopentan)

ϑ [°C]	p [bar]	v' [m³/kg]	v'' [m³/kg]	s' [kJ/kg K]	s'' [kJ/kg K]	h' [kJ/kg]	h'' [kJ/kg]
−15	0,3795	0,0015967	0,76653	0,88006	2,1724	168,09	501,70
−10	0,4718	0,0016096	0,62613	0,92030	2,1746	178,59	508,66
−5	0,5810	0,0016228	0,51588	0,96027	2,1778	189,23	515,70
0	0,7092	0,0016364	0,42846	1,0000	2,1818	200,00	522,82
5	0,8586	0,0016504	0,35851	1,0395	2,1867	210,91	530,01
10	1,0315	0,0016649	0,30207	1,0788	2,1924	221,97	537,28
15	1,2301	0,0016798	0,25616	1,1179	2,1987	233,16	544,60
20	1,4570	0,0016952	0,21853	1,1568	2,2056	244,51	551,98
25	1,7147	0,0017111	0,18747	1,1955	2,2132	256,00	559,42
30	2,0057	0,0017277	0,16165	1,2340	2,2212	267,64	566,90
35	2,3328	0,0017448	0,14006	1,2725	2,2297	279,44	574,42
40	2,6987	0,0017627	0,12190	1,3107	2,2386	291,39	581,97
45	3,1062	0,0017813	0,10652	1,3489	2,2480	303,51	589,55
50	3,5580	0,0018007	0,093442	1,3869	2,2576	315,79	597,15
55	4,0572	0,0018210	0,082252	1,4249	2,2676	328,24	604,76
60	4,6067	0,0018423	0,072634	1,4628	2,2777	340,87	612,38
65	5,2095	0,0018646	0,064328	1,5006	2,2881	353,67	619,99
70	5,8686	0,0018882	0,057121	1,5383	2,2987	366,65	627,58
75	6,5872	0,0019130	0,050840	1,5761	2,3094	379,83	635,14
80	7,3685	0,0019394	0,045344	1,6138	2,3202	393,21	642,67
85	8,2158	0,0019675	0,040515	1,6515	2,3310	406,79	650,14
90	9,1323	0,0019974	0,036255	1,6893	2,3418	420,60	657,54
95	10,122	0,0020296	0,032481	1,7271	2,3525	434,63	664,85
100	11,187	0,0020642	0,029124	1,7650	2,3630	448,90	672,05
105	12,333	0,0021017	0,026128	1,8031	2,3734	463,43	679,10
110	13,562	0,0021427	0,023442	1,8413	2,3835	478,24	685,98
115	14,880	0,0021877	0,021023	1,8797	2,3932	493,35	692,63
120	16,290	0,0022377	0,018835	1,9185	2,4023	508,80	699,02
125	17,797	0,0022937	0,016846	1,9576	2,4108	524,61	705,06
130	19,406	0,0023575	0,015026	1,9972	2,4184	540,86	710,67
135	21,123	0,0024315	0,013349	2,0375	2,4248	557,62	715,70
140	22,956	0,0025194	0,011787	2,0788	2,4296	575,01	719,94
145	24,911	0,0026280	0,010311	2,1214	2,4319	593,24	723,06
150	27,001	0,0027713	0,0088763	2,1664	2,4302	612,73	724,37
160	31,660	0,0035696	0,0053167	2,2889	2,3777	666,67	705,15

R601b (Neopentan, Tetramethylmethan, C_5H_{12});
Daten: [Lem07]

Tab. 11.10 Stoffdaten von Ammoniak (R717)

ϑ [°C]	p [bar]	v' [m³/kg]	v'' [m³/kg]	s' [kJ/kg K]	s'' [kJ/kg K]	h' [kJ/kg]	h'' [kJ/kg]
−50	0,40836	0,0014243	2,6277	0,09450	6,4396	−24,73	1391,2
−45	0,54489	0,0014364	2,0071	0,19138	6,3384	−2,85	1399,6
−40	0,71692	0,0014490	1,5533	0,28673	6,2425	19,17	1407,8
−35	0,93098	0,0014619	1,2168	0,38060	6,1516	41,32	1415,7
−30	1,1943	0,0014753	0,96396	0,47303	6,0651	63,60	1423,3
−25	1,5147	0,0014891	0,77167	0,56407	5,9827	86,01	1430,7
−20	1,9008	0,0015035	0,62373	0,65376	5,9041	108,55	1437,7
−15	2,3617	0,0015183	0,50868	0,74214	5,8289	131,22	1444,4
−10	2,9071	0,0015336	0,41830	0,82928	5,7569	154,01	1450,7
−5	3,5476	0,0015495	0,34664	0,91521	5,6877	176,94	1456,7
0	4,2938	0,0015660	0,28930	1,0000	5,6210	200,00	1462,2
5	5,1575	0,0015831	0,24304	1,0837	5,5568	223,21	1467,4
10	6,1505	0,0016009	0,20543	1,1664	5,4946	246,57	1472,1
15	7,2852	0,0016195	0,17461	1,2481	5,4344	270,09	1476,4
20	8,5748	0,0016388	0,14920	1,3289	5,3759	293,78	1480,2
25	10,032	0,0016590	0,12809	1,4088	5,3188	317,67	1483,4
30	11,672	0,0016802	0,11046	1,4881	5,2631	341,76	1486,2
35	13,508	0,0017024	0,095632	1,5666	5,2086	366,07	1488,3
40	15,554	0,0017258	0,083101	1,6446	5,1549	390,64	1489,9
45	17,827	0,0017505	0,072450	1,7220	5,1020	415,48	1490,8
50	20,340	0,0017766	0,063350	1,7990	5,0497	440,62	1491,1
55	23,111	0,0018044	0,055537	1,8758	4,9977	466,10	1490,6
60	26,156	0,0018340	0,048797	1,9523	4,9458	491,97	1489,3
65	29,491	0,0018658	0,042955	2,0288	4,8939	518,26	1487,1
70	33,135	0,0019000	0,037868	2,1054	4,8415	545,04	1483,9
75	37,105	0,0019371	0,033419	2,1823	4,7885	572,37	1479,7
80	41,420	0,0019776	0,029509	2,2596	4,7344	600,34	1474,3
85	46,100	0,0020221	0,026058	2,3377	4,6789	629,04	1467,5
90	51,167	0,0020714	0,022997	2,4168	4,6213	658,61	1459,2
95	56,643	0,0021269	0,020268	2,4973	4,5612	689,19	1449,0
100	62,553	0,0021899	0,017820	2,5797	4,4975	721,00	1436,6

R717 (Ammoniak NH_3);
Daten: [Lem07]

Tab. 11.11 Stoffdaten von Wasser (R718)

ϑ [°C]	p [bar]	v' [m³/kg]	v'' [m³/kg]	s' [kJ/kg K]	s'' [kJ/kg K]	h' [kJ/kg]	h'' [kJ/kg]
0,01	0,0061165	0,0010002	205,99	0,00000	9,1555	0,00	2500,9
5	0,0087258	0,0010001	147,01	0,07625	9,0248	21,02	2510,1
10	0,012282	0,0010003	106,30	0,15109	8,8998	42,02	2519,2
15	0,017058	0,0010009	77,88	0,22446	8,7803	62,98	2528,3
20	0,023393	0,0010018	57,76	0,29648	8,6660	83,91	2537,4
25	0,031699	0,0010030	43,34	0,36722	8,5566	104,83	2546,5
30	0,04247	0,0010044	32,88	0,43675	8,4520	125,73	2555,5
35	0,05629	0,0010060	25,21	0,50513	8,3517	146,63	2564,5
40	0,07385	0,0010079	19,52	0,57240	8,2555	167,53	2573,5
45	0,09595	0,0010099	15,25	0,63861	8,1633	188,43	2582,4
50	0,12352	0,0010121	12,03	0,7038	8,0748	209,34	2591,3
60	0,19946	0,0010171	7,667	0,8313	7,9081	251,18	2608,8
70	0,31201	0,0010228	5,040	0,9551	7,7540	293,07	2626,1
80	0,47414	0,0010291	3,405	1,0756	7,6111	335,01	2643,0
90	0,70182	0,0010360	2,359	1,1929	7,4781	377,04	2659,5
100	1,0142	0,0010435	1,672	1,3072	7,3541	419,17	2675,6
110	1,4338	0,0010516	1,209	1,4188	7,2381	461,42	2691,1
120	1,9867	0,0010603	0,891	1,5279	7,1291	503,81	2705,9
130	2,703	0,0010697	0,668	1,6346	7,0264	546,38	2720,1
140	3,615	0,0010798	0,508	1,7392	6,9293	589,16	2733,4
150	4,762	0,0010905	0,392	1,8418	6,8371	632,18	2745,9
160	6,182	0,0011020	0,307	1,9426	6,7491	675,47	2757,4
170	7,922	0,0011143	0,243	2,0417	6,6650	719,08	2767,9
180	10,028	0,0011274	0,194	2,1392	6,5840	763,05	2777,2
190	12,552	0,0011415	0,156	2,2355	6,5059	807,43	2785,3
200	15,549	0,0011565	0,127	2,3305	6,4302	852,27	2792,0
210	19,077	0,0011727	0,104	2,4245	6,3563	897,63	2797,3
220	23,196	0,0011902	0,086	2,5177	6,2840	943,58	2800,9
230	27,971	0,0012090	0,072	2,6101	6,2128	990,19	2802,9
240	33,469	0,0012295	0,060	2,7020	6,1423	1037,60	2803,0
250	39,762	0,0012517	0,050	2,7935	6,0721	1085,80	2800,9

R718 (Wasser H_2O);
Daten: [Lem07]

Tab. 11.12 Eigenschaften des Kältemittels Kohlenstoffdioxid (R744)

ϑ [°C]	p [bar]	v' [m³/kg]	v'' [m³/kg]	s' [kJ/kg K]	s'' [kJ/kg K]	h' [kJ/kg]	h'' [kJ/kg]
−100	0,13907	0,0006269	2,2420	−0,6857	2,6940	−175,85	409,34
−95	0,23033	0,0006294	1,4517	−0,6533	2,6179	−170,15	412,62
−90	0,37082	0,0006320	0,9242	−0,6214	2,5463	−164,35	415,81
−85	0,58193	0,0006350	0,6025	−0,5895	2,4786	−158,40	418,87
−80	0,89239	0,0006385	0,4011	−0,5571	2,4143	−152,16	421,76
−75	1,34020	0,0006425	0,2719	−0,5236	2,3528	−145,54	424,41
−70	1,97530	0,0006468	0,1872	−0,4874	2,2934	−138,18	426,74
−65	2,86260	0,0006516	0,1306	−0,4474	2,2355	−129,80	428,64
−60	4,08610	0,0006571	0,0921	−0,4017	2,1784	−119,98	429,96
−56,558	5,1800	0,0006612	0,0726	−0,3716	2,1390	−113,36	430,42
−55	5,5397	0,0008526	0,068151	0,53524	2,1300	83,09	430,99
−50	6,8234	0,0008661	0,055789	0,57939	2,1018	92,94	432,68
−45	8,3184	0,0008805	0,046046	0,62282	2,0747	102,87	434,13
−40	10,045	0,0008957	0,038284	0,66564	2,0485	112,90	435,32
−35	12,024	0,0009120	0,032035	0,70794	2,0230	123,05	436,23
−30	14,278	0,0009296	0,026956	0,74982	1,9980	133,34	436,82
−25	16,827	0,0009486	0,022789	0,79141	1,9732	143,79	437,06
−20	19,696	0,0009693	0,019343	0,83283	1,9485	154,45	436,89
−15	22,908	0,0009921	0,016467	0,87421	1,9237	165,34	436,27
−10	26,487	0,0010174	0,014048	0,91571	1,8985	176,52	435,14
−5	30,459	0,0010458	0,011996	0,95756	1,8725	188,05	433,38
0	34,851	0,0010782	0,010241	1,0000	1,8453	200,00	430,89
5	39,695	0,0011160	0,008724	1,0434	1,8163	212,50	427,48
10	45,022	0,0011613	0,007399	1,0884	1,7847	225,73	422,88
15	50,871	0,0012177	0,006222	1,1359	1,7489	239,99	416,64
20	57,291	0,0012930	0,005149	1,1877	1,7062	255,87	407,87
25	64,342	0,0014075	0,004120	1,2485	1,6498	274,78	394,43
30	72,137	0,0016855	0,002898	1,3435	1,5433	304,55	365,13

R744 (Kohlendioxid, Kohlensäure, CO_2, Kohlendioxyd);
Daten: [Lem07]; Einzelne Daten nach Plank, R.; Kuprianoff, J. in: [Bre54], S. 269

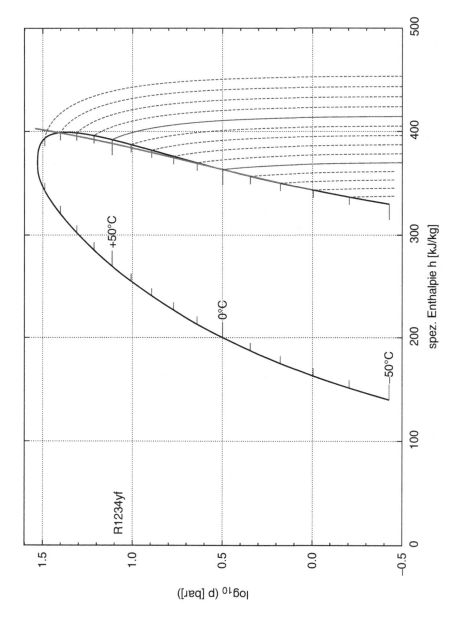

Abb. 11.1 log p, h-Diagramm für das Kältemittel R 1234yf (2,3,3,3-Tetrafluorpropen)

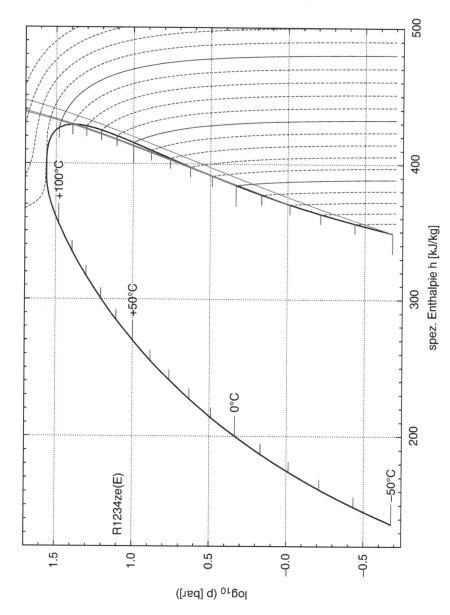

Abb. 11.2 log p, h-Diagramm für das Kältemittel R1234ze (1,3,3,3-Tetrafluorpropen)

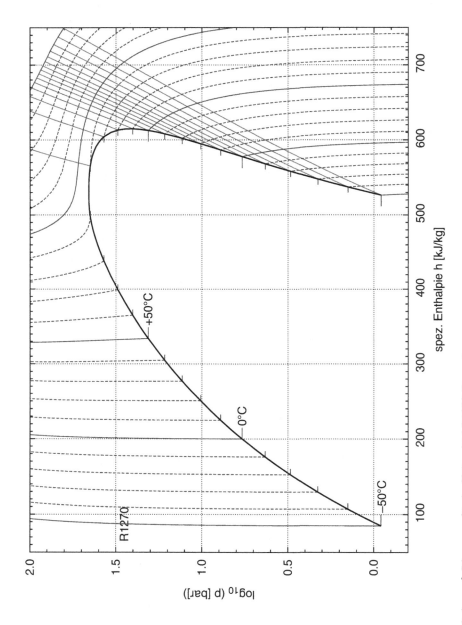

Abb. 11.3 log p, h-Diagramm für das Kältemittel R1270 (Propen)

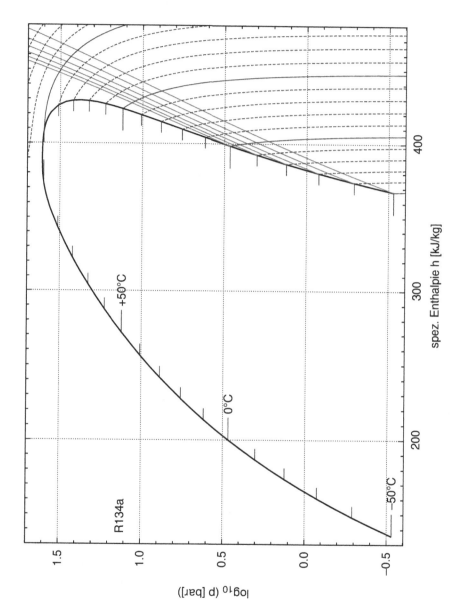

Abb. 11.4 log p, h-Diagramm für das Kältemittel R134a (1,1,1,2-Tetraflorethan)

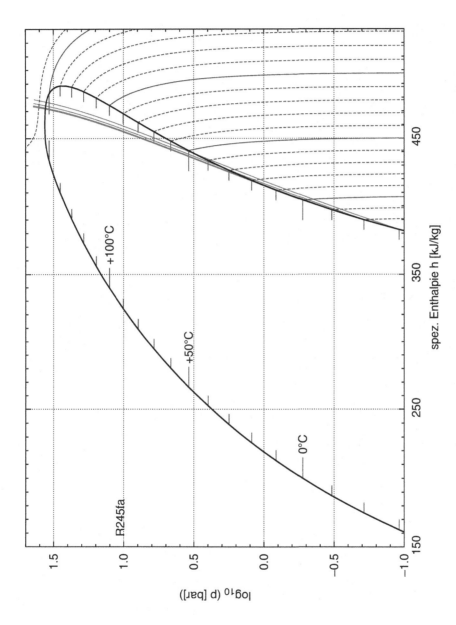

Abb. 11.5 $\log p, h$-Diagramm für das Kältemittel R245fa (1,1,1,3,3-Tetrafluorpropan)

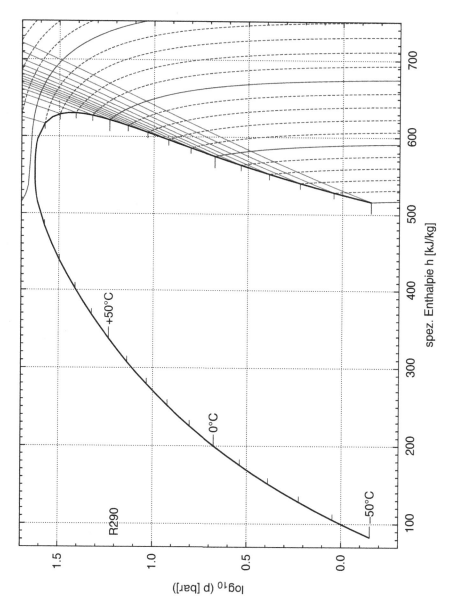

Abb. 11.6 log p, h-Diagramm für das Kältemittel R290 (Propan)

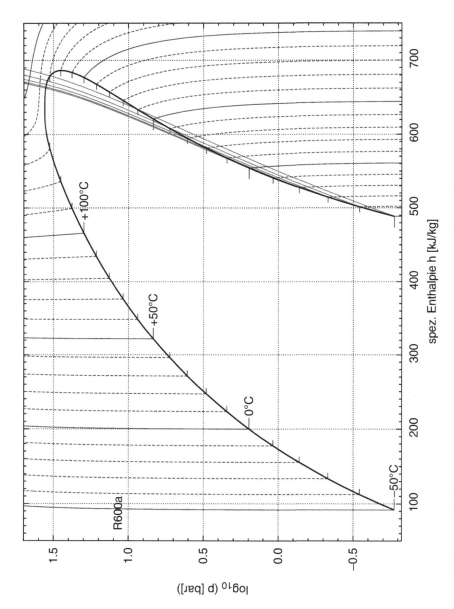

Abb. 11.7 $\log p, h$-Diagramm für das Kältemittel R600a (Isobutan)

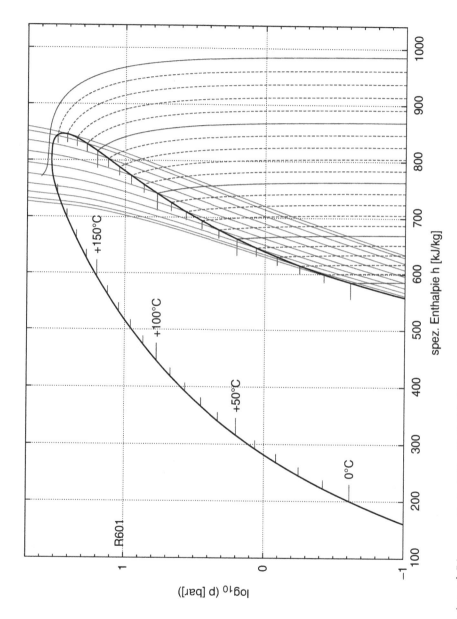

Abb. 11.8 $\log p$, h-Diagramm für das Kältemittel R601 (Pentan)

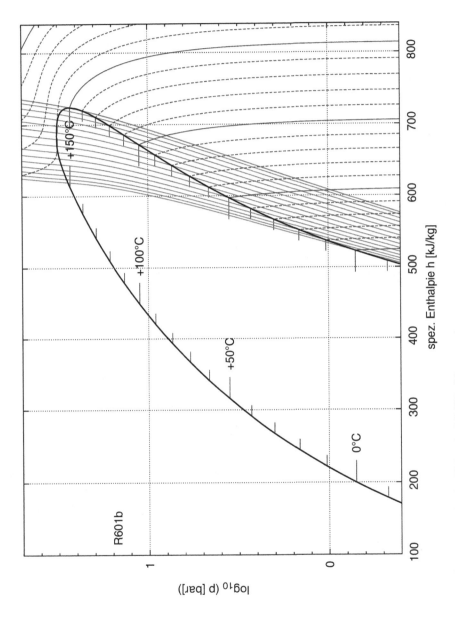

Abb. 11.9 log p, h-Diagramm für das Kältemittel R601b (Neopentan)

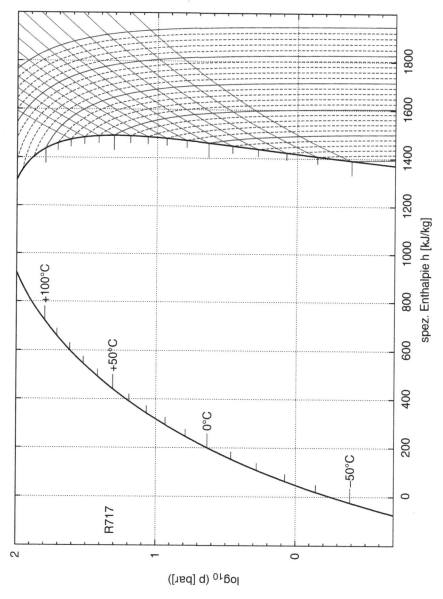

Abb. 11.10 log p, h-Diagramm für das Kältemittel R717 (Ammoniak NH_3)

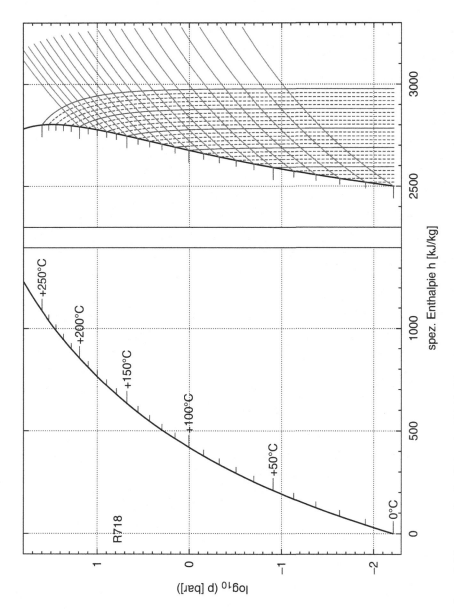

Abb. 11.11 log p, h-Diagramm für das Kältemittel R718 (Wasser)

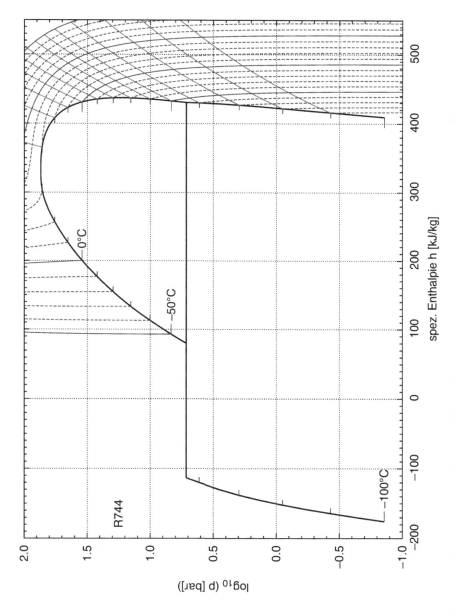

Abb. 11.12 log p, h-Diagramm für das Kältemittel R744 (CO_2)

Tab. 11.13 Thermodynamische Eigenschaften einiger Stoffe

Stoff	Chem. Zeichen	Molmasse M [kg/kmol]	Siedetemp. T_s [K]	spezifische Wärmekapazität			Gaskonstante R [J/kg K]	kritische Zustandsgrößen		
				c_p [kJ/kg K]	c_v [kJ/kg K]	κ [−]		p_k [bar]	T_k [K]	ϱ_k [kg/m³]
Helium	He	4,0026	4,3	5,194	3,117	1,666	2077,2	2,33	5,21	69
Neon	Ne	20,183	27,1	1,030	0,618	1,666	411,9	27,27	44,5	484
Wasserstoff	H$_2$	2,016	20,4	14,300	10,176	1,405	4124,0	12,95	33,25	31
Stickstoff	N$_2$	28,013	77,5	1,038	0,741	1,400	296,8	34,0	126,15	311
Luft	–	28,964	78,8	1,005	0,718	1,400	287,1	37,67	132,58	310
Sauerstoff	O$_2$	32,0	90,2	0,9175	0,658	1,395	259,8	50,42	155,0	430
Kohlenstoffdioxid	CO$_2$	44,01	194,9	0,844	0,655	1,289	189,0	73,58	304,2	486
Methan	CH$_4$	16,04	111,2	2,231	1,713	1,303	518,3	46,4	191,0	162
Propan	C$_3$H$_8$	44,09	231,0	1,667	1,487	1,303	188,6	42,53	369,35	220
Benzol	C$_6$H$_6$	78,11	353,3	1,742[a]			106,4	48,56	561,65	305
Tetrachlork.	CCl$_4$	153,83	349,9	0,856[a]			54,1	46,62	556,45	558
Chloroform	CHCl$_3$	119,38	334,4	0,974[a]			69,6	54,54	533,2	500
Wasser	H$_2$O	18,02	373,2	4,170[a]			461,5	221,2	647,0	329
Ammoniak	NH$_3$	17,03	239,8	2,086	1,597	1,306	488,3	113,0	405,6	235
R 11	CFCl$_3$	137,37	296,6	0,884[a]			60,5	43,75	471,2	554
R 12	CF$_2$Cl$_2$	120,92	243,4	0,598	0,529	1,130	68,8	40,12	385,0	557
R 22	CHF$_2$Cl	86,48	232,4	0,646	0,550	1,175	96,2	49,34	369,2	525
R 134a	C$_2$H$_2$F$_4$	102,03	247,1	0,851	0,760	1,119	81,5	40,56	347,2	508

[a] Flüssig;

T_s bei 1013,25 hPa; c_p, c_v bei 25 °C und 1013,25 hPa;   Univ. Gaskonstante: $R^* = 8{,}31451$ J/mol K

Tab. 11.14 Antoine-Koeffizienten zur Beschreibung des Dampfdrucks einiger Kältemittel

Name	M [g/mol]	p_{ref} [bar]	A [−]	B [K]	C [K]	ϑ_{min} [°C]	ϑ_{max} [°C]
Buten-1	56,11	40,05	5,58295	2198,59	29,4720	−50	100
cis-Buten	56,11	42,26	5,54871	2253,41	34,0608	−50	100
trans-Buten	56,11	40,27	5,64097	2277,80	29,9736	−50	100
Cyclohexan	84,16	40,75	5,47593	2796,12	48,9796	7	100
Ethanol	46,07	61,48	8,00413	3731,32	43,4194	−20	150
Hexan	86,18	30,34	5,99643	2801,43	43,7227	−50	100
Isobuten	56,11	40,10	5,61326	2204,12	28,9845	−50	100
Methanol	32,04	81,04	7,85663	3794,92	27,5983	−50	100
R116	138,01	30,48	6,92251	2088,68	−8,2167	−50	15
R1234yf	114,04	33,82	6,30677	2210,39	18,5190	−50	90
R1234ze(E)	114,04	36,35	6,23705	2219,47	28,2040	−50	100
R125	120,02	36,18	6,42164	2067,04	18,1892	−50	60
R1270	42,08	45,55	5,97502	2146,86	5,8592	−50	90
R134a	102,03	40,59	6,37957	2230,84	25,6357	−50	100
R143a	84,04	37,61	6,47948	2188,58	8,9545	−50	70
R152a	66,05	45,17	6,18840	2261,79	22,7064	−50	100
R218	188,02	26,40	6,45477	2109,14	19,2806	−50	70
R227ea	170,03	29,25	6,85281	2482,21	13,3675	0	95
R236ea	152,04	35,02	6,10675	2284,68	42,6156	−30	100
R236fa	152,04	32,00	6,13584	2197,21	42,6261	−50	100
R245ca	134,05	39,25	6,01103	2438,15	46,1038	−50	100
R245fa	134,05	36,51	6,10587	2336,75	47,1665	−50	100
R290	44,10	42,51	5,91846	2143,56	8,9643	−50	90
R365mfc	148,07	32,66	6,08729	2541,28	47,5316	−30	100
R600	58,12	37,96	5,64637	2258,39	29,0722	−50	100
R600a	58,12	36,29	5,66285	2181,42	25,4236	−50	100
R601	72,15	33,70	5,78274	2521,36	37,7511	−50	150
R601a	72,15	33,78	5,63154	2412,72	36,9557	−50	100
R601b	72,15	31,96	5,68163	2318,95	28,7446	0	100
R717	17,03	113,33	6,04517	2317,40	24,5098	−50	100
R718	18,02	220,64	6,58879	3997,70	39,1625	0	100
R718	18,02	0,00611	22,44620	6115,05	0,7166	−50	0
R744	44,01	73,77	6,41696	1931,13	3,6050	−57	30
R744	44,01	5,18	15,07290	3389,47	−8,2255	−100	−56
RC318	200,03	27,78	6,24854	2214,79	35,5501	−30	100

Antoine-Gleichung (siehe Gl. 5.14, S. 75)

Tab. 11.15 Normalsiedepunkte verschiedener Kältemittel

Formel	Name	Rxxx	M [g/mol]	ϑ_N [°C]	ϱ' [kg/m³]	Δh_v [kJ/kg]	Quelle
CCl_2F_2		R12	120,91	−29,8	1486	166	a
$CHClF_2$		R22	86,47	−40,8	1412	234	a
C_2F_6		R116	138,01	−78,2	1605	117	a
$C_2H_4F_2$		R152	66,05	−25,0	1011	325	a
C_4F_8		RC318	200,03	−6	1613	116	a
C_2H_6	Ethan	R170	30,07	−88,6	545	490	a
C_3H_8	Propan	R290	44,10	−42	582	430	a
n-C_4H_{10}	n-Butan	R600	58,12	−0,5	602	385	a
i-C_4H_{10}	i-Butan	R600a	58,12	−11,8	595	367	a
C_5H_{12}	n-Pentan	R601	72,15	36,1		358	b
C_2H_4	Ethen	R1150	28,05	−103,7	568	482	a
C_3H_6	Propen	R1270	42,08	−47,7	611	439	a
NH_3	Ammoniak	R717	17,03	−33,4	≈ 680	1370	a, b
H_2O	Wasser	R718	18,02	100,0	958	2265	a, b
CO_2	Kohlenstoffdioxid	R744	44,01	−87,3	> 1173	491	a, b

Quellen: [a] [Jun85]; [b] [VDI]

Stoffdaten beziehen sich auf Siedezustände bei Normdruck $p_N = 1013\,hPa$

Weitere Daten zu den Kältemitteln sie DIN 8960

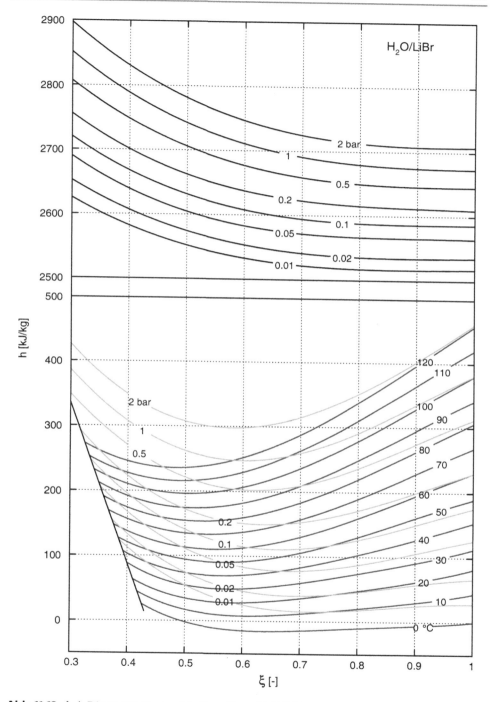

Abb. 11.13 h, ξ-Diagramm für das Arbeitsstoffpaar $H_2O/LiBr$

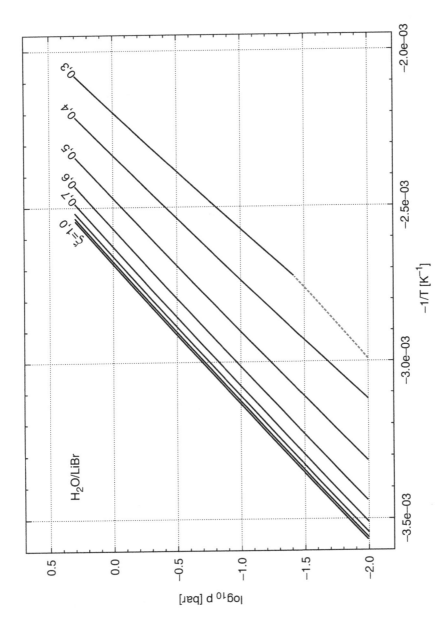

Abb. 11.14 log p, $-1/T$-Diagramm für das Arbeitsstoffpaar H$_2$O/LiBr. Der Parameter ξ gibt den Wassergehalt des Arbeitsstoffpaares an. Die *gestri-chelte Linie* repräsentiert die Erstarrungsgrenze. Berechnung aus Daten von [Kre13]

Tab. 11.16 Eigenschaften einiger Kälteträger

Produkt	Hauptkomponente	Konz. [%]		ϱ [kg/m³]	ν [mm²/s]	c_p [kJ/(kg K)]	λ [W/(mK)]	Pr [–]	Quelle
Tyfocor	Ethylenglykol	40	v/v	1077	15	3,320	0,400	142	Tyfo
Tyfocor L	1,2-Propylenglykol	40	v/v	1057	45	3,530	0,318	515	Tyfo
Antifrogen KF	Kaliumformiat	60	v/v	1240	5	2,960	0,490		Clariant
Calciumchlorid/Wasser	CaCl₂	25,7	m/m	1258	8,52	2,817	0,508	58,5	VDI, Dd14
Kaliumkarbonat/Wasser	K₂CO₃	31	m/m	1350	11,1	2,772	0,488	85,4	VDI, Dd15
Methanol/Wasser	CH₃OH	30	m/m	970	10,1	3,830	0,419	87,8	VDI, Ds19
Methanol/Wasser	CH₃OH	90	m/m	828	2,56	2,559	0,263	20,6	VDI, Dd20
Ethanol/Wasser	CH₃CH₂OH	40	m/m	963	25,4	3,925	0,377	255	VDI, Dd19
Ethanol/Wasser	CH₃CH₂OH	90	m/m	851	5,99	2,418	0,238	51,6	VDI, Dd20

v/v: Volumenanteil; m/m: Massenanteil; alle Daten bei −20 °C

Tab. 11.17 Zustandsgrößen für gesättigte feuchte Luft bei $p = 1{,}01325 \cdot 10^5$ Pa Gesamtdruck

ϑ [°C]	p_s [Pa]	x_s [g/kg]	h_s [kJ/kg]
−20	103	0,632	−18,54
−10	260	1,597	−6,09
−8	306	1,884	−3,36
−6	368	2,268	−0,39
−4	437	2,693	2,69
−2	512	3,161	5,88
0	611	3,773	9,43
1	657	4,057	11,15
2	705	4,361	12,93
3	757	4,685	14,75
4	813	5,031	16,64
5	872	5,399	18,57
6	935	5,791	20,57
7	1001	6,209	22,64
8	1072	6,652	24,77
9	1147	7,124	26,98
10	1227	7,626	29,26
11	1312	8,159	31,62
12	1402	8,725	34,07
13	1500	9,345	36,66
14	1597	9,964	39,24
15	1704	10,640	41,98
16	1817	11,358	44,82
17	1936	12,119	47,77
18	2062	12,922	50,84
19	2196	13,779	54,04
20	2337	14,687	57,37
22	2642	16,655	64,44
24	2982	18,863	72,13
26	3360	21,336	80,52
28	3778	24,093	89,65
30	4241	27,175	99,63
40	7375	48,832	165,97
50	12.325	86,147	273,76

Quelle: [Mey89]

Nützliche Umformungen der Gleichungen für feuchte Luft

$$x(p_D) = \frac{R_L}{R_D} \frac{p_D}{p_{\text{ges}} - p_D} \tag{11.1}$$

$$p_D(x) = \frac{x}{\frac{R_L}{R_D} + x} \cdot p_{\text{ges}} \tag{11.2}$$

$$p_s(\vartheta) = p_{\text{tr}} \exp\left(A - \frac{B}{\vartheta + T_{\text{ref}} - C}\right) \tag{11.3}$$

$$p_s(\vartheta) = p_{\text{tr}} \exp\left(D - \frac{D \cdot E}{\vartheta + T_{\text{ref}}}\right) \tag{11.4}$$

$$x_s(\vartheta) = \frac{R_L}{R_D} \frac{p_s(\vartheta)}{p_{\text{ges}} - p_s(\vartheta)} \tag{11.5}$$

$$x_s(\vartheta) = \frac{R_L}{R_D} \left(\frac{p_{\text{ges}}}{p_{\text{tr}}} \exp\left(\frac{B}{\vartheta + T_{\text{ref}} - C}\right) - 1\right)^{-1} \tag{11.6}$$

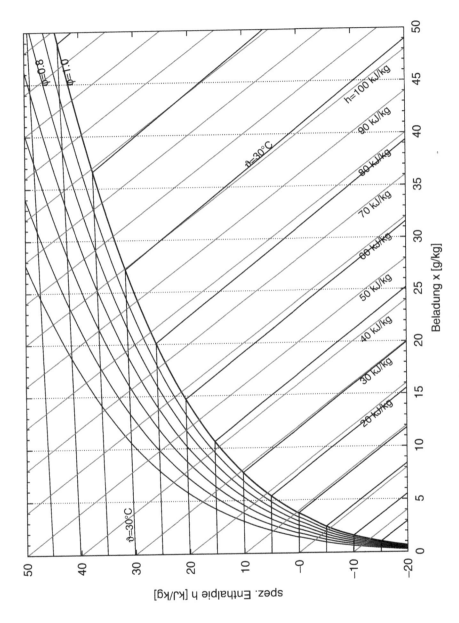

Abb. 11.15 h, x-Diagramm für feuchte Luft ($p = 1,013$ bar)

Literatur

[Atk96]   Atkins, P. W.;
            Physikalische Chemie.
            2. Auflage 1996. VCH Verlagsgesellschaft.

[Bre54]   Brehm, H. H.;
            Kältetechnik.
            2. Auflage 1954. Schweizer Druck- und Verlagshaus Zürich.

[Jun85]   Jungnickel, H.; Agsten, R.; Kraus, E.;
            Grundlagen der Kältetechnik.
            2. Auflage, 1985. VEB Verlag Technik, Berlin.

[Kre13]   Kretzschmar, H.-J.; Stöcker, I.;
            Zittaus's Fluid Property Calculator.
            2013. http://thermodynamik.hszg.de.

[Lem07]   Lemmon, E. W.; Huber, M. L.; McLinden, M. O.;
            NIST Standard Reference Database 23: Reference Fluid Thermodynamics an Transport
            Properties – REFPROP, Version 8.0, National Institute of Standards anf Technology.
            2007, Gaithersburg, USA.

[Mey89]   Meyer, G.; Schiffner, E.;
            Technische Thermodynamik.
            4. Auflage, 1989. VEB Fachbuchverlag Leipzig.

[Moo86]   Moore, W. J.;
            Physikalische Chemie.
            4. Auflage 1986. Walter de Gruyter, Berlin, New York.

[VDI]   VDI-Wärmeatlas.
            10. Auflage 2006. Springer Verlag.

Anhang

Tab. A.1 Konstanten

Name	Formelzeichen	Wert	Einheit	Quelle
Boltzmann	k	$1{,}380622 \cdot 10^{-23}$	J/K	[Moo86], S. 1190
Avogadro	N_A	$6{,}022045 \cdot 10^{23}$	mol^{-1}	[Moo86], S. 1190
univ. Gaskonstante	R^*	$8{,}31451$	J/mol K	[Atk96], S. 30
Stefan-Boltzmann	σ	$5{,}67040 \cdot 10^{-8}$	$W/m^2\,K^4$	[VDI], Ka 1

Tab. A.2 Normwerte (zum Vergleich mit den Konstanten aus Tab. A.1)

Name	Formelzeichen	Wert	Einheit
Normdruck	p_N	$1{,}01325 \cdot 10^5$	Pa
Normtemperatur	T_N	$273{,}15$	K

© Springer-Verlag Berlin Heidelberg 2016
J. Dohmann, *Thermodynamik der Kälteanlagen und Wärmepumpen*,
DOI 10.1007/978-3-662-49110-2

Tab. A.3 Formelsammlung zur Berechnung von Zustandsänderungen idealer Gase

	Isochore $v = \text{const}$	Isobare $p = \text{const}$	Isotherme $T = \text{const}$	Adiabate $q_{12} = 0$	Polytrope
	$T_2 = \frac{p_2}{p_1} \cdot T_1$	$T_2 = \frac{v_2}{v_1} \cdot T_1$	$p_2 = \frac{v_1}{v_2} \cdot p_1$	$p_1 \cdot v_1^\kappa = p_2 \cdot v_2^\kappa$ $\frac{T_2}{T_1} = \left(\frac{p_2}{p_1}\right)^{\frac{\kappa-1}{\kappa}}$	$p_1 \cdot v_1^n = p_2 \cdot v_2^n$
$s_2 - s_1$	$= c_v \cdot \ln\frac{T_2}{T_1}$ $= c_v \cdot \ln\frac{p_2}{p_1}$	$= c_p \cdot \ln\frac{T_2}{T_1}$ $= c_p \cdot \ln\frac{v_2}{v_1}$	$= R \cdot \ln\frac{v_2}{v_1}$ $= -R \cdot \ln\frac{p_2}{p_1}$	$= 0$ Isentrope	$= c_v \cdot \frac{n-\kappa}{n-1} \cdot \ln\frac{T_2}{T_1}$
q_{12}	$= u_2 - u_1$ $= c_v(T_2 - T_1)$	$= h_2 - h_1$ $= c_p(T_2 - T_1)$	$= -w_{12}$	$= 0$	$= c_v \cdot \frac{(n-\kappa)}{n-1}\,(T_2 - T_1)$
w_{12}	$= 0$	$= -p \cdot (v_2 - v_1)$ $= -R(T_2 - T_1)$	$= -R\,T \cdot \ln\frac{v_2}{v_1}$ $= +R\,T \cdot \ln\frac{p_2}{p_1}$ $= +p_1 v_1 \cdot \ln\frac{p_2}{p_1}$ $= +p_2 v_2 \cdot \ln\frac{p_2}{p_1}$	$= c_v \cdot (T_2 - T_1)$ $= c_v T_1\left(\left(\frac{p_2}{p_1}\right)^{\frac{\kappa-1}{\kappa}} - 1\right)$ $= \frac{R\,T_1}{\kappa-1}\left(\left(\frac{p_2}{p_1}\right)^{\frac{\kappa-1}{\kappa}} - 1\right)$	$= \frac{R}{n-1} \cdot (T_2 - T_1)$ $= c_v \frac{\kappa-1}{n-1} \cdot (T_2 - T_1)$ $= \frac{p_1 v_1}{n-1} \cdot \left(\left(\frac{v_1}{v_2}\right)^{n-1} - 1\right)$
w_{t12}	$= v\,(p_2 - p_1)$	$= 0$	$= w_{12}$ $= -q_{12}$	$= h_2 - h_1 = c_p\,(T_2 - T_1)$ $= c_p T_1\left(\left(\frac{p_2}{p_1}\right)^{\frac{\kappa-1}{\kappa}} - 1\right)$ $= \frac{\kappa R}{\kappa-1} \cdot (T_2 - T_1)$ $= \kappa \cdot w_{12}$	$= \frac{n R}{n-1}\,(T_2 - T_1)$ $= \frac{n}{n-1} p_1 v_1\left(\left(\frac{p_2}{p_1}\right)^{\frac{n-1}{n}} - 1\right)$

Literatur

[Atk96]   Atkins, P. W.;
Physikalische Chemie.
2. Auflage 1996. VCH Verlagsgesellschaft.

[Ayl99]   Aylward, G. H.; Findlay, T. J. V.;
Datensammlung Chemie in SI-Einheiten.
3. Auflage 1999. Wiley-VCH.

[Bac54]   Bäckström, M.; Emblik, E.;
Kältetechnik.
1954. G. Braun, Karlsruhe.

[Bae95]   Baehr, H.-D.;Tillner-Roth, R.;
Thermodynamische Eigenschaften umweltverträglicher Kältemittel.
Zustandsgleichungen und Tafeln für Ammoniak, R22, R134a, R152a und R123.
1995. Springer Verlag.

[Bae96]   Baehr, H.-D.;
Thermodynamik.
9. Auflage 1996. Springer Verlag.

[Bae98]   Baehr, H.-D.; Stephan, K.;
Wärme- und Stoffübertragung.
3. Auflage 1998. Springer Verlag.

[Brd82]   Brdička, R.;
Grundlagen der physikalischen Chemie.
15. Auflage 1982. VEB Deutscher Verlag der Wissenschaften.

[Bre03]   Breidenbach, K.;
Der Kälteanlagenbauer. Band 1.
4. Aufl. 2003. C. F. Müller Verlag.

[Bre54]   Brehm, H. H.;
Kältetechnik.
2. Auflage 1954. Schweizer Druck- und Verlagshaus Zürich.

[Ber79]   Berliner, P.;
Kältetechnik.
1979. Vogel Verlag, Würzburg.

[Ber84]   Berliner, P.;
Klimatechnik.
1984. Vogel Verlag, Würzburg.

[Bit13]   Bitzer Kühlmaschinenbau GmbH.;
            Technische Dokumentation „Offene Hubkolbenverdichter"
            Nr. KP-510-3 Version 50 Hz. 2013. www.bitzer.de.

[Bos37]   Bošnjaković, Fr.;
            Technische Thermodynamik.
            1937. (2. Teil) Verlag von Theodor Steinkopff, Dresden und Leipzig.
            in: Pfützner, H.; (Hrsg.)
            Wärmelehre und Wärmewirtschaft in Einzeldarstellungen.
            Band XII Technische Thermodynamik II. Teil.

[Bos65]   Bošnjaković, Fr.;
            Technische Thermodynamik.
            4. Auflage 1965. (1. Teil) Verlag von Theodor Steinkopff, Dresden und Leipzig.
            in: Pauer, W.: (Hrsg.)
            Wärmelehre und Wärmewirtschaft in Einzeldarstellungen.
            Band 11, Technische Thermodynamik I. Teil.

[Bre99]   Breidert, H.-J.; Schittenhelm, D.;
            Formeln, Tabellen und Diagramme für die Kälteanlagentechnik.
            2. Auflage 1999. C. F. Müller Verlag, Hüthig GmbH, Heidelberg.

[Cub84]   Cube, L.; Steimle, F.;
            Wärmepumpen. Grundlagen und Praxis.
            2. Auflage 1984. VDI-Verlag GmbH, Düsseldorf.

[Cub97]   Cube, H. L. v.; Steimle, F.; Lotz, H.; Kunis, J. (Hrsg.);
            Lehrbuch der Kältetechnik.
            4. Auflage 1997. C. F. Müller Verlag Heidelberg.

[Doe94]   Doering, E.; Schedwill, H.;
            Grundlagen der technischen Thermodynamik.
            4. Auflage 1994. B. G. Teubner Stuttgart.

[Dol83]   Doležal, R.;
            Energetische Verfahrenstechnik.
            1983. B. G. Teubner, Stuttgart.

[Dre92]   Drees, H.; Zwicker, A.; Neumann, L.;
            Kühlanlagen.
            15. Auflage 1992. Verlag Technik GmbH, Berlin, München.

[Dub00]   Beitz, W.; Grote, K. H. (Hrsg.);
            Dubbel. Taschenbuch für den Maschinenbau.
            19. Auflage, 2000. Springer Verlag.

[Eck66]   Eckert, E. R. G.;
            Einführung in den Wärme- und Stoffaustausch.
            3. Auflage, 1966. Springer Verlag.

[Els88]   Elsner, N.;
            Grundlagen der Technischen Thermodynamik.
            7. Auflage 1988. Akademieverlag Berlin.

[Fac64]   Fachgemeinschaft Kältemaschinen im VDMA
            und der Verband deutscher Kältefachleute e. V.;
            Lehrbuch der Kältetechnik.
            2. Auflage 1964. Verlag C. F. Müller, Karlsruhe.

[Fit89]   Fitzer, E.; Fritz, W.;
            Technische Chemie. – Einführung in die chemische Reaktionstechnik.
            3. Auflage 1989. Springer Verlag.

[Gme92]   Gmehling, J.; Kolbe, B.;
            Thermodynamik.
            2. Auflage 1992. VCH Verlagsgesellschaft, Weinheim.

[Gri79]   Grigull, U.; Sandner, H.;
            Wärmeleitung.
            1979. Springer Verlag.

[Hah00]   Hahne, E.;
            Technische Thermodynamik.
            3. Auflage, 2000, Oldenbourg Verlag, München Wien.

[Ham74]   Hampel, A.;
            Grundlagen der Kälteerzeugung.
            1974. Verlag C. F. Müller, Karlsruhe.

[Hau57]   Hausen, H.;
            Erzeugung sehr tiefer Temperaturen – Gasverflüssigung und Zerlegung von Gasgemi-
            schen. in:
            Plank, R. (Hrsg.) ; Handbuch der Kältetechnik. Band 8. 1957. Springer-Verlag, Berlin,
            Göttingen, Heidelberg.

[Hau85]   Hausen, H.; Linde, H.;
            Tieftemperaturtechnik. Erzeugung sehr tiefer Temperaturen, Gasverflüssigung und Zer-
            legung von Gasgemischen.
            2. Auflage 1985. Springer Verlag.

[Her07]   Herr, H.;
            Tabellenbuch Wärme – Kälte – Klima.
            4. Auflage 2007. Verlag Europa-Lehrmittel, Haan.

[Hoe60]   Hoechst AG.;
            Frigen.
            1960. Firmenschrift Hoechst AG, Frankfurt/Main.

[Jos73]   Jost, W.; Troe, J.;
            Kurzes Lehrbuch der physikalischen Chemie.
            18. Auflage 1973. Dr. Steinkopff Verlag, Darmstadt.

[Jun85]   Jungnickel, H.; Agsten, R.; Kraus, E.;
            Grundlagen der Kältetechnik.
            2. Auflage, 1985. VEB Verlag Technik, Berlin.

[Kae81]   Kältemaschinenregeln.
            7. Auflage 1981. Verlag C. F. Müller, Karlsruhe.

[Kre13]   Kretzschmar, H.-J.; Stöcker, I.;
            Zittaus's Fluid Property Calculator.
            2013. http://thermodynamik.hszg.de.

[Lan01]   Langeheinecke, K. (Hrsg.); Jany, P.; Sapper, E.;
            Thermodynamik für Ingenieure.
            3. Aufl. 2001. F. Vieweg u. Sohn Verlagsges., Braunschweig.

[Lem07]   Lemmon, E. W.; Huber, M. L.; McLinden, M. O.;
           NIST Standard Reference Database 23: Reference Fluid Thermodynamics an Transport
           Properties-
           REFPROP, Version 8.0, National Institute of Standards anf Technology.
           2007, Gaithersburg, USA.

[Lin00]   Linse, H.; Fischer, R.;
           Elektrotechnik für Maschinenbauer.
           10. Auflage 2000. B. G. Teubner, Stuttgart.

[Lue00]   Lüdecke, C.; Lüdecke, D.;
           Thermodynamik : physikalisch-chemische Grundlagen der thermischen Verfahrenstech-
           nik.
           2000. Springer Verlag.

[Mey89]   Meyer, G.; Schiffner, E.;
           Technische Thermodynamik.
           4. Auflage, 1989. VEB Fachbuchverlag Leipzig.

[Moe69]   Mörsel, H.;
           Taschenbuch Kälteanlagen.
           3. Auflage 1969. VEB Verlag Technik, Berlin.

[Moo86]   Moore, W. J.;
           Physikalische Chemie.
           4. Auflage 1986. Walter de Gruyter, Berlin, New York.

[Nae83]   Näser, K.-H.;
           Physikalische Chemie für Techniker und Ingenieure.
           16. Aufl. 1983. VEB Deutscher Verlag für Grundstoffindustrie, Leipzig.

[Nie49]   Niebergall, W.;
           Arbeitsstoffpaare für Absorptions-Kälteanlagen und Absorptions-Kühlschränke.
           1949. Verlag f. Fachliteratur Rich. Markewitz, Mühlhausen/Thüringen.

[Pet95]   Petz, M. u. a.;
           Kohlenwasserstoffe als Kältemittel. Neue Kältemittelalternativen für die Kälte- und
           Wärmepumpentechnik.
           1995. Expert Verlag, Renningen-Malmsheim.

[Per84]   Perry, R. H.; Green, D. W.;
           Chemical Engineers Handbook.
           6th Edition 1984. McGraw-Hill.

[Pia68]   Piatti, L.;
           Kühlflüssigkeiten und Kälteträger.
           1968. Verlag Sauerländer Aarau und Frankfurt am Main.

[Rei80]   Reisner, K.;
           Kältetechnik.
           1980. Verlag W. Rüller, Dortmund.

[Rei08]   Reisner, K.;
           Fachwissen Kältetechnik.
           4. Auflage, 2008. C. F. Müller Verlag, Heidelberg.

[Sat88]   Sattler, K.;
           Thermische Trennverfahren. Grundlagen, Auslegung, Apparate.
           1988. VCH-Verlagsgesellschaft, Weinheim.

[Sch92]   Schittenhelm, D.;
           Kälteanlagentechnik. Elektro- und Steuerungstechik.
           1992. Verlag C. F. Müller, Karlsruhe.

[Sch09]   Schädlich, S. (Hrsg.);
           Kälte-Wärme-Klima-Taschenbuch 2010.
           2009. C. F. Müller Verlag, Hüthig GmbH, Heidelberg.

[Soe87]   Sörgel, G. (Hrsg.);
           Fachwissen des Ingenieurs.
           Band 4. Fluidenergiemaschinen, Kältemaschinen und Wärmepumpen.
           5. Auflage 1987. VEB Fachbuchverlag Leipzig.

[Ste52]   Stettner, H.;
           Kälteanlagen.
           1952. Markewitz-Verlags GmbH, Darmstadt.

[Ste97]   Steimle, F. (Hrsg.);
           Kälte-Wärme-Klima Taschenbuch.
           1997. C. F. Müller Verlag, Hüthig GmbH, Heidelberg.

[VDI]   VDI-Wärmeatlas.
           10. Auflage 2006. Springer Verlag.

[Wag97]   Wagner, W.;
           Lufttechnische Anlagen.
           1997. Vogel Verlag, Würzburg.

[Web97]   Weber, G. H.;
           Thermodynamik in der Klima-, Heizungs-, Kältetechnik.
           2. Auflage 1997. C. F. Müller Verlag, Heidelberg.

Sachverzeichnis

Printed in the United States
By Bookmasters